"十四五"职业教育国家规划教材

"十四五"高等职业教育能源类专业规划教材

光伏产品设计与制作

GUANGFU CHANPIN SHEJI YU ZHIZUO

主　编◎刘阳京　葛　庆

副主编◎汤秋芳　周　唯　周斯婧

主　审◎席在芳

新形态一体化教材

中国铁道出版社有限公司

CHINA RAILWAY PUBLISHING HOUSE CO., LTD.

内 容 简 介

本书采用项目式编写方式,基于工作过程呈现学习内容。全书以简易光伏指示装置、光伏灯产品、光伏小车、光伏控制器四个典型产品为例,介绍了此类产品的设计及制作方法。

本书为新形态一体化教材,有丰富的视频资源,可通过扫描书中二维码直接查看。

本书适合作为高等职业院校光伏工程技术、光伏材料制备技术等光伏发电类专业的教材,也可作为本科能源与动力工程等新能源专业类教材或参考用书,以及对新能源产品开发感兴趣的社会人士的参考用书。

图书在版编目(CIP)数据

光伏产品设计与制作/刘阳京,葛庆主编. —北京:中国
铁道出版社有限公司,2021.9(2024.6 重印)
"十四五"高等职业教育能源类专业规划教材
ISBN 978-7-113-28146-5

Ⅰ.①光… Ⅱ.①刘…②葛… Ⅲ.①光电池-产品设计-
高等职业教育-教材②光电池-制作-高等职业教育-教材
Ⅳ.①TM914

中国版本图书馆 CIP 数据核字(2021)第 134533 号

书　　名:**光伏产品设计与制作**
作　　者:刘阳京　葛　庆

策　　划:何红艳　　　　　　　　编辑部电话:(010)63560043
责任编辑:何红艳
封面设计:付　巍
封面制作:刘　颖
责任校对:焦桂荣
责任印制:樊启鹏

出版发行:中国铁道出版社有限公司(100054,北京市西城区右安门西街 8 号)
网　　址:https://www.tdpress.com/51eds/
印　　刷:三河市国英印务有限公司
版　　次:2021 年 9 月第 1 版　　2024 年 6 月第 3 次印刷
开　　本:787 mm×1 092 mm 1/16　印张:17.75　字数:442 千
书　　号:ISBN 978-7-113-28146-5
定　　价:49.80 元

光伏产品使用太阳能提供能源，减少了传统能源的消耗，是一种绿色的节能降碳产品，该类产品的研发和推广应用积极响应党的二十大报告中所提出来的"加快节能降碳先进技术研发和推广应用，倡导绿色消费，推动形成绿色低碳的生产方式和生活方式。"未来它将逐步取代传统能源供电的电子产品，为我国及早实现"碳达峰"和"碳中和"目标提供有力支撑，其应用前景非常的广阔。

本书是"光伏产品设计与制作"课程的配套教材。根据中华人民共和国教育部颁布的《高等职业学校光伏发电技术与应用专业教学标准》描述，"光伏产品设计与制作"课程是"光伏发电技术与应用"专业的一门专业核心课程，其主要教学内容是光伏应用产品的设计与制作，包括光伏草坪灯、手电筒等光伏灯产品、光伏小车、光伏控制器等。课程对应岗位是光伏应用产品设计员，该岗位要求能够对光伏应用型产品进行设计和开发。

根据国家专业教学标准和高等职业院校学生特点，兼顾电子产品设计类职业技能竞赛和"1＋X"考证（光伏电站运维）内容，教材采用项目式编写方式，以光伏产品设计与制作的工作过程呈现学习内容，按照技能难易程度和情感升华的程度进行排序，介绍了简易光伏指示装置、光伏灯、光伏小车、光伏控制器四大典型光伏产品的设计及制作方法。

本书具有以下三个特点：

1. "节能、规范、创新"思政理念贯穿于项目任务学习全过程

本书以习近平新时代中国特色社会主义思想为指导，落实立德树人的根本任务，在每个项目的学习目标中，除技能知识目标、职业能力目标外，提出具体职业素养目标，加入了"产品背后的故事"和"创客舞台"内容，以"不同光伏产品发展的历程故事"作为引入，融入爱国主义、节能降碳和科技创新精神。项目以实践学习为主技能点，按照工艺规范要求操作实践过程，遵循企业 7S 管理。"创客舞台"作为项目拓展，引入先进理念，介绍丰富多样的光伏产品和产品创新设计需了解的专利知识，拓宽学生眼界，培养学生的创新意识。项目学习全过程让学生树立节能、规范、创新的理念。

2. 呈现项目式编写体例，突显教材新三变

（1）视频内容定期换。教材将各技能点视频以二维码形式嵌入项目教学内容中，可定期实现更新，实现新技术、新工艺的引入，不再受纸质教材的限制。

（2）测验习题实时练。所有技能点的练习、测验、提问、实验表格等按需融入各

项目任务内容中,实现了教材课前有测验、课中有实验、课后有拓展的新的习题练习编排形式。

(3)项目评估过程显。在教材结构体例中,加入项目评估内容,以表格形式,从技术知识、职业能力、职业素养三方面,采用全过程评估方式进行考核评估。评估形式多样化,有"说"功能视频,"绘"流程图,"做"实验验证,"调"PCB 电路,"展"产品创新,知识测验,问卷调查等多种方式,采用自评 + 互评,多主体评价相结合的全过程考评。

3. 体现 O2O 模式下"教、学、做、评一体化"改革

本书有省级精品在线开放课程的支持,能够支持适合新学情的 O2O 混合式教学模式,以学银在线平台《趣味光伏之旅——光伏产品设计与制作》为基础,以线上线下相融合的教学方法进行授课,融入职业技能竞赛和"1 + X"证书内容要求,实现了以学习者为中心的"教、学、做、评一体化",促进学生学习方式的变革。

本书由湖南理工职业技术学院和唐山汉科电子商务有限公司校企共同合作完成。湖南理工职业技术学院刘阳京、葛庆任主编,湖南理工职业技术学院汤秋芳、周唯、周斯婧任副主编。教材大纲拟定和项目 1 由刘阳京编写,项目 2 由汤秋芳编写,项目 3 由周唯编写,项目 4 编写及统稿由葛庆负责,全书课程思政关键点及各项目"项目导入"和"创客舞台"中第一部分均由周斯婧编写,各项目"创客舞台"第二、三部分内容由唐山汉科电子商务有限公司赵亮编写,全书由湖南科技大学席在芳教授主审。

本书在编写的过程中得到了湖南理工职业技术学院的曾礼丽老师、郭清华老师的帮助指导、同时还得到了唐山汉科电子商务有限公司、中国铁道出版社等单位的领导、工程师及工程技术人员、策划编辑和校对人员的大力支持和帮助,在此表示衷心的感谢!

另外,本书在编写过程中还参考了大量书籍、论文和网络资源,在此对相关书籍、论文及网络资源的作者致以诚挚的谢意。

由于编者水平有限,再加上时间仓促,书中不足之处,恳请读者批评指正。

编 者

2022 年 11 月

目 录

项目 1

➡ 简易光伏指示装置的设计与制作

学习目标

通过该项目的学习,熟知光伏产品功能电路开发的流程;掌握简易光伏指示装置产品需用各类元器件的基本性能和检测方法;能熟练使用工具、设备和软件完成产品的设计及制作。通过了解光伏组件的发展历程,知晓国内知名光伏组件生产企业,加深对光伏行业职业的认同感,培养学生具有安全规范、严谨认真、脚踏实地的优秀品质。

技术知识目标: 1. 了解光伏产品的特点。

2. 熟悉光伏组件、发光二极管、电阻等基础元器件的识别和检测方法。

3. 了解光伏产品电路设计的流程。

4. 掌握简易光伏指示装置的组成。

5. 掌握滴胶板光伏组件版型设计方法。

6. 掌握电源指示模块组成及元件选型方法。

7. 掌握 Altium Designer 软件绘制电路原理图方法。

8. 熟悉滴胶板光伏组件制作工艺流程。

9. 熟悉简易光伏指示装置安装和调试步骤。

职业能力目标: 1. 能根据客户需求知道该项目产品需要达到的功能。

2. 能正确识别、读取光伏组件、发光二极管及电阻的类别及技术参数,且能规范操作仪表完成元器件检测工作。

3. 能按照光伏产品电路设计流程进行简易光伏指示装置设计。

4. 能按照任务要求设计出符合要求的滴胶板光伏组件。

5. 能选择合适的元件实现电源指示功能。

6. 能利用 Altium Designer 软件绘制简易光伏指示装置电路原理图。

7. 能按照工艺规范制作出符合要求的滴胶板光伏组件。

8. 能按照安装与调试规范制作出符合要求的电源指示模块电路。

职业素养目标: 加深对光伏行业职业的认同感;培养学生具有安全规范、严谨认真、脚踏实地的优秀品质。

项目导入

产品背后的故事——中国光伏组件的发展历程

从 1839 年法国科学家 A. E. Becquerel 发现液体的光生伏特效应(简称光伏现象)算起,光伏电池已经经过了 180 多年的漫长的发展历史。1954 年,世界上第一块光伏电池在美国贝尔实验室面世,它在光伏电池发展史上起到里程碑的作用。1954 年世界上第一块光伏组件如图 1-1 所示。

1958 年,中国研制出了首块硅单晶,如图 1-2 所示。

图 1-1　世界上第一块光伏组件

图 1-2　中国首块硅单晶

1969 年,中国电子科技集团公司第十八研究所(即天津十八所)为东方红二号、三号、四号系列地球同步轨道卫星研制生产太阳电池阵,如图 1-3 所示。

20 世纪 70 ~ 80 年代,中国光伏开始从"上天"到"落地"。1975 年,宁波、开封先后成立太阳能电池厂,宁波太阳能电源厂的老组件如图 1-4 所示,最佳功率是 6 W,工作电压为 8.5 V。

图 1-3　东方红二号卫星

图 1-4　宁波太阳能电源厂的老组件

1999 年,保定英利新能源有限公司承担了国家高新技术产业化示范工程——多晶硅太阳能电池及应用系统示范项目,成为首家步入中国光伏产业的公司。图 1-5 所示为英利公司承担的国家送电下乡、光明工程项目。

图 1-5 国家送电下乡、光明工程项目

2002 年 9 月,无锡尚德,第一条 10 MW 光伏电池生产线正式投产,我国与国际光伏产业的差距因此缩短了 15 年。

2007 年,我国光伏电池产量约占世界总产量的 1/3,成为世界上第一大光伏电池生产国。

从 2009 年开始,我国启动了光电建筑应用示范项目、金太阳示范工程和大型光伏电站特许权招标等项目,促进光伏国内市场的应用,同时也促进了光伏组件生产企业的发展。

2012 年,美国挑起反倾销和反补贴("双反"),后来欧洲加入贸易战阵营,我国光伏产业发展遭遇重挫,大批企业倒闭,后来,国家发布了《太阳能发电发展"十二五"规划》、《国务院关于促进光伏产业健康发展的若干意见》(国发〔2013〕24 号)、《关于发挥价格杠杆作用促进光伏产业健康发展的通知》等多项措施,加大了对光伏应用的支持力度,让光伏应用市场回暖,光伏组件生产企业发展稳定。

在新时代十年的伟大变革中,我国一些关键核心技术实现突破,战略性新兴产业发展壮大,新能源技术取得重大成果,进入创新型国家行列。我国光伏组件多项技术世界领先,光伏组件产量连续 15 年居全球首位。图 1-6 所示为 2012—2021 年中国光伏组件产品产量及其增速变化趋势图。

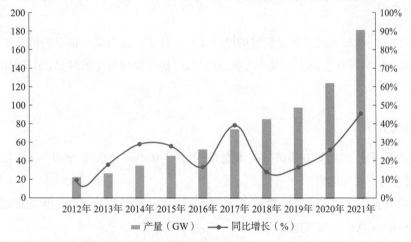

资料来源:中国光伏行业协会前瞻产业研究院

图 1-6 2012—2021 年中国光伏组件产品产量及其增速变化趋势图

从企业角度来看,中国光伏组件生产企业实力雄厚。据 PV InfoLink 供需数据库统计,2015—2021 年全球光伏组件出货量前十名的榜单中,80% 是中国企业,韩华和 First solar 是外企。排在全球第一的均是中国企业。榜单见表 1-1。

表 1-1 2015—2020 年全球光伏组件出货量前十名

排名	2015 年	2016 年	2017 年	2018 年	2019 年	2020 年	2021 年
1	天合	晶科	晶科	晶科	晶科	隆基	隆基
2	阿特斯	天合	天合	晶澳	晶澳	晶科	天合
3	晶科	晶澳	阿特斯	韩华	天合	晶澳	晶澳
4	晶澳	阿特斯	晶澳	天合	隆基	天合	晶科
5	韩华	韩华	韩华	隆基	阿特斯	阿特斯	阿特斯
6	英利	英利	协鑫	阿特斯	韩华	韩华	东方日升
7	First solar	First solar	隆基	东方日升	东方日升	东方日升	First solar
8	协鑫	协鑫	东方日升	协鑫	尚德	正泰	尚德
9	东方日升	隆基	尚德	尚德	正泰	First solar	韩华
10	亿晶光电	中利腾辉	英利	中利腾辉/正泰	苏州腾辉	尚德	正泰

近几年随着光伏技术的发展,生产光伏组件的生产线逐步实现全自动化,光伏组件光电转换效率越来越高,单瓦售价也越来越低,对光伏发电平价上网做出了积极的贡献。未来,在"碳达峰""碳中和"的大背景下,光伏组件技术创新及革新速度将会大幅加快,光伏前途一片光明。

项目描述

简易光伏指示装置产品是光伏的一个最简单的应用,它能直观地表征光伏组件作为一种新能源的电源状态,也可与各类光伏产品组合,提供电源状态、故障和电源存在的信息。

一、项目要求

某企业承接了一批简易光伏指示装置的设计及制作订单。客户要求企业提供 6 V/100 mA 的滴胶板光伏组件 200 块,且有电源状态指示功能,有光的时候电源状态指示灯亮,无光的时候电源状态指示灯灭。

二、涉及的活动

(1)根据项目要求,提前做好相关的技术准备,包括光伏产品的认知;光伏组件、发光二极管、电阻等基本元器件的识别和检测。

(2)根据简易光伏指示装置项目要求,进行滴胶板光伏组件版型设计和功能电路原理图设计,并利用 Altium Designer 软件绘制该电路原理图。

(3)按照工艺规范流程设计制作出符合要求的滴胶板光伏组件和电源指示模块电路,并将两部分安装与调试,实现最终的功能。

（4）项目评价。针对每个活动,从技术知识、职业能力、职业素养三方面组织自评、互评等评价。

（5）视野拓宽。了解什么是创客,光伏产品的应用领域有哪些?

项目准备

一、光伏产品的认知

视 频
光伏产品的认知

太阳作为地球的守护神,是地球能量的源泉,太阳给人类带来了光明,使地球有了四季冷暖和昼夜更替,人类的生活每天都离不开太阳。到底哪些产品属于光伏产品呢? 在正式开始学习前,我们先来做个小测验。

 小测验

（单选题）图 1-7 所示两张图片,哪张图片对应的产品是光伏产品?(   )

（a）光伏路灯　　　　　　　　　　　（b）太阳能热水器

图 1-7　太阳能产品图

揭晓谜底前,我们先来看看太阳能的利用主要在哪些方面? 太阳能的利用分为光热应用、光伏应用和光生物应用,这里主要介绍一下大家容易混淆的光热应用和光伏应用产品。

1. 光热应用产品

家庭里最常见的光热应用产品就是太阳灶和太阳能热水器。太阳灶通过收集光线可对食物或水进行加热,如图 1-8（a）所示;太阳能热水器通过太阳光将水温加热,分为平板式集热器和真空管式集热器,如图 1-8（b）、（c）所示。

同时,光热利用还可以用于发电,其主要工作原理是通过聚集太阳能辐射获得热能,将热能转换成高温蒸汽驱动蒸汽轮机来发电。根据太阳能采集的方式,光热发电可以划分为太阳能槽式热发电、太阳能塔式热发电和太阳能碟式热发电。太阳能槽式热发电是利用槽型结构进行光线的收集;太阳能塔式热发电是通过地面的定日镜,将光线集中到塔上的收集区域;太阳能碟式热发电则是利用曲面聚光反射镜来收集光线,其实物图如图 1-8（d）、（e）、（f）所示。

（a）太阳灶

（b）平板式集热器

（c）真空管式集热器

（d）太阳能槽式热发电站

（e）太阳能塔式热发电站

（f）太阳能碟式热发电站

图 1-8　光－热应用产品

2. 光伏应用产品

图 1-9 所示为光伏应用的各类产品，如光伏计算器、光伏收音机、光伏交通信号灯、光伏草坪灯。

各种类型光伏应用产品中，将光转换成电的器件就是光伏组件。太阳能电池（又称光伏电池）作为光伏组件中的最小单元，它是如何发电的呢，我们一起来了解一下。

光伏电池的基本结构由正负电极、减反射膜、N 型半导体、P 型半导体及铝背场组成。N 型半导体与 P 型半导体交界处会形成一个 PN 结，产生一个内建电场，光照射到光伏电池上，产生电子-空穴对,然后在内建电场的作用下,电子被拉到 N 极的一端,空穴被拉到 P 极的一端,使 P 区的电势高于 N 区的电势,两端产生一个光生电动势,在电子、空穴的移动过程中形成光生电流,这一现象称为 P-N 结的光生伏打效应,简称光伏效应。光伏电池就是利用 PN 结的光伏效应,将太阳能直接转化为电能。光伏电池点亮灯泡原理图如图 1-10 所示。

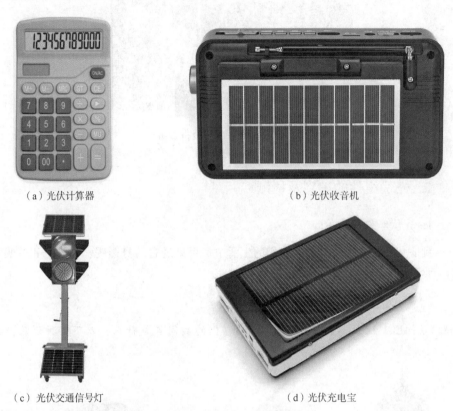

（a）光伏计算器 　　　　　　　　　　　（b）光伏收音机

（c）光伏交通信号灯 　　　　　　　　　（d）光伏充电宝

图 1-9　光伏应用产品

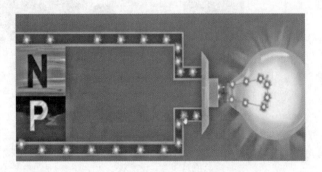

图 1-10　光伏电池点亮灯泡原理图

多块光伏电池经过一定的工艺进行封装,就构成了光伏组件,可以给电子产品进行供电。我们将使用光伏组件供电的产品叫做光伏产品。图 1-11 所示是光伏充电器在户外给手机充电图,光伏充电器就是一种光伏产品。

图 1-11　光伏充电器给手机充电图

视 频

光伏组件的
识别及检测

二、光伏组件的识别及检测

1. 光伏组件的识别

到底什么是光伏组件呢？我们的生活中是否见过它的身影呢？在和它正式见面时，我们先来做个小测验。

小测验

（单选题）请问图 1-12 所示的三种光伏产品，它们的共同点是什么？以下哪种说法是正确的？
（　　）

图 1-12　三种光伏产品

A. 都有光伏组件，光伏组件均位于产品的上部分

B. 都起到照明的作用

图 1-12 所示的三种光伏产品的光伏组件实际上对应着现今市场上主流的三类光伏组件，分别是钢化玻璃层压光伏组件、薄膜光伏组件、滴胶板光伏组件。

我们见识到了以上类型的光伏组件，是否还有其他类型的光伏组件呢？现在通过光伏组件的分类来认识更多的光伏组件。

（1）光伏组件的分类

光伏组件可以按照光伏电池的材料、光伏组件的封装工艺、光伏组件的用途进行分类。

①根据光伏电池的材料进行划分

光伏电池的材料主要有三种,分别是晶硅光伏电池、薄膜光伏电池和聚光光伏电池,如图 1-13 所示。

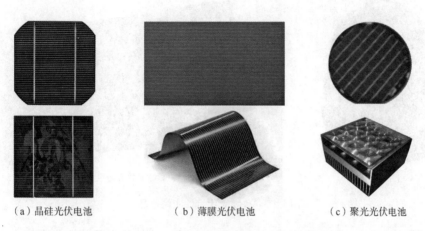

（a）晶硅光伏电池　　　　　（b）薄膜光伏电池　　　　　（c）聚光光伏电池

图 1-13　三种类型的光伏电池

由这三种类型光伏电池组成的组件就分别叫做晶硅光伏组件、薄膜光伏组件和聚光光伏组件。

晶硅光伏组件市场占有率最高,约有 90% 的市场占有率,根据晶硅光伏电池种类的不同,可细分为单晶硅光伏组件和多晶硅光伏组件,如图 1-14 所示。单晶硅光伏组件光电转换效率高,单位面积同等条件下,发电量普遍高于多晶硅光伏组件;多晶硅光伏组件虽然光电转换效率偏低,但是制作工艺简单,造价相对于单晶硅而言,以前会有价格优势,但随着光伏电池制备工艺技术的发展,现在两种类型光伏组件价格差距越来越小。从 2020 年开始,各光伏电站项目主流使用单晶硅光伏组件,不过在一些光伏小产品中,我们还是会经常看到多晶硅光伏组件的身影。

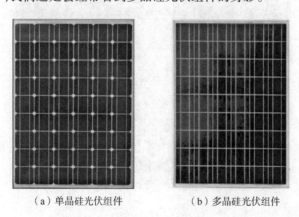

（a）单晶硅光伏组件　　　　　（b）多晶硅光伏组件

图 1-14　晶硅光伏组件

近几年,薄膜光伏组件的市场占有率是 4% 左右,市场份额不大的原因在于它的转换效率相对于晶硅光伏组件而言,会小一些,且售价较高。但是它也有其优势,比如它可卷曲折叠,质量小,弱光效

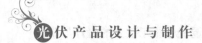

应好,其电性能参数受温度的影响小。薄膜光伏组件内含材料一般多为非晶硅、铜铟镓硒、碲化镉等化合物光伏电池材料,该种类型光伏组件可以做成柔性光伏组件,可广泛应用于建筑表面、汽车和移动电站等场所,也可用于衣物、帐篷、书包上。砷化镓(GaAs)双结薄膜电池最高转换率现已达到31.6%,单结电池最高转换率达到29.1%。该类型光伏组件的具体应用如图1-15所示。

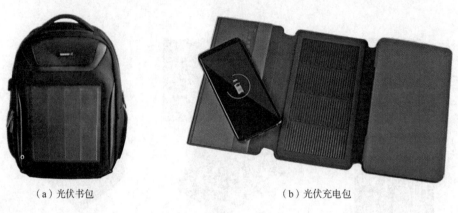

（a）光伏书包　　　　　　　　　　　（b）光伏充电包

图1-15　薄膜光伏组件应用产品

聚光光伏组件其发电效率可以达到35%～40%,其核心器件是内部的聚光光伏电池。常见的聚光光伏电池由砷化镓化合物光伏电池和菲涅尔透镜组成。其发电效率高的原因就在于菲涅尔透镜将光线聚集于化合物光伏电池上,聚焦倍数可以达到500～1 000倍。为提高光电转换效率,获得尽可能多的太阳能辐射量,聚光光伏组件常和双轴跟踪系统相配合,获得直射光线,因为该光伏组件的应用受太阳能直射光线的影响,再加上双轴跟踪系统比较复杂,造价比较高,应用场所有限制,所以一般用于示范工程及太阳能直射光资源好的地区。图1-16所示为格尔木光伏电站高倍聚光系统。

图1-16　格尔木光伏电站高倍聚光系统

②根据光伏组件的封装工艺进行划分

此处以使用最为广泛的晶硅类光伏组件为例,介绍不同封装工艺制作的光伏组件。图1-17所示的光伏组件分别代表着市场上主流的几类光伏组件封装工艺,分别是环氧树脂封胶工艺和层压工艺。图 1-17(b)、(c)所示光伏组件均采用层压工艺,不过外层起到保护作用的材料有所区别,图 1-17(b)是透明 PET 层压光伏组件,图 1-17(c)是钢化玻璃层压光伏组件。光伏组件采用不同的工艺、材料制作,其造价、使用寿命均有所不同。

  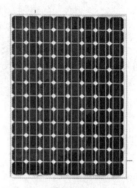

（a）环氧树脂封胶板光伏组件　　　　（b）透明PET层压光伏组件　　　　（c）钢化玻璃层压光伏组件

图 1-17　不同封装工艺的晶硅类光伏组件

图 1-17 所示三种类型的光伏组件,寿命最长的是钢化玻璃层压光伏组件,可达到 25 年的使用寿命,不过造价最高;其次是透明 PET 层压光伏组件,寿命也有 3～5 年,造价中等;环氧树脂封胶板光伏组件,又称滴胶板光伏组件,其寿命最短,造价最低。光伏小产品中使用最多的是透明 PET 层压光伏组件和滴胶板光伏组件。

③根据光伏组件的用途进行划分

根据光伏组件的用途划分为建材型光伏组件和普通型光伏组件。图 1-17 所示光伏组件均为普通型光伏组件,这里重点介绍建材型光伏组件。建材型光伏组件主要用于建筑物上,一般用于光伏建筑一体化(BIPV)项目,有单面玻璃透光型光伏组件、双面玻璃夹胶光伏组件、中空玻璃光伏组件、双面发电光伏组件四大类。

单面玻璃透光型光伏组件主要用于建筑物窗户采光玻璃,其结构示意图如图 1-18 所示。

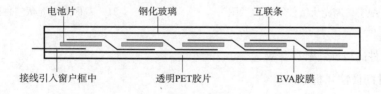

图 1-18　单面玻璃透光型光伏组件结构示意图

双面玻璃夹胶型光伏组件,常用于建筑物上,如光伏凉亭、光伏幕墙等,即美观又透光,其结构示意图及具体应用如图 1-19 所示。

中空玻璃光伏组件常用于 BIPV 玻璃幕墙,它有采光、发电;隔热、隔音、保温功能,其结构就是在单面玻璃透光光伏组件或双面玻璃夹胶型光伏组件的基础上再加上一块玻璃,产品结构示意图如图 1-20 所示。

双面发电光伏组件两面都能发光,有效提高发电效率;其结构与双面玻璃夹胶型光伏组件结构

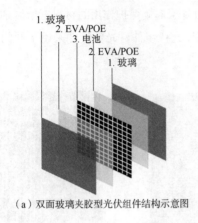

（a）双面玻璃夹胶型光伏组件结构示意图

（b）光伏凉亭

图 1-19　双面玻璃夹胶型光伏组件的结构示意图及应用

类似；双面发电原因在于利用光伏组件表面的直射光和组件背面的直射光或散射光发电。它应用很广泛，可见于车棚、路灯等多种场所，如图 1-21 所示。

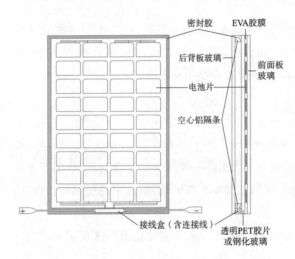

图 1-20　中空玻璃光伏组件结构示意图

图 1-21　双面发电光伏组件应用于车棚

（2）光伏组件的极性判断和参数

①光伏组件的极性判断

光伏组件是一种直流电源，其电源的正负极可以通过查看外观或用万用表检测而得。此处仅介绍外观判断极性的方法。

钢化玻璃层压光伏组件，极性的判断可以通过接线盒内的极性标识或者电缆线上的"＋"、"－"标识而得。接线盒内部极性标识如图 1-22 所示。

滴胶板光伏组件和 PET 层压光伏组件其背面已经直接标识出对应极性，如图 1-23 所示。

②光伏组件的参数

光伏组件作为一种直流电源，其功率、电压和电流是最为重要的参数。若现在你手头上有一块光伏组件，你能快速根据其背面的铭牌信息获取其重要的电性能参数吗？我们先来做个小测验。

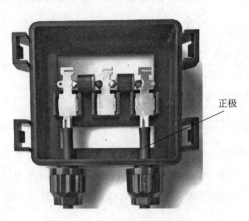

图 1-22　接线盒内部极性标识

图 1-23　光伏组件背面极性标识

小测验

(多选题)标准测试条件下,根据图 1-24 所示铭牌信息,该光伏组件的功率、电压和电流是多少?
(　　　)

POLYCRYSTALLINE SILICON SOLAR PANEL	
Model	003
P_{max}	3 W
V_{mp}	9 V
I_{mp}	0.33 A
V_{oc}	10.4 V
I_{sc}	0.36 A
Maximum system voltage	600 V
Size	200 mm × 185 mm × 22 mm
Test condition	AM1.5,25 ℃,1 000 W/m²

图 1-24　光伏组件铭牌信息图

A. 功率为 9 V,电压是 10.4 V,电流是 0.36 A。

B. 功率为 3 W,工作电压是 9 V,工作电流是 0.33 A。

C. 功率为 3 W,开路电压是 10.4 V,短路电流是 0.36 A。

D. 功率为 3 W,工作电压是 600 V,短路电流是 0.03 A。

光伏产品设计中,我们要熟知光伏组件的 5 个电参数,分别是 V_{OC},I_{sc},P_{max},V_{mp} 和 I_{mp}。在标准测试条件下(AM1.5,25 ℃,1 000 W/m²),其符号对应的含义见表 1-2。

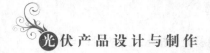

表1-2 光伏组件参数符号对应含义表

序号	符号	符号定义
1	V_{oc}	开路电压:在光照下,光伏组件没有接负载时的电压
2	I_{sc}	短路电流:在光照下,光伏组件短路时的输出电流
3	P_{max}	最大功率:在光照下,光伏组件能够输出的最大功率
4	V_{mp}	工作电压:光伏组件最大功率点电压
5	I_{mp}	工作电流:光伏组件最大功率点电流

光伏组件还有一个非常重要的特性,就是其电性能参数会受温度的影响。当温度高于标称温度 25 ℃时,其电压会降低,电流会微弱地增加,总功率下降;当温度低于标称温度 25 ℃时,其电压会增加,电流会微弱地减小,总功率增幅很小。具体的变化值需要考虑光伏组件的温度系数。环境温度对光伏组件电性能参数的影响见表1-3。

表1-3 环境温度与光伏组件电性能参数关系

序号	环境温度/℃	实际值和标称值关系			
		开路电压	短路电流	工作电压	工作电流
1	= 25	$V_{oc实} = V_{oc标}$	$I_{sc实} = I_{sc标}$	$V_{mp实} = V_{mp标}$	$I_{mp实} = I_{mp标}$
2	> 25	$V_{oc实} < V_{oc标}$	$I_{sc实} > I_{sc标}$	$V_{mp实} < V_{mp标}$	$I_{mp实} > I_{mp标}$
3	< 25	$V_{oc实} > V_{oc标}$	$I_{sc实} < I_{sc标}$	$V_{mp实} > V_{mp标}$	$I_{mp实} < I_{mp标}$

图1-24 中第一行的"POLYCRYSTALLINE SILICON SOLAR PANEL"说明了该光伏组件的种类,是多晶硅光伏组件。"Model"指的是该款光伏组件的型号。"Maximum system voltage"指的是该光伏组件的系统电压,该值与光伏组件的串联数目有关,多个光伏组件串联后,总的电压值不能超过该值。光伏小产品设计时,因使用的光伏组件数量不多,所以该参数值可以不做考虑。"Size"指的是该光伏组件的尺寸。

2. 光伏组件的检测

在检测之前,需要准备好测量工具和测量对象;接着在外观检查判断无损伤情况下,按照操作规范对光伏组件进行参数测量,最终判断该光伏组件是否能够用于该光伏产品;最后按照企业 7S 管理要求,对实验现场进行整理清洁。

(1)检测前准备

需准备的工具和材料见表1-4。若没有 1 000 W 卤素灯,那么测量环境尽量放在晴天户外进行。

表1-4 光伏组件测量工具和材料清单

序号	准备用具	参考型号	数量
1	数字万用表	优利德 UT30A	1 块
2	光伏组件	3 Wp 单晶硅光伏组件	1 块
3	模拟光源	卤素灯 1 000 W	1 个
4	温度计	水银温度计	1 个

（2）外观检查

我们要对已经准备好的光伏组件进行外观检查，主要是检查光伏组件外表面有没有破损，连接电缆线有没有破损。待检光伏组件实物图如图 1-25 所示。通过肉眼检查，该光伏组件若没有外观破损，则进入电参数检测环节。

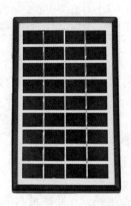

图 1-25　待检光伏组件实物图

（3）参数检测

此处的电性能参数，我们主要测量该光伏组件的开路电压和短路电流。不过检测光伏组件电参数前，我们需先将水银温度计上的温度值进行读数，记录于表 1-5 中。待测光伏组件的标称参数如图 1-25 所示。

①开路电压测量

Step1：打开卤素灯。

Step2：选择合适的万用表直流电压挡。根据光伏组件背面铭牌标识开路电压值，选定万用表直流电压挡 20 V。

Step3：测量开路电压。将光伏组件正面垂直面对卤素灯，直接测量光伏组件正负极电压值，并记录于表 1-5 中。

②短路电流测量

Step1：选择合适的万用表直流电流挡。根据光伏组件背面铭牌标识短路电流值，调整万用表挡位至直流电流挡 400 mA（不同型号的万用表选择的直流电流挡有所差别）。

Step2：万用表红表笔接光伏组件电源正极，黑表笔接光伏组件电源负极，此时在卤素灯照射下测量光伏组件直流电流值，该值即为短路电流值，并记录于表 1-5 中。

③判断是否可用

根据记录的测量值，对照铭牌给定的标称值，考虑温度因素，根据表 1-3 判断其是否可以使用，将结论填写于表 1-5 中。

表 1-5　光伏组件检测参数记录表

序号	参　　数	铭牌标称值	测量值	备　　注
1	开路电压	_____ V	_____ V	

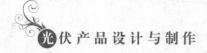
续表

序号	参　　数	铭牌标称值	测　量　值	备　　注
2	短路电流	＿＿＿＿A	＿＿＿＿A	
3	环境温度	＿＿＿＿℃	＿＿＿＿℃	
结论	□测量值相较标称值,符合温度变化,可以使用 □测量值相较标称值,不符合温度变化,不能使用			

(4)7S 管理

按照企业 7S 管理要求,实验结束后,需要关闭实验仪表,对实验工具和材料进行整理,对实验环境进行清洁、清扫工作。

●视　频

发光二极管的
识别及检测

三、发光二极管的识别及检测

1. 发光二极管的识别

在设计光伏产品时,其功能电路使用频率最高的器件之一就是发光二极管。发光二极管简称 LED,它是半导体二极管的一种,可以将电能转换为光能,当其内部有一定电流通过时,它就会发光。它广泛应用于各种电子电路、家电、仪表等设备中,做电源指示或者电平指示。它的文字符号是 D。根据 GB 4728.5—2018,图 1-26 所示为发光二极管电气图形符号。

图 1-26　发光二极管电气图形符号

发光二极管实物到底长什么样子呢? 我们先来做个小测验。

🔧 小测验

(单选题)图 1-27 中所示的三种器件,哪种为发光二极管? (　　　)

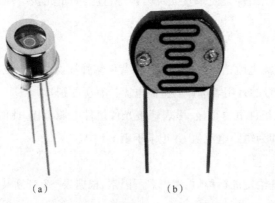

　　(a)　　　　　　　　　(b)　　　　　　　　　(c)

图 1-27　三种电子元器件

到底哪一个是发光二极管呢? 我们先来了解发光二极管的分类,认识它们,自然你就能自我揭晓答案了。

(1)发光二极管的分类

发光二极管可以按照使用材料、封装结构及封装形式、封装外形、发光形式和亮度等来划分。此处重点介绍按照发光形式和亮度划分的发光二极管。按照这种形式进行划分,发光二极管可以分为普通单色发光二极管、变色发光二极管、闪烁发光二极管、七彩发光二极管等。

①普通单色发光二极管

普通单色发光二极管通电后只能发出单一颜色的亮光,最常见的颜色为红、蓝、黄、绿、白五种颜色。单色发光二极管按其管壳形状可分为圆形、方形和异型三种。圆形尺寸主要有 $\phi3$ mm, $\phi5$ mm, $\phi10$ mm;方形尺寸主要有 2 mm×5 mm。按照发光亮度来划分,可以分为发光亮度一般和高亮度发光二极管。普通单色发光二极管体积小,工作电压低,工作电流小,发光均匀稳定,响应速度快,寿命长,可用于各种直流、交流、脉冲等电源驱动点亮。它使用时需要串联合适的限流电阻。其实物图如图 1-28 所示。

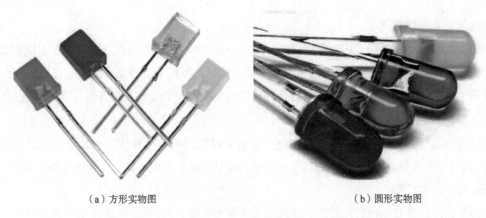

（a）方形实物图　　　　　　　　　　　（b）圆形实物图

图 1-28　形状、颜色各异的普通单色发光二极管实物图

②变色发光二极管

变色发光二极管只用一只发光二极管就能变换发出几种颜色光,因此在电子装置、电子玩具、仪器设备等产品上多作为不同状态指示或者发出多种警告信号。

变色发光二极管按照颜色种类可以分为双色发光二极管、三色发光二极管和多色(红、蓝、白、绿四种颜色)发光二极管;按照引脚数量可以分为二端变色发光二极管、三端变色发光二极管、四端变色发光二极管和六端变色发光二极管。图 1-29 所示为二端、三端、四端变色发光二极管实物图。

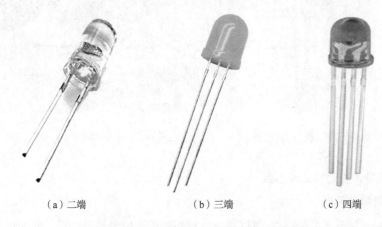

（a）二端　　　　　　　　　　（b）三端　　　　　　　　　　（c）四端

图 1-29　二端、三端、四端变色发光二极管实物图

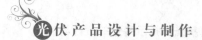

二端、三端变色发光二极管通常为双色发光二极管,其内部一个管壳内封装了两个发光二极管(通常为红、绿或者红、黄两色)。其电路符号如图1-30所示。

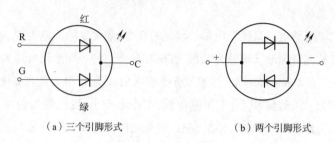

(a)三个引脚形式　　　　　　　　　　(b)两个引脚形式

图1-30　双色发光二极管电路符号

③闪烁发光二极管

闪烁发光二极管也叫做自闪光二极管,它是一种由CMOS集成电路和发光二极管组成的特殊发光器件,是光电技术与半导体集成工艺相结合的新产品。它可用于报警指示及欠电压、过电压指示。闪烁发光二极管在使用时,无须外接其他元件,只需要在引脚两个端加上适当的直流工作电压(5 V)即可闪烁发光。

闪烁发光二极管的颜色主要有红色、橙色、黄色和绿色四种。它的外形和普通发光二极管完全一样,其区别在于内部电极上有个小黑点,这个黑点就是CMOS集成电路。实物图如图1-31所示。

④七彩发光二极管

七彩发光二极管是一种新颖的高亮度自动变色发光二极管,目前已广泛应用于各种电子产品装饰、电子玩具等,可起到增辉添彩的神奇效果。它的外形和普通发光二极管是一样的,内部有大规模集成电路控制的三基色发光管芯,当外加电源时,可对外发出不断循环变化的红、绿、蓝、黄、紫、青、白七种颜色闪光。其实物图如图1-32所示。

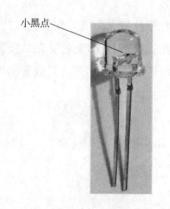

图1-31　闪烁发光二极管实物图

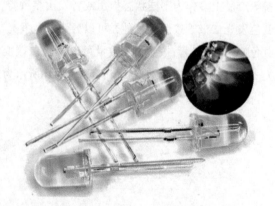

图1-32　七彩发光二极管实物图

(2)发光二极管的极性判断和参数

①发光二极管极性判断

发光二极管是一种有极性的器件,可以通过查看外观或万用表检测而得。此处仅介绍外观判断极性的方法。

a. 通孔插装发光二极管：该种类型的发光二极管可以通过引脚和管内部结构来判别。

➤ 从引脚判断。如果是全新或引脚未被剪过的器件，则发光二极管的长引脚是阳极，短引脚是阴极，如图 1-33(a)所示。

➤ 从管芯内部结构判断。它的管芯内部有一大一小两个金属片，分别代表着两个电极，一般来说，较小金属片对应的电极就是阳极，较大金属片对应的电极就是阴极，如图 1-33(b)所示。不过有个别发光二极管(一般是进口管芯)除外。为了保险起见，最好还是通过万用表测量为好。

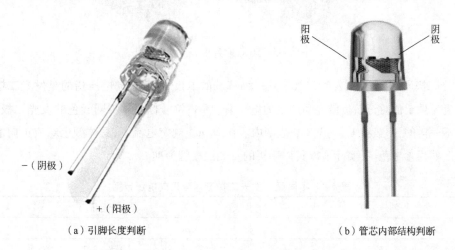

－(阴极)

＋(阳极)

(a)引脚长度判断　　　　　　　　　　　(b)管芯内部结构判断

图 1-33　通孔插装发光二极管外观判断极性方法

b. 贴片发光二极管：该类器件极性主要采用看标识的方法。很多贴片发光二极管都会标有相应的标识，一般情况下标识主要有背面的 T 形和三角形标识，颜色一般是绿色，如图 1-34 所示。T 形横线对应的是阳极，竖线对应的是阴极；三角形标识中底边对应的是阳极，顶角对应的是阴极。

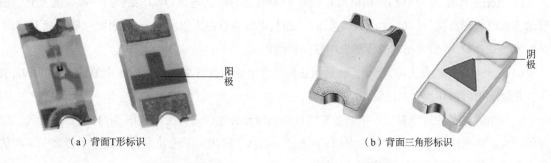

(a)背面T形标识　　　　　　　　　　　(b)背面三角形标识

图 1-34　贴片发光二极管外观判断极性方法

不过有些贴片发光二极管，它没有任何颜色的标识，这时候我们只要看其形状有没有缺角，例如 5050 贴片 LED，它是正方形的，四个直角中有一个角带个小缺角，那么带缺角的端就是阴极，另一端为阳极，如图 1-35 所示。

②发光二极管参数

发光二极管特性的参数包括电学和光学两类参数，主要参数有发光二极管正向电压 V_F、发光二极管正向电流 I_F、发光二极管最大正向工作电流 I_{Fm}、发光二极管反向电压 V_R、发光二极管最大功耗

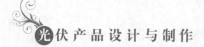

P_D、发光二极管颜色、波长、光强、视角、使用寿命、存储温度、纯度、色度、通光量等。这里主要介绍发光二极管选型设计时常用的几个电参数。

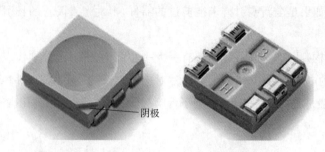

图 1-35　5050 贴片发光二极管

a. 发光二极管正向电压:发光二极管是一种特殊的二极管,其正向电压指的是发光二极管通过的正向电流为规定值时,正、负极之间产生的电压降,用 V_F 符号标识。不同颜色的发光二极管,其正向电压是不一样的,一般在 1.8～3.8 V 范围内。在 20 mA 规定电流下,具体颜色对应正向电压范围见表1-6,此处为参考范围,实际值以具体购买的发光二极管为准。

表1-6　不同颜色发光二极管对应正向电压范围

颜　　色	电压范围/V
红	1.8～2.2
黄	1.8～2.2
绿	3.0～3.4
白	3.0～3.4
蓝	3.0～3.4

b. 发光二极管正向电流:正向电流指的是 LED 在正常时的电流,用 I_F 表示。一般普通发光二极管的工作电流很小,只有 10～45 mA。电压增加时,电流会有很大程度的上升,因此一般情况下,为了保护发光二极管,普通发光二极管都会串联保护电阻。

c. 发光二极管最大正向工作电流:最大正向工作电流指允许加的最大的正向直流电流,用 I_{Fm} 表示。超过此值可损坏发光二极管。

d. 发光二极管反向压降:反向电压指 LED 两端所允许加的最大反向电压,用 V_R 表示。发光二极管的最大反向电压一般在 6 V 左右,最高不超过十几伏。使用时不应使发光二极管承受高于 5 V 的反向电压,否则发光二极管可能被击穿损坏。

2. 发光二极管的检测

检测思路:采用通电观察法,观察待测发光二极管是否能够发光。若能发光,说明质量是好的;若不能,则判断该发光二极管已损坏。

在检测之前,需要准备好测量工具和测量对象;接着在外观检查判断无损伤情况下,按照操作规范对发光二极管进行通电测试,观察是否发光从而判断该发光二极管质量好坏;最后按照企业 7S 管理要求,对实验现场进行整理清洁。

（1）检测前准备

需准备的发光二极管检测工具和材料清单见表 1-7。此处以红色普通单色发光二极管为例，说明检测方法。

表 1-7　发光二极管检测工具和材料清单

序号	准 备 用 具	参 考 型 号	数　　　量
1	数字万用表	优利德 UT30A	1 块
2	普通单色发光二极管	红色 ϕ3 mm	1 个

（2）外观检查

通过肉眼检查，该发光二极管有没有引脚缺失、外壳烧焦、管内烧黑情况出现。图 1-36 所示为引脚损坏发光二极管。外观检查结果填写于表 1-8 中。若没有外观破损，则进入到通电检查环节。

（3）通电检查

红色的普通单色发光二极管其正向电压值范围是 1.8～2.2 V，正向电流不超过 20 mA。因为它工作电压、工作电流小，而数字万用表内有电池，其二极管挡电压大于 2.2 V，因此可以用数字万用表的二极管挡连接 LED 两端，观测其是否发光，判断其质量好坏。操作步骤如下：

Step1：极性判断。通过观察外观，判断出该发光二极管引脚的阳极和阴极。

Step2：万用表调挡。将万用表的挡位调整至二极管挡，如图 1-37 所示。

<table>
<tr><td>图 1-36　引脚损坏的发光二极管</td><td>图 1-37　万用表选择二极管挡</td></tr>
</table>

Step3：连线。将万用表的红表笔接红色发光二极管的阳极，黑表笔接发光二极管的阴极。若发光二极管发光，则判断该发光二极管是好的；若不发光，可能极性判断错误，重新更换表笔，反向相接看是否发光；如果还是不发光，则判断该发光二极管已经损坏，不能使用。最终将检查测量结果记录于表 1-8 中。

表1-8　发光二极管测量记录表

序号	检测形式	检测类别	检测内容	检测结果		结　论
1	外观检查	外观完整性	外壳是否破裂、引脚是否完整	□外壳破裂　　□外壳未破裂 □引脚不完整　□引脚完整		外观完整性 □好　□损坏
		器件质量	外壳是否烧焦、管内是否有烧黑情形	□外壳烧焦　　□外壳美观 □管内烧黑　　□管内未烧黑		器件质量 □外观好　□损坏
2	仪器测试	性能检测	能否点亮发光二极管	□能点亮 □不能点亮		质量好坏 □好　□损坏
	最终结论:该发光二极管是否可以使用			□可以使用　　□不能使用		

（4）7S 管理

● 视　频

电阻的识别及检测

按照企业 7S 管理要求,实验结束后,需要关闭实验仪表,对实验工具和材料进行整理,对实验环境进行清洁、清扫工作。

四、电阻的识别及检测

1. 电阻的识别

电阻这个元器件,大家并不陌生,在各大电路板上都可以看到其身影。它的作用主要是限流、分压及作为负载使用。它的文字符号是 R。图 1-38 所示为固定电阻电气图形符号。

电阻实物到底长什么样子呢? 我们先来做个小测验。

图 1-38　固定电阻电气图形符号

🔧 小测验

（单选题）图 1-39 中所示的三种元件,哪种为电阻元件?（　　）

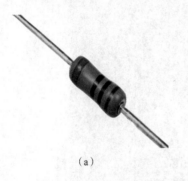

（a）

（b）

（c）

图 1-39　三种电子元件

到底哪个是需要找出来的电阻呢? 我们先来了解电阻的分类,认识更多的电阻,自然就能揭晓答案。

（1）电阻的分类

电阻常按照封装形式、结构、材料进行划分。按照封装形式,可分为通孔插装电阻和表面贴装电阻两种;按照结构划分可以分为固定电阻、可调电阻两种;按照材料划分,可以分为碳膜电阻、金属膜电阻、水泥电阻、线绕电阻等。此处介绍按照封装形式划分的各类电阻。

①通孔插装电阻

通孔插装电阻又称 THT(Through Hole Technology)电阻。它是一种适用于通孔插装工艺的电阻。其主要特征为有两根或以上长的引脚。图 1-40 所示为各类 THT 电阻元件。

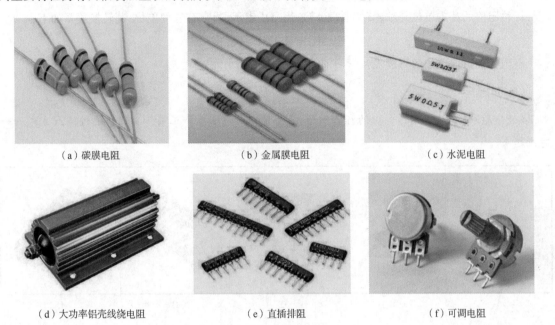

（a）碳膜电阻　　　　　　　（b）金属膜电阻　　　　　　　（c）水泥电阻

（d）大功率铝壳线绕电阻　　　（e）直插排阻　　　　　　（f）可调电阻

图 1-40　各类 THT 电阻元件

②表面贴装电阻

表面贴装电阻又称 SMT(Surface Mounting Technology)电阻。它可分为普通固定片式电阻和片式排电阻两种。图 1-41 所示为各类 SMT 电阻元件。

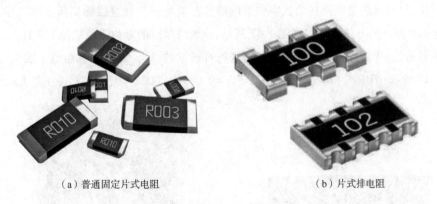

（a）普通固定片式电阻　　　　　　　　　（b）片式排电阻

图 1-41　各类 SMT 电阻元件

（2）电阻的参数

光伏产品功能电路开发时,若需要购买电阻,除了向商家提供电阻的种类外,至少还有两项参数需要提供,一个是电阻的标称阻值,另一个是电阻的功率。有时设计精密产品时,还需要提供电阻的允许偏差。

①标称阻值

电阻的标称阻值是指电阻体上标注的电阻值,有些电阻体上会直接标识数字表征电阻阻值,而有些电阻体通过五颜六色的色环来标示阻值。这就是常说的电阻阻值标示法——色环法。

标称阻值的基本单位是欧姆(简称"欧"),用"Ω"表示,通常有三种单位,其转换关系如下:

$$1\ M\Omega = 10^3\ k\Omega = 10^6\ \Omega \tag{1-1}$$

电阻标称阻值该如何识读呢? 学习前,我们先来做个小测验。

 小测验

(连线题)请识读下列各电阻的标称阻值,将图片下对应选项和正确标称阻值通过连线方式一一对应起来。

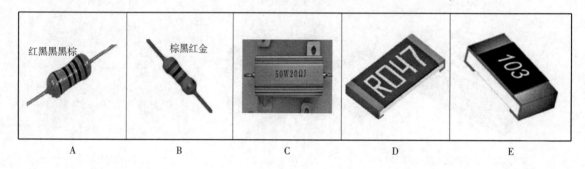

| 0.047 Ω | 200 Ω | 20 Ω | 10 kΩ | 1 kΩ |

电阻标称阻值的识读方法主要有直标法、文字符号法、数码标识法和色环法四种方法。

a. 直标法:该种方法是用阿拉伯数字和单位符号在电阻体表面直接标出阻值和功率,用百分数或者字母标出其允许偏差的方法。如图 1-42 所示,该线绕电阻的标称阻值就是 1.8 Ω。

b. 文字符号法:用阿拉伯数字和文字符号进行有规律的组合,表示标称阻值方法叫做文字符号法。如图 1-43 所示,图中的 R010 = 0.01 Ω;R003 = 0.003 Ω;R002 = 0.002 Ω,R 在此表示小数点。

图 1-42 线绕电阻参数直标法

图 1-43 贴片电阻文字符号法

c. 数码标识法:用 3 ~ 4 位数码表示电阻器标称阻值的方法叫做数码法,常见于贴片电阻标识中,且数字标识的位数和允许偏差有一定的关系。三位数标识的电阻其允许偏差一般是 ±5%;四位数标识的电阻其允许偏差一般是 ±1%。具体电阻参数标识如图 1-44 所示。

三位数和四位数码标称阻值读数规则如下：

➤ 三位数。前面两位是有效数字，第三位数表示为 10 的倍率。图 1-44 中 104 的标称阻值就是 $10 \times 10^4 = 10^5 = 100 \ k\Omega$。

➤ 四位数。前面三位是有效数字，第四位数表示为 10 的倍率。图 1-45 中 5112 的标称阻值就是 $511 \times 10^2 = 51.1 \ k\Omega$。

d. 色环法：用不同的色环标注在电阻体上，表示电阻标称阻

图 1-44 贴片电阻数码标识法

值和允许偏差的一种方法叫做色环法，也称色标法，采用色环法标识的电阻叫做色环电阻。常见的色环电阻可分为四环和五环电阻，一般情况下，五环电阻为金属膜电阻，是精密电阻。常见色环电阻实物图如图 1-45 所示。

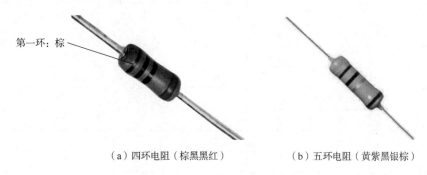

第一环：棕

（a）四环电阻（棕黑黑红）　　　（b）五环电阻（黄紫黑银棕）

图 1-45 常见色环电阻实物图

四环电阻和五环电阻标称阻值和允许偏差读数规则如下：

➤ 四环电阻。四环电阻前两环为数字，第三环表示 10 的倍率，最后一环为允许偏差。图 1-45 所示四环电阻色环颜色对应为棕黑黑红，对照图 1-46 所示颜色数字，棕色对应数字 1，黑色对应数字 0，红色对应 ±2% 允许偏差。那么该四环电阻的标称阻值就是 $10 \times 10^0 = 10 \ \Omega$，允许偏差就是 ±2%。

➤ 五环电阻。五环电阻前三环为数字，第四环表示 10 的倍率，最后一环为允许偏差。图 1-45 所示五环电阻色环颜色对应为黄紫黑银棕，黄色对应数字 4，紫色对应数字 7，黑色对应数字 0，银色对应数字 0.01，棕色对应 ±1% 允许偏差。那么其标称阻值就是 $470 \times 0.01 = 4.7 \ \Omega$，允许偏差就是 ±1%。

允许偏差通常是金、银和棕三种颜色，不同的颜色代表的允许偏差不一样，金色代表 5% 允许偏差；银色代表 10% 允许偏差；棕色代表 1% 允许偏差；无色代表 20% 允许偏差。具体各颜色代表的数值读值方法如图 1-46 所示。

为便于记忆，也有相应的色环电阻口诀。口诀如下：

棕一红二橙是三，四黄五绿六为蓝，七紫八灰九对白，黑是零，金五银十表误差。

我们进行光伏产品功能电路设计时，能不能任意选定电阻的阻值呢，例如 123 Ω 电阻，24.7 kΩ 电阻？答案是否定的，原因是工业上无法大规模的生产所有数值的电阻，因此，国家标准中将电阻的标称阻值分为 E6、E12、E24、E48、E96、E192 六大系列，分别适用于允许偏差为 ±20%、±10%、±5%、±2%、±1%和 ±0.5% 的电阻器。其中 E24 系列为常用数系，E48、E96、E192 系列为高精密电阻数系。E24 对应电阻标称值及误差见表 1-9。市场上生产销售的电阻阻值就是 E 系列对应标称值乘以 10 的

倍率所得的值,例如 $1.0 \times 10^{-1}, 1.0 \times 10^{0}, 1.0 \times 10^{1}, 1.0 \times 10^{2}, \cdots$。如果实在需要购买一些"非标"电阻,则价格会高得多。

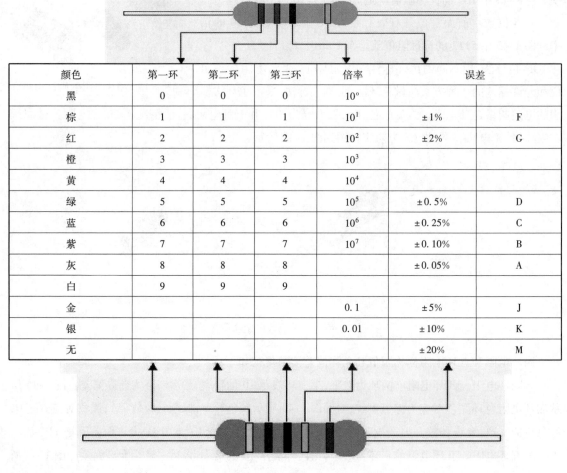

颜色	第一环	第二环	第三环	倍率	误差	
黑	0	0	0	10^0		
棕	1	1	1	10^1	±1%	F
红	2	2	2	10^2	±2%	G
橙	3	3	3	10^3		
黄	4	4	4	10^4		
绿	5	5	5	10^5	±0.5%	D
蓝	6	6	6	10^6	±0.25%	C
紫	7	7	7	10^7	±0.10%	B
灰	8	8	8		±0.05%	A
白	9	9	9			
金				0.1	±5%	J
银				0.01	±10%	K
无					±20%	M

图 1-46　四环/五环色环法读值方法示意图

表 1-9　E24 对应电阻标称值及误差

标称值系列	误差	电阻标称值/Ω
E24	±5%	1.2、1.3、1.5、1.6、1.8、2、2.2、2.4、2.7、3、3.3、3.6、3.9、4.3、4.7、5.1、5.6、6.2、6.8、7.5、8.2、9.1、10

②额定功率

在进行电阻选型设计时,需要考虑其额定功率,主要原因在于如果额定功率选择低于电路要求的额定值时,则电阻很容易引发火灾,有电气安全隐患。常见电阻的功率有 1/16 W、1/8 W、1/4 W、1/2 W、1 W、2 W、3 W 等。

电阻的额定功率有时通过直标法呈现,例如图 1-47(a)所示水泥电阻,其额定功率就是 10 W;而没有标识额定功率的电阻,一方面可以通过厂家直接获取功率信息;另一方面,可以通过经验从体积大小来判断其额定功率值。如图 1-47(b)所示,电阻的体积越大,其额定功率越大。同一阻值同一种类的电阻,功率越大,价格越贵。

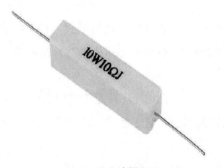

（a）水泥电阻 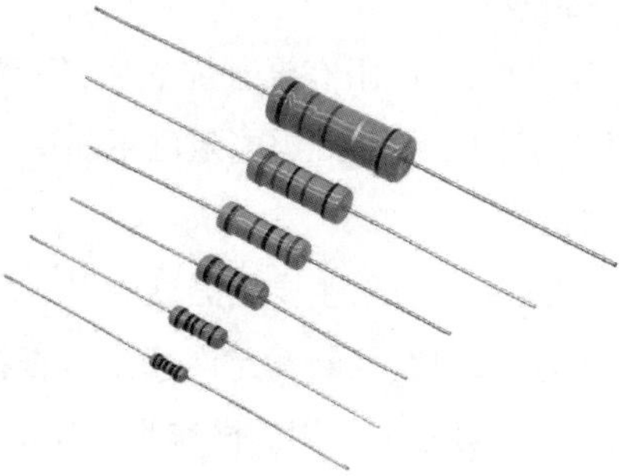　　　　　　　　　（b）不同功率金属膜电阻

图 1-47　不同功率电阻展示图

以最常用的金属膜电阻为例，如图 1-48 所示，通过表 1-10 说明功率和尺寸之间的关系。

图 1-48　金属膜电阻各部分尺寸字母标注图

表 1-10　金属膜电阻功率和尺寸关系表

规　　格	功率/W	尺寸/mm			
		$L \pm 1$	$D \pm 0.5$	$C \pm 3$	$d \pm 0.05$
MFR016	1/6	3.5	1.7	28	0.45
MFR014	1/4	6.0	2.3	28	0.52
MFR012	1/2	9.0	3.2	28	0.58
MFR01B	1	11.0	4.5	33	0.75
MFR02B	2	15.0	5.0	33	0.75
MFR03B	3	17.0	6.0	33	0.75

2. 电阻的检测

在检测之前，需要准备好测量工具和测量对象；接着在外观检查判断无损伤情况下，按照操作规范对电阻进行参数测量，最终判断电阻是否符合要求；最后按照企业 7S 管理要求，对实验现场进行整理清洁。

（1）检测前准备

需准备的工具和材料见表 1-11。以通孔插装电阻 1/4 W，100 Ω 金属膜电阻为例，说明检测的方法。

表 1-11　电阻测量工具和材料清单

序号	准 备 用 具	参 考 型 号	数量
1	数字万用表	胜利牌 VC890D	1 块
2	电阻	1/4 W，100 Ω 金属膜电阻	1 个

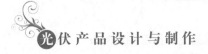
（2）外观检查

通过肉眼检查，该电阻有没有烧焦、裂痕情况出现，外观检查结果填写于表 1-12 中。图 1-49 所示为烧焦损坏电阻展示图，此类电阻已不能使用。若没有外观破损，则进入参数检测环节。

（3）参数检测

此处电阻的参数测试，主要是测试电阻的实际阻值。判断电阻是否能够使用的依据是将实际阻值和标称阻值进行对比，判断其允许偏差是否在规定范围内。电阻阻值若在允许偏差规定范围内，则可以使用；反之，则不能使用。操作步骤如下：

Step1：识读。观察给定电阻，得出该电阻的标称阻值和允许偏差，记录于表 1-12。

Step2：万用表选挡。根据电阻的标称阻值，万用表选择合适的电阻挡位，此处选择胜利牌万用表，选择的电阻挡位为大于待测电阻阻值，最靠近其范围的挡位为 200 Ω，如图 1-50 所示。若选用优利德 UT30A 万用表，则电阻挡只有一个挡位，测量更加便捷。

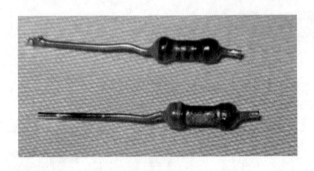

图 1-49　外观检查损坏电阻展示图

图 1-50　万用表测量电阻挡位选择

Step3：读数。将万用表红黑表笔接在检测电阻的两端，在液晶显示区域读出测量电阻阻值，记录于表 1-12 中。

实测完阻值后，根据允许偏差计算公式如式（1-2）所示，计算出该电阻的实际误差，记录于表 1-12 中，并最终得出结论，从而确定该检测电阻是否可以使用。

$$实际误差 = \frac{实测阻值 - 标称阻值}{标称阻值} \times 100\% \qquad (1-2)$$

表 1-12　电阻测量记录表

序号	检测形式	检测类别	检测内容	检测结果	结　论
1	外观检查	元件质量	有没有烧焦、裂痕情况	□外壳烧焦　　□外壳美观 □外壳有裂痕　□外壳无裂痕	元件质量 □外观好　□损坏
2	仪器测试	阻值检测	标称阻值	_____ Ω	质量好坏 □好　□损坏
			允许偏差	± _____ %	
			实测阻值	_____ Ω	
			实际误差	_____ %	
最终结论：该电阻是否可以使用				□误差范围内，可以使用 □超出误差范围，不能使用	

(4)7S 管理

按照企业 7S 管理要求,实验结束后,需要关闭实验仪表,对实验工具和材料进行整理,对实验环境进行清洁、清扫工作。

项目设计

一、功能设计

光伏产品设计过程中,最难的部分在于功能的设计,而功能的实现离不开电路的支持,那么如何对光伏产品的电路进行设计呢? 在此介绍光伏产品电路设计的流程,利用该流程来具体开发简易光伏指示装置功能电路。

光伏产品电路设计流程图如图 1-51 所示。

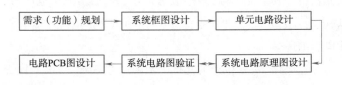

视 频

光伏产品电路
设计流程

图 1-51 光伏产品电路设计流程图

现在就简易光伏指示装置产品提出的功能要求,进行该产品电路的开发。

1. 需求(功能)规划

当接到一个光伏产品开发任务时,首先需要进行市场调研,对产品的需求或者功能进行规划,以满足消费者的需求。如果某光伏产品的功能是客户自身提出的具体要求,则需要对提出的功能要求进行具体分析。

根据简易光伏指示装置功能描述,客户要求企业提供 6 V/100 mA 的滴胶板光伏组件 200 块,且有电源状态指示功能,有光时电源状态指示灯亮,无光时电源状态指示灯灭。对该功能进行分析,则单个产品的设计要点是如下:

(1)设计一款 6 V/100 mA 的滴胶板光伏组件。

(2)实现电源状态指示功能。有光时电源状态指示灯亮,无光时电源状态指示灯灭。

2. 系统框图设计

系统框图设计就是将光伏产品的电路功能按照单元模块划分,并按照一定的逻辑关系(如电流流动方向)进行组合。简易光伏指示装置功能根据分析出的设计要点,可以划分为两个单元模块,分别是电源模块和电源状态指示模块,箭头表示电流流动的方向,其系统框图如图 1-52 所示。

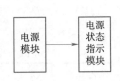

图 1-52 简易光伏指示装置系统框图

3. 单元电路设计

单元电路设计即对各单元模块电路进行详细的设计,包括对各单元电路元件组成和元件的选型设计。简易光伏指示装置包含电源模块和电源状态指示模块。

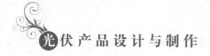

（1）电源模块设计

根据项目功能要求，该产品需要实现的功能仅为有光时指示灯亮，无光时指示灯不亮。而光伏组件有光的时候发电，无光的时候没有电，无光时无法点亮 LED 灯，正好和需要的功能要求相符，所以该产品电源就为光伏组件即可。结合具体的设计要求，该模块主要是设计一款 6 V/100 mA 的滴胶板光伏组件。

对于丰富多彩的光伏产品而言，不同的光伏产品，其光伏组件的尺寸和电性能要求可能均会有所不同。光伏组件生产厂商主要大规模生产主流功率尺寸的光伏组件，对于非主流功率的光伏组件，往往需要自行定制光伏组件。我们把根据要求进行光伏组件内部电池排列布局及确定组件尺寸设计的过程，叫做光伏组件版型设计。

●视 频

滴胶板光伏组件版型设计

滴胶板光伏组件功率小，制作工艺简单，价格便宜，深受光伏小产品的青睐；其内部的光伏电池一般都经过了切片处理，并采用串联的形式连接在一起。

滴胶板光伏组件版型设计的步骤主要有六步，分别是：光伏电池的选择、光伏电池功率的设计、串联电池片数的设计、单块电池片尺寸设计、光伏电池片排布设计、底板设计。

①光伏电池的选择

现今各光伏电池生产厂商生产的光伏电池的尺寸各异，2020 年 11 月，天合光能、东方日升、阿特斯等七家光伏企业联合发布了光伏电池行业标准尺寸统一为 210 mm×210 mm 的倡议。随着科学技术的进步，工艺的提升，光伏电池的尺寸、转换效率等电性能参数每年均会有所变化。在此我们主要学习光伏组件版型设计的方法，方法掌握了，不管未来光伏电池尺寸如何变化，效率提高多少，我们按照这些方法进行相应的调整就可以设计出符合要求的光伏组件。

光伏电池选择主要考虑三个方面，分别是光伏电池种类、光伏电池尺寸、光伏电池品牌。

a. 光伏电池种类。光伏电池种类的选择一般遵循两个原则，一是电性能参数好，二是经济成本低。现今单晶硅光伏电池市场占有率高，光电转换效率高，且和多晶硅电池价格相比，价格差距越来越小。因此该项目光伏电池种类选择单晶硅光伏电池。

b. 光伏电池尺寸。目前，很多企业已经停止生产 125 mm×125 mm 尺寸的光伏电池，在此选用大家方便购买的 156 mm×156 mm 尺寸的光伏电池为例进行说明。

c. 光伏电池品牌。光伏电池选择中国知名品牌，电性能参数和质量可以得到保障。在此选择国内知名品牌的单晶硅光伏电池，其选择的光伏电池参数见表 1-13，其实物图如图 1-53 所示。

表 1-13　国内某知名品牌 156 mm×156 mm 单晶硅光伏电池参数表

型号:156 单晶	转换效率:19.4%~19.5%	尺寸:156 mm×156 mm ±0.5 mm
厚度:(210±30) μm	最大功率:4.72 W	工作电压:0.545 V
工作电流:8.661 A	开路电压:0.635 V	短路电流:10.644 A

②光伏电池功率的设计

根据式（1-3），可以计算得出选定光伏电池的单位功率。

$$P_{单位功率} = P_{总功率} / S_{总面积} \tag{1-3}$$

该光伏电池 $P_{单位功率} = 4.72$ W/（156 mm×156 mm）$\approx 0.000\ 193\ 95$ W/mm^2。

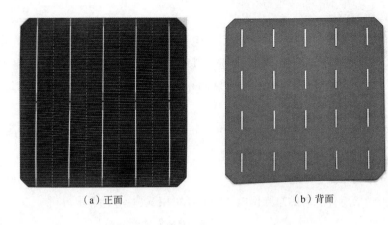

（a）正面　　　　　　　　　　　　（b）背面

图 1-53　156 mm × 156 mm 光伏电池实物图

因选定单晶硅光伏电池为五栅线光伏电池,且四周有倒角,滴胶板光伏组件所需切割出的光伏电池必须双面均有电极。而该光伏电池背面电极为非连续性电极,经过直尺测量,单晶硅电池背面电极离上下边距离均为 10 mm,背面电极中间间断区域其尺寸如图 1-54 所示,蓝色方框阴影区域为不能使用面积。所以,该光伏电池可用的功率可以通过式(1-4)计算得出。

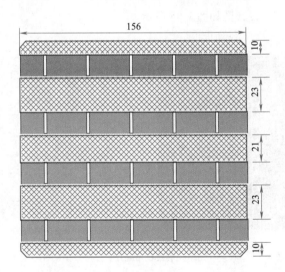

图 1-54　156 mm × 156 mm 光伏电池(单位:mm)

$$P_{可用功率} = S_{可用面积} \times P_{单位功率} \tag{1-4}$$

$$P_{可用功率} = [\,156 \text{ mm} \times (156 \text{ mm} - 10 \text{ mm} \times 2 - 23 \text{ mm} \times 2 - 21 \text{ mm})\,] \times 0.000\,193\,95 \text{ W/mm}^2 \approx 2.087\,6 \text{ W}$$

所需设计光伏组件的功率为 0.6 W,占单块 156 光伏电池可用功率的比值可用式(1-5)计算所得。

$$\Delta P = P_{需求光伏组件功率} \big/ P_{可用功率} \tag{1-5}$$

ΔP 表示功率占比,因此 0.6 W/2.087 6 W ≈ 1/3.479 3,因实际切割会有损耗,为保准有足够功率,其占比取整为 1/3。

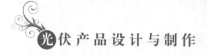

③串联电池片数的设计

因光伏电池切割后各小电池片电压不变,且当电池串联时,其总电压是增加的。根据项目要求,要求设计的光伏组件电参数为 $V_{mp}=6\ V$,而选定 156 mm × 156 mm 的单片光伏电池工作电压为 0.545 V。因此,该项目滴胶板光伏组件内需串联的光伏电池块数可以用式(1-6)计算。

$$N_{串联数} = V_{mp\ 光伏组件}/V_{mp\ 单块电池} \tag{1-6}$$

因此,该项目光伏电池 $N_{串联数}=6\ V/0.545\ V \approx 11.009$,考虑到环境变化会造成功率的变化,为保证足够的功率输出,所以光伏电池的串联数取整数,为 12 块。

④单块电池片尺寸设计

该项目滴胶板光伏组件所需的总光伏电池的面积可用式(1-7)计算求得。

$$S_{所需总光伏电池面积} = \Delta P \times S_{可用面积} \tag{1-7}$$

$S_{所需总光伏电池面积} = 1/3 \times [\,156\ mm \times (156\ mm - 10\ mm \times 2 - 23\ mm \times 2 - 21\ mm)\,] = 3\ 588\ mm^2$

因滴胶板光伏组件所需单片小电池串联数为 12 块,因此单片小电池所需面积为 3 588 mm²/12 = 299 mm²。电池片以五根主栅线为单块小电池片的中心线进行切割,因该电池片长为 156 mm,五根栅线分布均匀,且正面除五根主栅线外,还有五根纵向的细栅线,两两间距为 31 mm,因此为方便激光切片,且考虑一定的激光切片损耗,在此选定单片小电池片的尺寸为 31 mm × 10 mm,满足预期设计单片小电池所需面积,其切割设计图如图 1-55 所示。

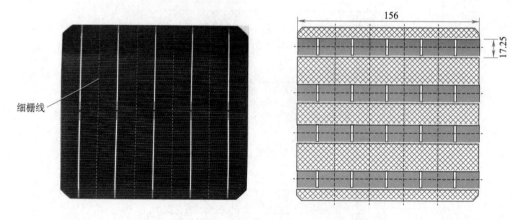

细栅线

图 1-55　单块 156 mm × 156 mm 切割设计图(单位:mm)

⑤光伏电池片排布设计

小功率滴胶板光伏组件内光伏电池片最常见的排布方式是纵向单列排布,如图 1-56(a)所示排列。若组件要求长宽比例不宜过大,也可采用双列 U 型排布方式,如图 1-56(b)所示。一般情况下,各块光伏小电池间的间距为 2 mm。

因该项目未要求滴胶板光伏组件尺寸,所以此处采用如图 1-56(a)所示最常见的排布方式,纵向单列排布方式排布。

⑥底板设计

底板设计含底板的材料选择、外形设计、尺寸设计及背面电极设计。

a. 底板的材料选择。滴胶板光伏组件的底板一般使用制作 PCB 的基板材料,其刚性基板中,性价比较高的是玻纤 FR-4 环氧材质,其耐热性强、抗腐蚀性好、机械强度高、电绝缘性能稳定、抗拉强度高。滴胶板光伏组件中正面无须铜箔,背面电极可以使用铜箔作为电极,因此,该项目选择玻纤 FR-4 单面覆铜板作为底板材料。实物图如图 1-57 所示。

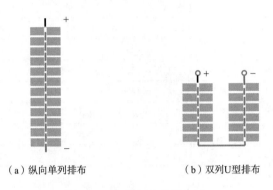

（a）纵向单列排布　　　　　（b）双列U型排布

图 1-56　光伏电池片排布图

　　b. 外形设计。滴胶板光伏组件最常见的外形为矩形,其次还有圆形。读者若要有兴趣,可以自行设计多样的底板外形,此项目选取底板为矩形的外形。

　　c. 尺寸设计。底板的尺寸要大于光伏电池串焊后的尺寸。一般情况下,纵向单列排布的底板上下端分别距离光伏电池串的正负极 3 mm,左右端距离光伏电池片各为 3 mm。其底板尺寸如图 1-58 所示。

图 1-57　玻纤 FR-4 环氧材质单面覆铜板

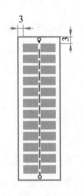

图 1-58　底板尺寸图(单位:mm)

　　此项目为 12 块 31 mm × 10 mm 光伏小电池片串联,且每块电池片间距 2 mm,则光伏电池串长度为(12 × 10 + 2 × 11) mm = 142 mm,加上上下间距,则底板长度为(142 + 3 × 2) mm = 148 mm;底板宽度为(31 + 6) mm = 37 mm。则该项目底板尺寸为 148 mm × 37 mm。

　　d. 背面电极设计。为避免光伏电池串正负极引出线断裂而造成整个光伏组件不可用的情况,背面需做电极设计。因滴胶板输出电极设计简单,仅为正负电极两根引出线,故背面电极设计图纸可以采用 AutoCAD 绘制,也可采用 Altium Designer 17 的 PCB 图绘制功能绘制。

　　为方便用电设备的连线,滴胶板光伏组件背面的两个电极尽量从一端引出。其背面电极的长度考虑光伏电池串的长度,电极的宽度需考虑 PCB 铜箔的载流量。在 25 ℃下,PCB 铜箔宽度、厚度和电流的关系见表1-14。

表 1-14　PCB 铜箔宽度、厚度和电流关系一览表(25 ℃)

铜箔厚度(35 μm)		铜箔厚度(50 μm)		铜箔厚度(70 μm)	
电流/A	线宽/mm	电流/A	线宽/mm	电流/A	线宽/mm
0.20	0.15	0.50	0.15	0.70	0.15
0.55	0.20	0.70	0.20	0.90	0.20
0.80	0.30	1.1	0.30	1.3	0.30
1.10	0.4	1.35	0.4	1.7	0.4
1.35	0.5	1.7	0.5	2.0	0.5
1.6	0.6	1.9	0.6	2.3	0.6
2.0	0.8	2.4	0.8	2.8	0.8
2.3	1.0	2.6	1.0	3.2	1.0
2.7	1.2	3.0	1.2	3.6	1.2
3.2	1.5	3.5	1.5	4.2	1.5
4.0	2.0	4.3	2.0	5.1	2.0
4.5	2.5	5.1	2.5	6.0	2.5

因为在实际应用过程中,制作工艺、底板材质和环境温度等因素会影响铜箔承受的载流量大小,因此,当铜箔通过大电流时,其宽度对应的载流量以表1-14所示数值的50%选择,会更加可靠。

一般情况下,单、双面PCB铜箔(覆铜)厚度约为35 μm,所以该项目选用铜箔厚度为35 μm的单面覆铜板。光伏组件要求输出电流大小仅为100 mA,电流较小,其背面电极设计线宽参考表1-14,35 μm铜箔厚度对应的线宽大于0.15 mm均满足载流量要求,不会发生电气安全危险。因选用光伏电池的主栅线宽度为1 mm,对应互连条的宽度为1 mm,为便于焊接,其线宽必须大于互连条宽度,故选用2 mm线宽。其背面电极设计图如图1-59所示。

(2)电源状态指示模块

①元件的组成

该单元模块要求实现电源状态指示功能,而能够实现指示功能的器件,最常见的就是发光二极管,因此该模块选取普通单色发光二极管实现指示功能,其指示效果明显,功耗小,价格低。为保护LED,还需要串联一个固定电阻实现限流和分压。该电源状态指示模块的电路组成如图1-60所示。

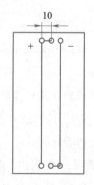

图 1-59　背面电极设计图(单位:mm)　　　　图 1-60　电源状态指示模块元件组成图

②元件的选型设计

元件的选型设计包含元件的材料选择和参数的确定。这里主要考虑成本和应用广泛性,最终确定选择红色普通发光二极管和金属膜电阻。

下面对这两个元件进行参数的确定。

a. 红色普通发光二极管。因发光二极管在此的作用仅为指示,非照明功能,因此对光照强度可以适当降低要求,同时考虑成本,选择直径为 3 mm 的发光二极管即可满足要求,其红色发光二极管的工作电压是 1.8 V,电流范围是 3 ~ 20 mA。

b. 限流电阻。该项目电路可以提供 6 V,100 mA 的电源,其限流电阻阻值通过式(1-8)计算可得。

$$R_{标称阻值} = (V_{组件} - V_{发光二极管})/I_{电流} \tag{1-8}$$

$$R_{标称阻值(min)} = (6\ V - 1.8\ V)/20\ mA = 210\ \Omega$$

$$R_{标称阻值(max)} = (6\ V - 1.8\ V)/3\ mA = 1\ 400\ \Omega$$

因此,符合要求的限流电阻的阻值范围为 210 ~ 1 400 Ω,为获得最佳亮度效果,考虑电阻阻值序列,选取 220 Ω 电阻。

电阻的额定功率通过式(1-9)计算可得。

$$P = V^2/R \tag{1-9}$$

$$P_{电阻} = (6\ V - 1.8\ V)^2/220\ \Omega \approx 0.0801\ W$$

考虑电阻功率留有一定的余量,因此选择应用广泛的 1/4 W 金属膜电阻,最终确定限流电阻的参数为 220 Ω,1/4 W。

【填一填】请根据以上信息,补充填写表1-15。

表 1-15　电源状态指示模块元器件信息表

名　称	参　数	数量/个
发光二极管		1
电阻		1

4. 系统电路原理图设计

将已经设计好的各单元模块电路组合在一起,即形成了完整的系统电路原理图,此时的设计属于电路原理图的初步设计,建议初学时,手绘电路原理图。其设计图如图 1-61 所示。

5. 系统电路图验证

经过理论设计的电路原理图不一定能够实现预期功能要求,因此要对其进行功能验证。若通过验证,原设计图纸未能实现既定功能,则需要重新修改电路原理图,因此流程图中,系统电路图验证和系统电路图设计之间是一个双向箭头,仅当电路图功能验证成功了,才能进行下一步电路设计。

(1)系统电路图验证的方法

系统电路图验证的方法主要有计算机仿真软件验证法和实物验证法。

①计算机仿真软件验证法

该种方法操作简单,现象直观,可反复实验,效率高,适合无法实现实物验证的情况。不过因软

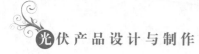

件库内元件数量有限,有些元件只能采用替代元件仿真,使得最终结果可能会存在误差。针对该课程,推荐使用的计算机仿真软件是 Multisim 软件,版本号是 10.0 及以上,它是一款功能强大的电子电路分析和仿真软件,如图 1-62 所示。

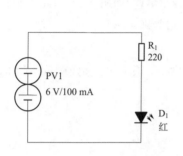

图 1-61　初步设计的电路原理图　　　　　图 1-62　Multisim 计算机仿真软件

②实物验证法

实物验证法结果会更加准确,但是实验时间会比较长。实物验证的电路板一般有两种,一种是万能板,另一种是面包板,如图 1-63 所示。可按照电路复杂程度来选择合适的面包板。若电路简单,采用面包板;若电路复杂,要求电路安装稳定性高,则选择万能板。

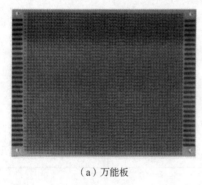

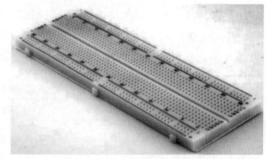

（a）万能板　　　　　　　　　　　　　（b）面包板

图 1-63　实物验证所需电路板

该项目电路简单,为保证实验的准确性,不采用计算机仿真软件验证,采用面包板进行系统电路图验证。

（2）面包板的识别及使用

· 视 频

面包板的识别及使用

什么是面包板? 面包板的作用有哪些? 应该如何正确使用它? 下面介绍面包板的识别和使用。

①面包板的识别

它的英文名称为 Bread board,是一种最常用的电子实验工具,因为其面板插孔类似面包内部中空的形状,因而得名。面包板是元器件实现电气连接的载体,特点是无须焊接,插装方便,可扩展使用多块面包板,进行复杂电路图的实验,其实物图如图 1-63(b)所示。

面包板的表面有整齐排列,供插装元器件的插孔,面包板的中间有一条中心分隔槽,将它分成上下两部分。面包板上的每个插孔并不是独立的,而是具有一定的电气连接。此处以 SYB-120 型号面包板为例,说明面包板各插孔之间的连接关系,如图 1-64 所示。SYB-120 型号单个蓝圈圈住部分的插孔表示是连通的,两列间及上下两部分是绝缘的;面包板上边缘和下边缘大部分插孔是连通的,可作为电源和地使用。连通的范围根据型号而有所差别。

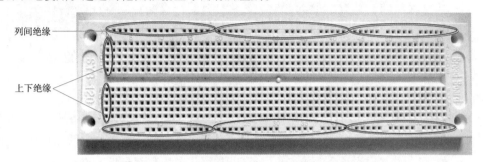

图 1-64 SYB-120 面包板各插孔连通关系图

为什么这些插孔是连通的呢?撕开面包板背面的贴膜,看看到底有什么奥秘?(不建议大家总是撕开该贴膜)背面图如图 1-65 所示。其实这些插孔的背后都有金属片相连,同一金属片上对应的插孔是连通的。

图 1-65 SYB-120 面包板背面图

②面包板的使用

因面包板实现电气连接靠插孔,因此仅适用于有长引脚的通孔插装元件,不适合贴片元件的安装,此项目元件均采用通孔插装元件。

a. 集成电路安装。以一个 8 脚集成电路为例,说明集成电路芯片安装的方法。该芯片跨接在中心分隔槽上,将上排的引脚插在上排的插孔中,下排的引脚插在下排的插孔中,然后用手轻轻按压到底,则将该器件与面包板连接在一起。安装完毕图如图 1-66 所示。

图 1-66 面包板安装集成电路图

b. 通孔插装元件安装。通孔插装元件安装按照安装工艺规范要求来摆放,如电阻贴板安装,发光二极管、三极管直立安装,如图 1-67 所示。

图 1-67　发光二极管和电阻面包板安装示意图

c. 导线的安装。面包板上各元件的连接,需要用到导线。在面包板使用过程中,对导线的剥法和插法都是有讲究的。导线剥头的长度比面包板厚度略短,插装前,需要对该导线进行折弯处理,转弯处留 1 mm 绝缘层,绝缘层太长会造成绝缘层插入到插孔,导线和面包板不连通;导线太短又会接触不良而不导通。

面包板上导线插装遵循的原则如下:

长度量好剥线头,走线折好插入板,正面走线不露铜,横平竖直规范走。

③系统电路图验证

该项目系统电路验证时,需要准备好的仪器仪表、工具和材料,详单见表 1-16。

表 1-16　项目电路图验证所需工具材料一览表

序号	仪器仪表/工具/材料	参考型号	数量
1	直流稳压电源	ETM-305A	1 台
2	数字万用表	优利德 UT30A	1 块
3	剥线钳	任意品牌	1 把
4	面包板	SYB-120	1 块
5	电路所需元器件	LED 红 ϕ3 mm 电阻 220 Ω,1/4 W	各 1 个
6	导线	0.35 mm² 红/黑	各色 5 cm

滴胶板组件未制作出来,所以采用直流稳压电源模拟光伏组件供电,将发光二极管和电阻按照工艺要求插装在面包板上,将直流稳压电源与面包板电路连接。打开直流稳压电源,调至 6 V/100 mA,观测发光二极管是否能够点亮。若能够点亮,说明该电路原理图设计成功。

6. 电路 PCB 图设计

PCB 图的设计是为了制作 PCB 做准备的。PCB 图设计软件较多,该书中选择操作简单,使用广泛的 Altium Designer 软件。结合职业技能竞赛要求,推荐大家使用 Altium Designer 15 及以上版本。电路 PCB 图设计前,需要绘制好该电路的电路原理图,PCB 图设计按照 PCB 图绘制的流程和设计要点,使用 Altium Degisner 软件操作即可。简易光伏指示装置电路原理图简单,使用万能板制作其电路即可,此处不制作电路 PCB,所以该项目无须进行电路 PCB 图设计,仅绘制电路原理图即可。

二、电路原理图绘制

Altium Designer 软件各版本使用的方法类似,软件安装部分的内容这里不进行介绍,此处以 Altium Designer 17 版本为例说明电路原理图绘制的方法,Altium Designer 在此及后面的内容中可简称为 AD。

首先来了解电路原理图绘制的流程。AD 软件电路原理图绘制的步骤有 10 步,分别是:新建并保存工程文件、新建并保存电路原理图文件、设置原理图图纸参数、装载元件库、放置元器件(若系统自带元件库中找不到元器件,则创建新的电路原理图元件符号)、元器件属性的编辑、调整元器件的布局、元件的布线、原理图编译、保存。

1. 新建并保存工程文件

视 频

新建并保存
工程文件

为了便于管理,AD 软件绘制的所有文件都需要保存在一个工程文件夹里。下面将介绍新的工程文件创建和保存方法。

执行菜单命令"文件"→"新建"→"Project...",弹出图 1-68 所示的"新建工程文件"对话框。

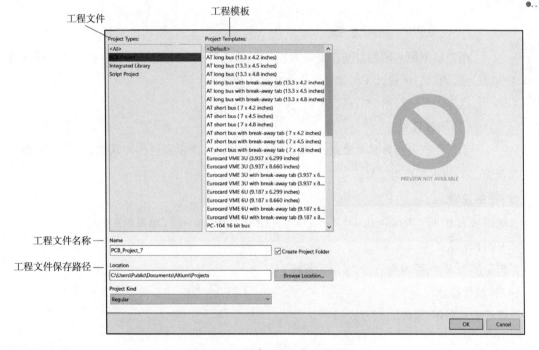

图 1-68 "新建工程文件"对话框

在对话框中,选择工程文件类型为"PCB Project",工程模板选择"Default"(默认),在工程文件名"Name"下方文本框中输入项目名称,对应此项目,名称为"简易光伏指示装置"。在"Location"下方文本框中输入工程文件保存路径,可单击"Browse Location"按钮,在计算机中选择合适的保存位置。最后单击"OK"按钮,这时在"Project"面板上就新建好一个名为"简易光伏指示装置 . PrjPcb"的项目工程文件。

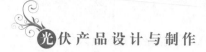

2. 新建并保存电路原理图文件

该项目电路原理图绘制,需要新建并保存原理图文件"简易光伏指示装置. SchDoc"。

(1)新建电路原理图文件

执行菜单命令"文件"→"新建"→"原理图",如图1-69所示。此时在"Project"面板上出现一个系统默认名称为"Sheet1. SchDoc"的原理图文件。

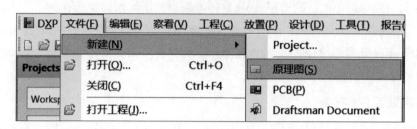

图1-69 新建电路原理图操作

(2)保存电路原理图文件

执行菜单命令"文件"→"保存",弹出"保存"对话框,在文件名处输入"简易光伏指示装置",单击"保存"按钮。

3. 设置原理图图纸参数

用户根据原理图的复杂程度设置所用图纸的格式、尺寸、方向等参数以及与设计有关的信息,为以后的设计工作建立一个合适的工作平面。

这里主要进行图纸信息设置。

(1)图纸设置

图纸摆放方向为水平放置;图纸尺寸设置为A;(该项目电路图简单,尺寸可缩小);工作区颜色为233;边框颜色为3号。

(2)栅格设置

捕捉栅格为10 mil(1 mil=0.025 4 mm);可视栅格为10 mil;电气栅格为4 mil。

(3)字体设置

系统字体为宋体,字号为五号,字形为常规。

(4)标题栏设置

图纸标题栏采用"Standard"形式。

(5)图纸设计信息

标题为"简易光伏指示装置",图纸仅1张,设计者为自己姓名。

执行菜单命令"设计"→"文档选项",弹出图1-70所示的"文档选项"对话框。选择"方块电路选项",对各参数进行设置。

(1)图纸设置

①图纸尺寸。软件系统自带两种类型尺寸定义,两种类型只能二选一,分别是标准尺寸和自定义尺寸。使用者根据图纸复杂程度选择合适的图纸尺寸。

图 1-70 "文档选项"对话框

②图纸方向。该软件可选择"Landscape"水平和"Portrait"垂直两种图纸方向。根据要求,此处设为水平"Landscape"。

③图纸颜色。图纸默认边框颜色为黑色,工作区默认颜色为淡黄色。若需要设置,则直接单击颜色,选择即可。

(2)栅格设置

AD 软件中图纸对应的栅格有三种,分别是捕捉栅格、可视栅格和电气栅格。

①捕捉栅格。该值的设定将会影响鼠标光标的移动。光标在移动过程中,将以设定值为移动的基本单位,设定值单位为 mil,此处捕捉栅格设置为"10",说明十字光标在移动的过程中将以 10 mil为基本单位。

②可视栅格。此项设置图纸上实际显示的栅格的距离,单位为 mil,此处设为 10 mil。

③电气栅格。选中该项时,系统在绘制导线时,会以电气栅格栏中设定值为半径,以箭头光标为圆心,向周围搜索电气节点。此处设置为 4 mil。

(3)字体设置

单击"更改系统字体"按钮,弹出图 1-71 所示的"字体"对话框。此处更改字体为"宋体",字形为"常规",大小为"五号"。

(4)标题栏设置

AD 软件电路原理图有标准"Standard"格式和美国国家标准"ANSI"两种格式。此处选择标准"Standard"格式。

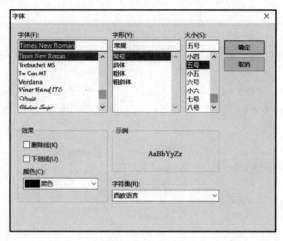

图 1-71　"字体"对话框

（5）图纸设计信息

在图 1-70 所示的"文档选项"对话框中，选中第二个"参数"对话框，则弹出图 1-72 所示的"参数"对话框，在相应"名称"对应"值"处填写信息即可。

图 1-72　"参数"对话框

4. 装载元件库

绘制一张原理图首先需要根据设计图纸将所有元器件放置在工作平面上。在放置元器件之前，必须知道各个元器件所在的元件库，并把相应的元件库装入到原理图管理浏览器中，该过程叫做装载元件库。在软件装载元件库时，建议只载入必要的元件库，这样可以提高软件程序的运行效率。

该项目简易光伏指示装置,其功能电路所需元器件有三个,分别是光伏组件、电阻、发光二极管。电阻和发光二极管的电路原理图符号在 AD 软件系统自带的元件库"Miscellaneous Devices. IntLib"中可以找到,所以此处以装载"Miscellaneous Devices. IntLib"为例说明装载元件库的方法。

Step1:执行菜单命令【设计】→【浏览库】,打开图 1-73 所示的"库..."控制面板。

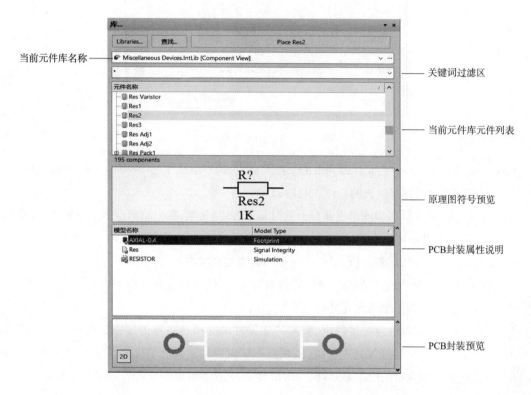

图 1-73 "库..."控制面板

Step2:单击控制面板上左上角的"Libraries..."按钮,弹出"可用库"对话框,选择"Installed"选项卡,单击右下角"安装"按钮,如图 1-74 所示,选择"Install From File...",则打开元件库选择对话框。

Step3:在对话框中选择对应的库文件"Miscellaneous Devices. IntLib",单击"打开(O)"按钮,选择的库就会出现在图 1-74 所示红框框选的区域。

Step4:若要删除元件库,则选中已安装库中欲删除的元件库,单击图 1-74 右下角的"删除"按钮即可。

5. 放置元器件

(1)放置系统自带库中已有元件原理图符号

简易光伏指示装置功能电路中所需的电阻、发光二极管在"Miscellaneous Devices. IntLib"库中,其对应元件名称为 Res2、LED0。此处介绍通过元器件库控制面板放置元器件的方法。

视 频

放置元器件

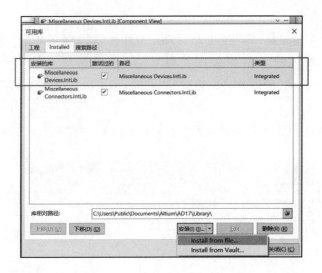

图1-74 "可用库"对话框

Step1：如图1-73所示，在元件库列表的下拉菜单中，选择集成库"Miscellaneous Devices. IntLib"，在当前库元件列表中选择要放置的元件，如"Res2"。

Step2：双击对应元件名称或单击面板上的"Place Res2"按钮，在电路原理图工作界面上，找到合适位置，单击鼠标左键即可放置元件。

Step3：单击鼠标右键或者按【Esc】键即可退出放置元件状态。

Step4：参照前三步，放置"LED0"元件，元件放置完后，效果如图1-75所示。

（2）创建新的原理图元件符号

● 视频

如何创建新的原理图元件符号

在电路原理图绘制过程中，所有的元器件都必须是规范的国家标准符号。光伏产品中，最重要的元器件就是光伏组件，根据中华人民共和国电子行业标准 SJ/T 10460—2016《太阳光伏能源系统图用图形符号》中的要求，光伏组件的图形符号如图1-76所示。

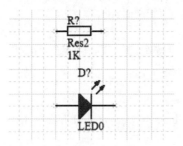

图1-75 放置元件

图1-76 光伏组件国标图形符号

光伏组件的图形符号在 AD 软件系统默认的两个常见库"Miscellaneous Devices. IntLib"和"Miscellaneous Connectors. IntLib"都找不到，这时 AD 软件具有强大的自制电路原理图元件符号的功能。

对于元件库中没有的原理图元件符号，可以通过手动绘制的方式来创建一个新的原理图元件符号。其操作步骤主要是四步，分别是：新建并保存原理图库文件和新元件、绘制新的原理图元件符号、设置元件属性、保存元件。

此处以光伏组件电路原理图图形符号为例,说明各个步骤的操作方法。

①新建并保存原理图库文件和新元件

Step1:新建原理图库文件。

方法1:执行菜单命令"文件"→"新建"→"库"→"原理图库",如图1-77所示,即在"简易光伏指示装置"工程文件下成功新建一个原理图库文件,其默认文件名为 Schlib1. SchLib。

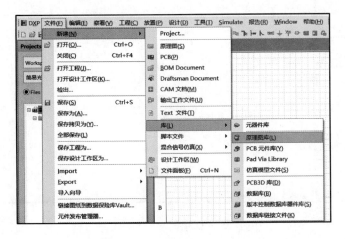

图 1-77 利用菜单新建原理图库文件

方法2:把光标移至 Projects 面板上已经创建好的"简易光伏指示装置"的工程文件上,单击鼠标右键在弹出的快捷菜单中选择"给工程添加新的"→"Schematic Library"选项,如图1-78所示。

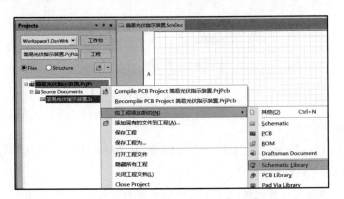

图 1-78 利用鼠标右键新建原理图库文件

Step2:新建元器件。

新建一个原理图库文件后,会自动进入其编辑界面,如图1-79所示,系统会自动在该库中新建一个名为"Componet_1"的元件。

若需要再增加元器件,可以执行菜单命令"工具"→"新器件",弹出"New Component Name"(新元器件名)对话框,输入元器件名后单击"确定"按钮新建元器件。

Step3:元器件更名。

在元器件库编辑管理器中选中"Componet_1"选项,执行菜单命令"工具"→"重新命名器件"(见

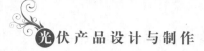

图 1-80），弹出"Rename Componet"（重命名元器件）对话框，输入"光伏组件"，单击"确定"按钮更改元器件名。

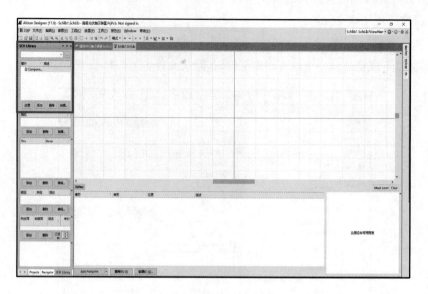

图 1-79 原理图库文件编辑界面

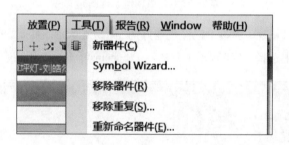

图 1-80 重命名元器件

Step4：保存原理图库文件。

执行菜单命令"文件"→"保存"，会弹出"保存"对话框，在文件名处输入"常见库"，单击"保存"按钮。

②绘制新的原理图元件符号

a. 绘制新元件原理图符号外形轮廓。在原理图库文件编辑窗口中，利用"实用"工具栏绘制新元件原理图符号外形轮廓。光伏组件原理图符号由圆形、线段、引脚组成，因此，在编辑界面的原点区域，依次放置圆、线段和引脚。通过观察发现该符号上下对称，所以绘制好第一个图形（Ⅰ）后，剩下的部分采用复制、粘贴的方法即可。

Step1：绘制光伏组件外形轮廓的圆。选择"实用"工具栏里的椭圆⬭或椭圆弧◠工具绘制圆。

此处以椭圆工具为例说明绘制方法。先选中椭圆工具，在编辑区域的原点单击鼠标左键确定圆点的中心，接着单击鼠标左键确定 X 轴的半径，再次单击鼠标左键确定 Y 轴的半径；单击鼠标右键，退出圆的绘制。这样一个圆就绘制完成。

Step2：圆形属性编辑。国家标准要求光伏组件的图形符号圆形不能太大，为空心圆，且边界颜色为黑色,边线宽度为 Small,所以接下来就需要对该圆进行属性编辑。

在圆的任意位置,双击鼠标左键,弹出属性对话框,如图 1-81 所示。

在该对话框中,将 X、Y 半径数字改为 15;单击鼠标左键选中"拖拽实体";单击"边界颜色"旁蓝色方形区域,进行颜色的更改,更改颜色为 3 号黑色;圆线宽更改,光标移至板的宽度旁 Smallest 旁的下拉箭头处,单击鼠标左键,在下拉选项中,选择 Small 选项;至此圆形绘制完毕,效果图如图 1-82 所示。

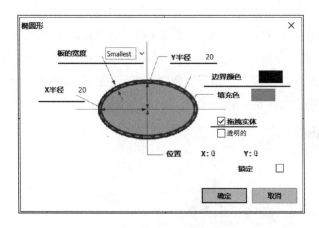

图 1-81　椭圆形属性对话框

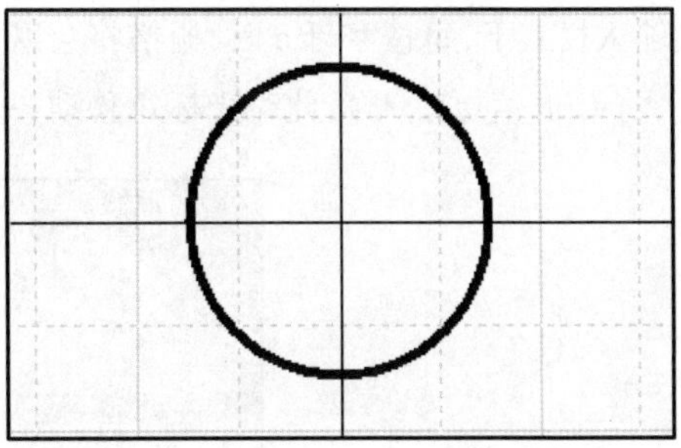

图 1-82　圆形绘制完毕效果图

Step3：圆形内线段的绘制。光伏组件原理图符号中,长的竖线代表电源的正极,短的粗线代表电源的负极。利用"实用"工具栏里的"线段"✎工具进行绘制。

➢ 长线段的绘制。单击鼠标左键,在圆的内部左侧绘制一条长的直线,单击鼠标右键,退出线段的绘制。

➢ 短线段的绘制。单击鼠标左键,在圆的内部右侧绘制一条短的直线,单击鼠标右键,退出线段的绘制。

Step4：线段属性的编辑。国家标准符号中,代表电源负极的短线段要比长线段粗。线段绘制时,两条线宽均默认为 Small,因此,需要将短线段宽度更改为 Medium。

双击短线段,弹出图 1-83 所示的线段属性对话框。光标移至线宽旁的 Small 旁的下拉箭头,单击鼠标左键,在下拉选项中,选择线宽为 Medium。

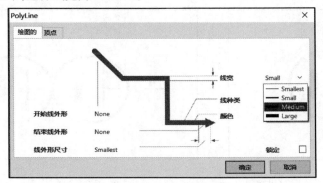

图 1-83　线宽属性下拉选项图

Step5：线段的移动。根据国家标准图形符号的要求，短线段要求居中摆放，且长短线段和两边圆距离分布均匀，因此需要对两条线段进行移动调整。

➤ 长线段移动。因为要求长线段不能与圆形相接触，故将长线段往圆心方向移动一格。将光标移至线段，单击鼠标左键不放，将其放置到合适位置后松开鼠标左键，即完成了该线段的移动操作。

➤ 短线段的移动。按照以上方法对短线段进行移动，发现短线段无法实现居中放置。此时观察AD软件下方状态栏左端的数值显示，显示 Grid：10，如图 1-84 所示。它表明光标每移动一步的距离是 10 mil。对于此处的图形而言，10 mil 移动一格的距离有点大，为了便于以小距离移动线段，需要更改栅格的距离为 1 mil。除了介绍过的文档选项设置栅格的方法外，还可以使用快捷键操作。在英文输入模式下，每按字母 g 时，栅格将会以 1、5、10 进行跳转。通过观察左下角状态栏中 Grid 值的变化，将 Grid 值更改为 1，此时光标每移动一步的距离就变成了 1 mil。

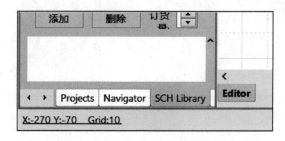

图 1-84　AD 软件状态栏信息

将光标移至短线段，单击鼠标左键不放，此时移动起来非常方便，放到合适的位置，松开鼠标左键，即完成了该线段的移动，最终线段移动后效果图如图 1-85 所示。

Step6：复制已绘制图形符号。国家标准符号中，光伏组件是由两个光伏电池串联连接组成，因此，第二个光伏电池的外形轮廓可以通过复制的方式获取。

按住鼠标左键不动，从左上角往右小角框选住图 1-85 所示图形符号，松开鼠标左键。在编辑区域任意位置单击鼠标右键，移动光标选择"拷贝"命令，即实现了复制功能。再次按下鼠标右键，移动光标选择"粘贴"命令，则此时光标上自带了复制的图形符号，移动光标，放置圆位于原图形符号的右侧，使得两个圆相切，单击鼠标左键即完成粘贴操作。再次选中这两个圆，将其相切点移至原点。效果图如图 1-86 所示。

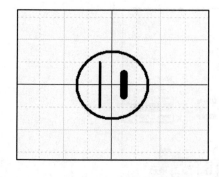

图 1-85　线段移动后效果图

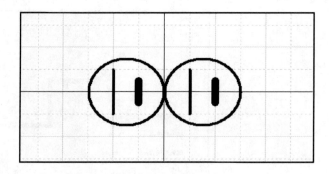

图 1-86　复制移动后效果图

【小技巧】新的图形符号绘制,请围绕原点附近绘制。因为原理图调用新的元件符号时,光标对应位置为原点的位置,若所绘制图形离原点过远,则原理图放置该元器件时不便确定其摆放位置。

Step7:绘制代表电池串联关系的直线。该直线仅代表电池正极和负极相连的串联关系,无电气特性,因此直接采用"实用"工具栏中的"线段" ✏ 工具即可,操作方法同 Step3 线段绘制方法。

b. 元件原理图符号引脚的绘制。不同的元件在电路原理图中都是通过引脚相连来实现电气连接的,光伏组件是一个直流电源器件,所以对应的引脚就是两个,分别代表光伏组件的正极和负极。

Step1:调出引脚工具。选择"实用"工具栏中的"引脚" ⧉ 工具,在"放置引脚"按钮处单击鼠标左键即实现选择功能。

Step2:放置引脚。选择放置引脚工具后,光标上会出现一个引脚,光标对应引脚的一端有十字交叉线,如图 1-87 所示。需要注意,有十字交叉线的引脚端一定要朝外放置。依次将两个引脚分别放置在电源的正极(长线段)和电源的负极(短粗线段)。

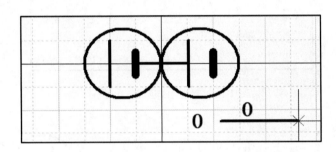

图 1-87   放置引脚工具选择后图

正极引脚放置左侧长竖线合适位置,单击鼠标左键即完成放置操作。负极引脚放置时,引脚名称自动加 1,因十字交叉线引脚端应朝外放置,因此需要对负极引脚进行旋转操作,在未放置引脚之前,按【Space】键即可实现引脚的旋转工作。放置引脚至右侧短竖线处,单击鼠标左键完成放置操作,按【Esc】键取消放置下一个引脚操作。

Step3:设置引脚属性。鼠标双击某个引脚(如引脚 0),弹出图 1-88 所示的引脚属性对话框。因为光伏组件的电特性和蓄电池(Battery)类似,都是直流电,且可以应用蓄电池的封装,因此光伏组件原理图符号引脚标识和蓄电池类似,正极为 1,负极为 2。此处的原理图符号引脚标识设置要和封装中焊盘的标识一一对应,便于后期 PCB 图的元件导入。

图 1-88 所示红色横线标识区域为常见编辑区域。在电路原理图中,元件的引脚名字和标识一般是隐藏起来的。

①正极引脚属性修改

将正极所连引脚显示名字设置为" + ",标识为"1",且把名字和标识后"可见的"前方框中的勾取消掉;电气类型设定为 Power,单击"确定"按钮。

②负极引脚属性修改

将正极所连引脚显示名字设置为" – ",标识为"2",且把名字和标识后"可见的"前方框中的勾取消掉;电气类型设定为 Power,单击"确定"按钮。

效果图如图 1-89 所示。

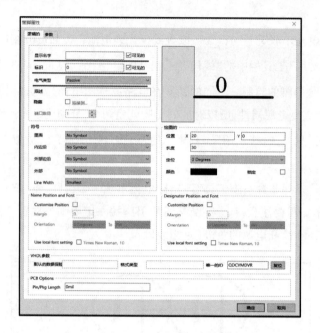

图 1-88　元件引脚属性对话框

③设置元件属性

利用原理图库文件绘制好光伏组件的图形符号后,需要对该类器件进行属性的设置。元件属性设置包含元件标识、注释、描述等基本属性的设置,还包含元件封装的设置。在此定义光伏组件的元件标识为"PV?",注释"＊",描述为"光伏组件",元件封装设置为"BAT-2"。

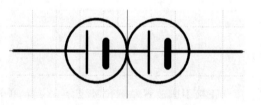

图 1-89　放置引脚后光伏组件图

a. 元件基本属性设置。

Step1:打开元件属性设置对话框。单击编辑器右下方的选项卡"SCH",选择"SCH library"选项,屏幕弹出元器件库编辑管理器,选中"光伏组件"元件,单击器件区的编辑按钮,弹出图 1-90 所示"元器件属性设置"对话框。

Step2:设置基本属性信息。图 1-90 中属性区对应的"Default Designator"(默认元件标识)用于设置元器件默认的标号,此处设置为"PV?",即在原理图中放置元器件,元器件标识为 PV?;"Default Comment"(注释栏)一般用于放置元器件的型号或者标称值,此处设为默认值"＊";"Description"(描述栏)一般用于设置元器件的说明信息,用于说明元器件的功能,此处设置为"光伏组件"。

以上设置完毕后,当在原理图放置该元器件时,除了显示光伏组件的图形符号外,还会显示"PV?"。

b. 元件封装设置。光伏组件是一个直流电源,可以采用和蓄电池(Battery)一样的两脚封装 BAT-2。

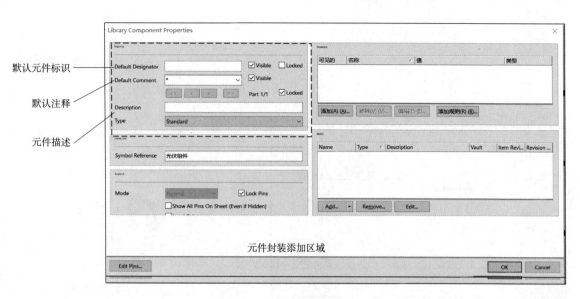

图 1-90　元器件属性设置对话框

Step1：打开元件封装添加对话框。

单击图 1-90 所示中"Models"区的"Add..."（添加）按钮，弹出"添加新模型"对话框，选择"Footprint"选项，如图 1-91 所示。

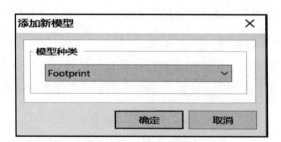

图 1-91　"添加新模型"对话框

Step2：寻找合适的封装添加。

单击"确定"按钮，弹出图 1-92 所示的"PCB 模型"对话框。因 BAT-2 封装在"Miscellaneous Devices. IntLib"元件库中，此时可以通过直接添加元件封装的方式进行操作。

在封装模型区的"名称"栏中，输入"BAT-2"，在"PCB 元件库"区选中"库路径"单选按钮，单击"选择"按钮，在系统安装路径下找到"Miscellaneous Devices. IntLib"元件库，此时"选择封装"区将显示封装图形，如图 1-93 所示，单击"确定"按钮完成封装的设置。

单击"OK"按钮，完成元件属性的设置。

④保存元件

执行菜单命令"文件"→"保存"，或单击快捷工具栏的保存 ![保存]按钮，即完成新的元件"光伏组件"原理图元件符号的绘制任务。

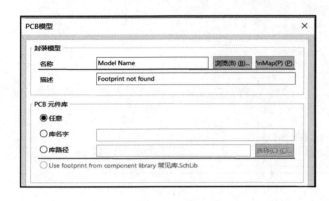

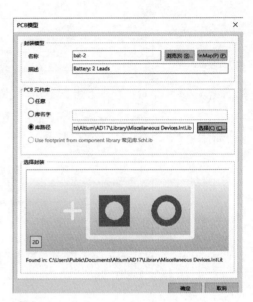

图 1-92 "PCB 模型"对话框   图 1-93 直接添加元器件封装

⑤放置新绘制的元器件

返回原理图编辑器工作界面,在元件库列表的下拉菜单中,找到自建的原理图库文件,输入元件名称,单击"Place 光伏组件",则将新绘制的光伏组件元件符号放置在原理图编辑工作界面上。

●视频

元器件属性的编辑

6. 元器件属性的编辑

原理图上放置的每个元器件都有自己特有的属性,如元件的标识符号(如 R?)、注释(如 LED0)、标称值(如 220)。放置元器件时,面板上各元件的属性是默认设置,此项目元件属性见表 1-17。

表 1-17 简易光伏指示装置元件属性

元 件	标识符号 (Designator)	注释 (Comment)	标称值 (Value)	封装 (Footprint)
电阻	R1	不显示	220	AXIAL-0.4
发光二极管	D1	红	无	LED-0
光伏组件	PV1	6 V/100 mA	无	BAT-2

Step1:对已经放置在工作界面的元器件,通过双击鼠标左键更改对应元件的属性。双击鼠标后,会弹出该元件属性对话框,图 1-94 所示为电阻元件属性对话框,其他元器件属性对话框打开方法一致。

Step2:在元件属性对话框,根据各参数对应位置对元件的属性进行编辑。

①更改元件标识。在 Designator(元件标识)后框内文字进行元件标识更改。单击鼠标左键,选中该框,更改为 R1。

②注释编辑。发光二极管要求注释为"红",则在 Comment(注释)后的框中填写"红"即可。若不显示电阻的注释,则将注释旁 Visible 前框选的勾取消掉即可。

③更改元件标称值。在元件标称值 Value 后 1K 的位置单击鼠标左键,则可以更改元件的标称

图 1-94 原理图元件属性对话框

值。此处更改标称值是 220。

④封装编辑。电阻元件的封装采用默认 AXIAL-0.4 封装,发光二极管采用默认的 LED-0 封装,光伏组件采用默认的 BAT-2 封装。

Step3：设置修改完元件的属性,单击对话框中右下角的"OK"按钮,完成元件属性的编辑。

元件属性编辑完后,其效果图如图 1-95 所示。

7. 调整元器件的布局

元器件布局实际上就是依据设计好的电路原理图,将元器件的位置调整好。此处分别介绍移动元器件,旋转元器件的方法。

（1）移动元器件

①单个元件的移动。将光标移至要移动的元件上,单击鼠标左键不动,移动其到需求位置,松开鼠标左键即可。此处把光伏组件移至左侧。

②多个元件移动。鼠标拉框选中多个元件,把光标位于任意一个元件上,当光标变成十字光标时,移动多个元件,将它们放在需求位置,松开鼠标左键即可。此处把所有的元器件移动放置在图纸的中心区域。

（2）旋转元器件

通过按【Space】键实现元件方向的调整。该项目三个元件都需要调整摆放方向。

Step1：选中要旋转的元器件。按住鼠标左键不动,选中要调整的元件,松开鼠标左键。

Step2：按【Space】键实现旋转。每按一次【Space】键,元件逆时针旋转 90°。

图 1-95 元件属性更改后效果图

视 频

元器件的布局和连线

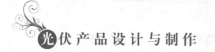

8. 元器件的布线

元器件经过布局调整后，就开始进行布线，实现电气连接。

执行菜单命令"放置"→"线"，或者单击布线工具栏的 ≈ 按钮，此时光标变成十字交叉形，说明系统处于连线状态。将光标移至元件引脚端口处，当交叉线变成红色时，说明捕捉到了元件引脚，单击鼠标左键，定义导线的起点；将光标移至下一位置，同样交叉线变成红色，再次单击鼠标左键，完成两点间连线，单击鼠标右键，退出连线状态。按照元器件布线的方法将所有元器件通过导线连接起来。最终效果图如图 1-96 所示。

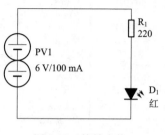

图 1-96　简易光伏指示装置电路图

● 视　频

电路原理图ERC检查

9. 原理图编译

项目工程文件电路原理图进行电气检查之前，一般需要根据实际情况设置电气检查规则，以生成方便用户阅读的检查报告。

（1）设置检查规则

执行菜单命令"工程"→"工程参数"，打开"工程参数设置"对话框，如图 1-97 所示，单击"Error Reporting"选项卡设置违规报告选项。

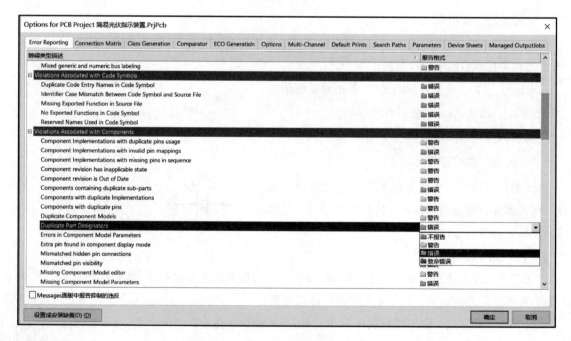

图 1-97　工程参数设置

一般情况下，电气规则检查选择默认设置参数。从图 1-97 可以看出与元件相关的规则，如蓝底色突出标识部分，就是元件的标识重复，会报告错误。

（2）通过原理图编译进行电气规则检查

电气规则检查就是通常所称的 ERC（Electrical Rule Check）。电气规则检查是利用 AD 软件对用户设计好的电路进行测试,以便能够检查出人为的错误或者疏忽,例如元件的引脚悬空,元件名称重名等。执行检查后,软件会自动生成错误报告,提醒设计人员。

在电路原理图编辑界面下,执行菜单命令"工程"→"Compile Document 简易光伏指示装置.SchDoc"。此时若工作界面弹出"Messages"窗口,说明原理图绘制有错误,需进行更改。若未弹出窗口,则说明没有致命错误,但仍需进一步核实。执行菜单命令"察看"→"Workspace Panels"→"System"→"Messages",当弹出窗口如图 1-98 所示,最左侧的方框颜色为绿色,Messages 为"Compile succesful,no errors found"(编译成功,没有发现错误),说明用户设计的电路原理图电气规则检测通过。

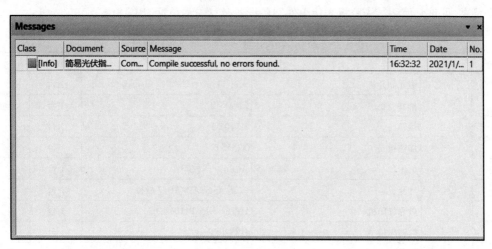

图 1-98　简易光伏指示装置电气规则检查信息

10. 保存

电路原理图在绘制的过程中,建议大家经常进行原理图的保存工作,以免发生意外,造成文件丢失。保存的方法是执行菜单命令"文件"→"保存"即可。

🤝 项目制作

该项目产品制作包含滴胶板光伏组件的制作、电源指示模块的制作、产品整体安装与调试三部分。在制作的过程中,请严格遵守 7S 管理要求,注意项目安全规范。

①注意用电安全,规范操作设备,预防触电。

②小心电烙铁,防止烫伤。

③保证设备、工具的正确使用,避免损坏。

④操作完毕后,关闭实验仪器设备和仪表,对实验工具和材料进行整理,对实验环境进行清洁、清扫工作。

一、滴胶板光伏组件制作

滴胶板光伏组件是如何制作出来的? 现在就给大家介绍其制作工艺流程,其工艺流程如图 1-99 所示。

图 1-99　滴胶板光伏组件制作工艺流程图

1. 准备工作

正式开始滴胶板光伏组件制备工艺之前,需准备好各类设备和工具材料,并确保各类设备和工具安全可靠,可正常使用。滴胶板光伏组件制备设备及材料清单见表 1-18。

表 1-18　滴胶板光伏组件制备设备及材料清单

序号	类别	名称	型号	数量	备注
1	设备	激光划片机	SDS-50	1 台	
2		抽真空机	ZD-O612	1 台	
3		烘箱	DX101-5	1 台	
4		加热板	X1515T	1 台	
5		电子秤	ACS-电子计价秤	1 台	
6		计算机	安装 AutoCAD/AD17 软件	1 台	
7		激光打印机	HPLayserJet P1106	1 台	
8		热转印机	HK320SR	1 台	
9		蚀刻机	HK2030	1 台	
10		钻孔机	AGL 5158A	1 台	
11		光伏电池电性能测试台	开昂教育	1 台	
12	工具	剪刀	任意品牌	1 把	
13		镊子	任意品牌	1 把	
14		电烙铁	恒温电烙铁	1 把	
15		PCB 高精度裁板机	任意品牌	1 台	
16	材料及其他	光伏电池(石英花篮盛放)	156 mm×156 mm	10 块	
17		互连条	1 mm	1 卷	
18		焊锡丝	ϕ0.5 mm	1 卷	
19		基板	20 cm×30 cm 玻纤电木覆铜极	1 个	
20		AB 胶	任意品牌环氧树脂 AB 胶	1 套	
21		牙签	任意品牌	1 包	
22		垫纸	A4	10 张	
23		橡胶手套	防静电	1 副	
24		一次性杯子	纸质	3 个	
25		防静电服	任意品牌	1 套	
26		助焊剂	酒精松香溶剂	1 瓶	
27		聚酰亚胺胶带	3 mm	1 卷	
28		透明胶	24 mm	1 卷	

2. 电池划片

它是滴胶板光伏组件生产的第一步,因为滴胶板光伏组件功率小,电压要求高,需要对单块光伏电池进行切割,获得多块小光伏电池后,经过串联才能满足滴胶板光伏组件要求。光伏行业用于切割的设备主要有金刚石切割设备和激光划片机,由于激光切割的效率更高,现在很多工厂都采用激光划片机来切割光伏电池和硅片。该道工序所需物件主要有石英花篮、光伏电池、橡胶手套,使用设备是太阳能电池片激光划片机。

(1)准备工作

操作人员需要穿戴防静电服装、帽子、口罩,戴上橡胶手套,特别要保证头发不外露。接触光伏电池必须戴防静电橡胶手套,严禁裸手操作,以免造成电池表面污染。此外还需要保持工作台的整洁卫生,严格遵守 7S 卫生管理制度。

(2)作业程序

该道工序采用激光划片实现光伏电池的切割,该书以江西开昂科技有限公司生产的 SDS-50 激光划片机为例进行工序操作的说明。该道工序的操作流程可以总结为六步,其对应操作步骤为:开机、放置光伏电池、设置参数、激光划片、掰开电池片、关机。

视 频

激光划片

①开机

SDS-50 型激光划片机的外形图如图 1-100 所示,机器操作面板上各按键图如图 1-101 所示。

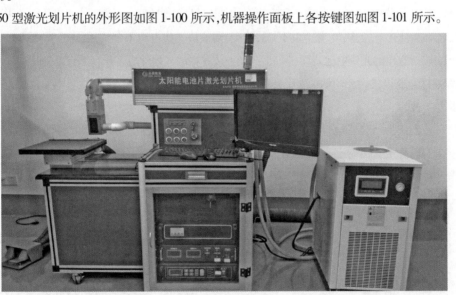

图 1-100 SDS-50 型激光划片机

开机步骤具体如下:

Step1:启动。旋转"EMERGENCY STOP"紧急制动旋钮使其弹出。再顺时针旋转钥匙 KEY,使机器启动,红色灯亮起。

Step2:通水。长按 WATER 按钮 10 s,当指示灯变成绿色时,才可以松开,此时已经启动旁边的水循环机。

Step3:启动计算机。按下机柜计算机启动键,等待计算机屏幕进入工作界面。

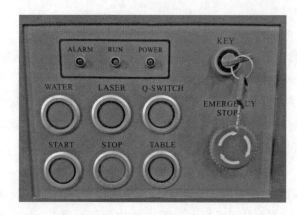

图 1-101　SDS-50 型激光划片机操作面板图

Step4：开启激光划片功能。依次按下 LASER，Q-SWITCH，TABLE 按钮，再打开机柜激光控制器电源开关（先按下红色开关，再按绿色开关）。

Step5：功率调整。按下 START 按钮，以步进不大于 0.5 A 的速度顺时针旋转电流调节旋钮，调整电流到 10.5 A。若每次旋转电流增幅超过 0.5 A，将会损坏机器。

②放置光伏电池

Step1：挑选光伏电池。戴上橡胶手套，小心从花篮里取出 156 mm×156 mm 光伏电池 1 片，外观检查该光伏电池是否有崩边、缺角、脏污等情况，若有，则该块光伏电池不能使用，需重新更换光伏电池。

Step2：将挑选出的光伏电池背面（呈灰色）朝上放置在激光划片机工作台原点处，如图 1-102 所示。

Step3：打开鼓风机，将光伏电池片吸住。

③设置参数

根据简易光伏指示装置电性能参数要求，计算需切割单片光伏电池规格尺寸为 10 mm×31 mm。

Step1：打开激光划片软件。在计算机桌面上找到"激光划片软件 2.0"软件图标，双击打开，其软件工作界面如图 1-103 所示。

图 1-102　激光划片工作台

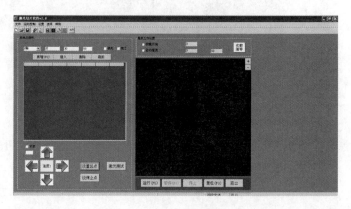

图 1-103　激光划片软件界面

Step2：试运行。

a. 复位功能。单击软件界面右下角的"复位"按钮,观察工作台激光头是否能够机械复位,回到工作台的原点。

b. 按设定轨迹试运行。设计轨迹为: 先 Y 轴方向运动 20 mm,再 X 轴方向运行 156.1 mm;移送速度 20 mm/s,关闭激光,试运行。具体设置方法如下:

轨迹模式先选择 Y 轴,Y 向行程(mm)设为 20,划片速度改为 20 m/s,后的激光、加工前的方框都进行勾选,单击"新增"按钮。

轨迹模式再选择 X 轴,X 向行程(mm)设为 156.1,划片速度改为 20 m/s,后的激光、加工前的方框都进行勾选,单击"新增"按钮。

至此设定的参数均添加到软件工作界面的表格中,见表 1-19。

表 1-19　激光设定参数轨迹表

步数	轨迹模式	X 坐标	Y 坐标	速度	激光	加工
1	Y 轴	0	20	20	激光关	有效
2	X 轴	156.1	0	20	激光关	有效

单击右下角的"运行"按钮,观察激光头是否按照预定轨迹行进,若不是,则需要调整机器。若是,则进入下一步参数设定。

Step3：参数设定。

根据划片的尺寸 31 mm × 10 mm 要求,设计激光头运行轨迹。若需多次切割电池片,则可多次设定运行轨迹,并进行多次激光划片及掰开电池片。

a. 首先切掉单晶硅电池阴影区域面积,参考设计图 1-54 所示。设置 X、Y 轴坐标参数及步骤,激光运行坐标参数表见表 1-20,获得 17.25 mm × 156 mm 电池片 4 块,如图 1-104 所示。

表 1-20　切掉阴影区域参数设定信息表

步数	轨迹模式	X 坐标	Y 坐标	速度	激光	加工
1	Y 轴	0	10	20	激光关	有效
2	X 轴	156.1	0	20	激光开	有效
3	Y 轴	0	17.25	20	激光关	有效
4	X 轴	− 156.1	0	20	激光开	有效
5	Y 轴	0	23	20	激光关	有效
6	X 轴	156.1	0	20	激光开	有效
7	Y 轴	0	17.25	20	激光关	有效
8	X 轴	− 156.1	0	20	激光开	有效
9	Y 轴	0	21	20	激光关	有效
10	X 轴	156.1	0	20	激光开	有效
11	Y 轴	0	17.25	20	激光关	有效

续表

步数	轨迹模式	X 坐标	Y 坐标	速度	激光	加工
12	X 轴	−156.1	0	20	激光开	有效
13	Y 轴	0	23	20	激光关	有效
14	X 轴	156.1	0	20	激光开	有效
15	Y 轴	0	17.25	20	激光关	有效
16	X 轴	−156.1	0	20	激光开	有效

图 1-104   17.25 mm×156 mm 电池片

b. 横向切割,获得 10 mm×156 mm 电池片。其参数设定见表 1-21。

表 1-21   10 mm×156 mm 电池片切割参数设定表

步数	轨迹模式	X 坐标	Y 坐标	速度	激光	加工
1	Y 轴	0	10	20	激光关	有效
2	X 轴	156.1	0	20	激光开	有效

c. 纵向切割,获得 10 mm×31 mm 电池片。其参数设定见表 1-22。

表 1-22   10 mm×31 mm 电池片切割参数设定表

步数	轨迹模式	X 坐标	Y 坐标	速度	激光	加工
1	X 轴	31	0	20	激光关	有效
2	Y 轴	0	10	20	激光开	有效
3	X 轴	31	0	20	激光关	有效
4	Y 轴	0	−10	20	激光开	有效
5	X 轴	31	0	20	激光关	有效
6	Y 轴	0	10	20	激光开	有效
7	X 轴	31	0	20	激光关	有效
8	Y 轴	0	−10	20	激光开	有效

④激光划片

单击软件操作界面右下角的"运行"按钮,激光开启,按照设定轨迹运行。激光划片操作完后,务必要单击计算机软件上的手动复位。

⑤掰开电池片

两只脚同时踩下鼓风机踏板,用手将电池片从工作台上取下,两只手按照划片轨迹,轻轻掰开电池片。最终划片后电池片图如图 1-105 所示。

图 1-105   31 mm×10 mm
光伏电池片

⑥关机

当确定划片数量电池片已经足够的情况下,为避免能源浪费,此时就需要对激光划片机进行关机操作。关机操作必须严格按照开机顺序的反操作执行,否则容易损坏设备。对设备进行关机之前,先关闭鼓风机。

关机顺序具体如下:

Step1:功率调整。以步进不大于 0.5 A 的速度旋转电流调节旋钮,调整电流到 0 A,稍后,待电压降到 0 V,按下 STOP 按钮。

Step2:停止激光划片功能。先按绿色开关,再按红色开关。依次按下 TABLE,Q-SWITCH,LASER。

Step3:关闭计算机。按照计算机正常关机操作,先关闭激光划片软件,然后在开始菜单栏选择电源,选择关机即可。

Step4:逆时针旋转钥匙 KEY,关闭机器;旋转 EMERGENCY STOP 紧急制动旋钮,使其处于锁定状态。

3. 电池分选测试

经过激光划片操作,已经获得足够数量规定尺寸的小光伏电池,光伏电池分选测试的主要目的是剔除有缺陷的光伏电池,原则上只有电学、光学性能一致的晶硅光伏电池才能串联。

(1)准备工作

操作人员需要穿戴防静电服装、帽子、口罩、橡胶手套,特别要保证头发不外露。接触光伏电池必须戴防静电橡胶手套,严禁裸手操作,以免造成电池表面污染。此外还需要保持工作台的整洁卫生,严格遵守 7S 卫生管理制度。

(2)作业程序

Step1:外观检查。

对经过激光划片获得的小尺寸光伏电池,每块都需要进行外观检查,挑出有崩边、缺角、脏污等的不良电池。若小尺寸光伏电池来自多块 156 mm × 156 mm 电池片,还需要对每一小块的电池进行颜色对比,避免同一组件中电池之间有色差。

Step2:电性能参数测试。

将激光划片后获得的若干小块光伏电池放在专门的光伏电池电性能测试台上,测试其小电池片电性能参数是否在要求电参数范围内。电性能测试台如图 1-106 所示。

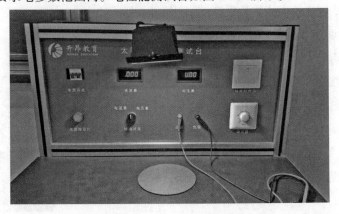

图 1-106　光伏电池电性能测试台

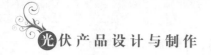
4. 电池焊接

此处的电池焊接包含两部分,分别是电池单焊和电池串焊。

单焊是指单片电池焊接,目的是将电池与互连条连接在一起,互连条是光伏组件专用涂锡焊带,用于与主栅线焊接的焊带;串焊是指将若干数量的电池串联焊接成一个单元,根据简易光伏指示装置要求,需要串联12块规定尺寸光伏电池。电池焊接所需要的材料主要有分选好的光伏电池、互连条、助焊剂、焊锡丝;所需工具主要有镊子、加热台、电烙铁、浸泡盒。

(1)准备工作

①操作人员需穿戴防静电服、帽子、口罩和橡胶手套,保证头发不外露。

②保持工作台的整洁,严格遵守7S卫生管理制度。

③浸泡互连条。在浸泡盒内导入助焊剂(用量一般不超过浸泡盒容积的1/2),pH值为4~5,将互连条平铺在浸泡盒底部,保证全部浸入助焊剂后,盖上盒盖浸泡3~5 min,然后取出晾干,浸泡后的互连条需要在6 h内使用,超过6 h需重新浸泡,否则会影响焊接效果。

④打开加热台,加热台温度设置为(60±10)℃。

⑤设置电烙铁温度。根据不同电烙铁和光伏电池性能,一般设置温度为(350±15)℃。具体根据每位操作者的操作手法和电烙铁性能来确定。

(2)作业程序

①单焊

a. 摆放。取出单片光伏电池,检验外观无损后,将光伏电池放置在单焊台上;用镊子取出互连条,将其与单块光伏电池正面的主栅线对齐。

b. 焊接。轻轻压住互连条和光伏电池,电烙铁头充分紧贴互连条表面,从互连条起点平稳焊接,按照每条主栅线2~3 s速度平稳、匀速的一次焊接完成。互连条起焊位置一般为光伏电池细栅线的第2根或第3根处,收尾处保证3~5 mm不焊接,并注意防止收尾处堆锡。

c. 检查焊接情况。即检查有无脱焊、虚焊、堆锡及脏污。合格焊接的互连条应表面光亮,无锡珠和毛刺,且互连条均匀、平直地焊在主栅线上,互连条与电池主栅线的错位不超过0.5 mm。

②串焊

a. 摆放。根据串联光伏电池数量要求,将12块单焊好的光伏电池放在加热台上,背面朝上。摆放时,前一个电池的互连条和后一个电池的背面电极对齐,按照设计图样摆放好。

b. 焊接。先焊接第一块光伏电池背面的背电极引出线,然后依次将上一片电池留出的互连条与下一块电池背面的背电极对齐焊接,如图1-107所示。按照每根背电极2~3 s速度匀速平稳一次完成。

c. 检查焊接情况。焊接要求与单焊焊接要求一致。

5. 半成品检测

串焊完成后,此时的光伏电池串可以算是一个半成品。为减少

图1-107 光伏电池片串焊焊接

后期工艺完成后,电性能检测不达标返工困难的情况,在此对该光伏电池串进行电性能检测。将光伏电池串放在光伏电池电性能测试台上,测量其电压和电流,观察测量数值是否符合要求。

6. 滴胶底板制作

根据前期设计,制作滴胶板的底板。底板的制作包括基板的裁板、打印、热转印、蚀刻、钻孔,即可完成滴胶板底板的制作。

(1)准备工作

①操作人员需穿戴防静电服、帽子、口罩和橡胶手套,保证头发不外露。

②保持工作台的整洁,严格遵守 7S 卫生管理制度。

③准备好设计图纸、基板、PCB 高精度裁板机、计算机、激光打印机、热转印纸、耐高温聚酰亚胺胶带、热转印机、蚀刻机、钻孔机。

经过前期设计,要求滴胶板光伏组件尺寸为 148 mm×37 mm,选用基板材料参数见表 1-23。

表 1-23　基板材料参数

基板材料名称	玻纤电木覆铜板
规格尺寸	200 mm×300 mm
产品规格	单面
板材	玻纤材质(FR-4)
厚度	1.5 mm

(2)作业程序

①基板裁板

使用 PCB 高精度裁板机按照规定 148 mm×37 mm 的尺寸进行裁板,如图 1-108 所示。裁板机上有尺寸刻度,按照刻度进行剪裁即可。裁板的过程中,要注意安全,勿切到手。

②打印

将绘制好的背面电极图纸通过激光打印机,打印到热转印纸光滑的一面,然后用耐高温聚酰亚胺胶带(黄金胶带)将热转印纸(光滑的一面)与滴胶底板覆铜一面固定在一起。

③热转印

把热转印机打开,等待片刻,待升温至 180 ℃,放入覆铜

图 1-108　PCB 高精度裁板机

板。覆铜板经过热转印后,温度很高,需注意,不要直接用手去触碰,等待一段时间,待其冷却。冷却后,撕去表层热转印纸。

④蚀刻

使用蚀刻机,配合蚀刻剂,对热转印后的单面覆铜板进行蚀刻。

a. 蚀刻剂配液。蚀刻剂和清水的比例为 2:1,将蚀刻液放入蚀刻机中,蚀刻液刻度不要超过 1 500 mL。

b. 蚀刻机开机。先检查蚀刻机电源线有没有破损,将蚀刻机电源线插入插座。等待蚀刻机温度

温升到 40 ℃,则放入欲蚀刻的单面覆铜板。

　　c. 蚀刻。用夹子夹住单面覆铜板,使其完全浸入蚀刻液中。等待 5 ~ 10 min,观察到已覆铜那面的铜全部融入蚀刻液中,即可以取出。需注意,取出覆铜板时,请佩戴橡胶手套。

　　d. 清洗。将已经蚀刻完成的覆铜板放到清水中清洗。

　　e. 晾干。将清洗后的覆铜板进行晾干处理。

　　⑤钻孔

　　使用钻孔机对滴胶板底板背面两侧进行钻孔。钻孔需使用 2 mm 的钻头。钻孔时,一定注意安全。

　　7. 电池和底板组装

　　将已经焊接好的光伏电池串和滴胶板底板进行组装,电源正极和负极引出线分别从已钻孔的两端引出,并用胶带进行固定。

　　8. 配胶和滴胶

　　(1)配胶

　　滴胶板胶水共分为 A 胶和 B 胶两种不同性质的胶水,将两种专用 A、B 胶分别使用电子秤按照 2∶1 比例配置好,A 胶配置 0.04 kg,B 胶配置 0.02 kg,可用一次性杯子进行盛装(一次性杯子的重量可以忽略不计),如图 1-109 所示。

　　然后把 A、B 胶倒入一个一次性杯子里,按照顺时针方向进行搅拌,搅拌到无气泡方可使用。搅拌均匀的 A、B 胶具有抵挡紫外线、透光好的特点。

　　　　(a)A胶称重　　　　　　　　　　　　　　　(b)B胶称重

图 1-109　配胶

　　(2)滴胶

　　将一次性杯中的胶水均匀地倒在组装好电池串的滴胶底板上,为防止胶水溢出,可预先在滴胶底板周围围上一圈透明胶带,并在底板下垫上一张纸片。滴胶后的光伏电池片都要被胶水覆盖,且无小气泡和污物。

9. 抽真空

搅拌胶水和滴胶过程中,难免会出现细小的难以发现的小气泡,这时就将滴完胶水的滴胶板光伏组件放入抽真空机内,关紧阀门后,按下电动机启动按钮开始抽真空,大概 5 min 后,真空机自身的气压表指针会显示出此时机内气压,气压指向 0.02 MPa,这时继续抽真空,时间控制为 15 min,真空机气压值降到 0 MPa 时,真空机会报警停止运行,这时就可以打开真空机阀门,取出滴胶板光伏组件。图 1-110 所示为抽真空所需设备和抽真空机气压表指示。

（a）抽真空机

（b）真空机气压表数值0.02 MPa

图 1-110　抽真空所需设备和抽真空机气压表指示

10. 烘干

将取出抽真空机后的滴胶板光伏组件放入烘干机中进行烘干操作。烘干机如图 1-111 所示,烘干机的温度标准值设定为 60 ~ 70 ℃,烘干时间大概是 2 h。

11. 成品检测

将滴胶板光伏组件从烘干机中取出后,注意观察是否漏胶、有无气泡脏污等;为了确保高温烘烤后没有造成光伏电池的短路或者损坏,需要再次测试滴胶板光伏组件的电流和电压;检验无误后去除垫纸及多余的滴胶。

图 1-111　烘干机

二、产品的安装与调试

该项目产品使用的滴胶板光伏组件已经制作好,电源指示模块电路图已经设计好并验证能实现功能,此项目电路简单,采用万能板安装即可满足产品功能要求。

1. 安装和调试前准备

在正式安装与调试前,准备好简易光伏指示装置安装与调试所需的材料和工具。请各位同学根据所学填写表 1-24。

表1-24　简易光伏指示装置所需材料和工具

序号	名称	型号与规格	单位	数量	备注

● 视 频

电子产品的
安装与调试

2. 电源指示模块电路安装与调试

　　该项目使用的元器件均为通孔元件,则电路安装与调试的方法是清、测、整、插、焊、调。若使用的是贴片元件,则不需要进行整和插的操作。

　　(1)清。"清"的目的在于避免电路装调操作时,因缺少图纸、部分工具、仪表、元件材料等,影响正常电路操作。"清"是清点三个方面,分别是电路图纸、元件材料、工具设备。若任何一项有遗漏,均应立即进行补齐。

　　(2)测。检测元器件质量。用万用表对发光二极管和电阻进行逐一检测,对不符合质量要求的元器件剔除并更换,填写测试表1-25。

表1-25　电源指示模块元器件测试表

序号	名称	型号与规格	数量	质量好坏	备注
1				□好□坏	
2				□好□坏	

　　(3)整。整是对元件的引脚进行整形,该步操作可以和第四步、第五步同步进行。

　　(4)插。插即安装,就是将整好型的元件,按照安装工艺规范插装在万能板对应的位置上。小功率电阻采用水平贴板安装方式,色标法电阻的色环标志顺序方向一致。发光二极管采用垂直安装方式,管底离万能电路板3~5 mm,安装工艺要求如图1-112所示。

+　　　　　　−
贴到切筋口插件　　　　　　　　　　贴底插件

(a)发光二极管　　　　　　　　　　(b)电阻

图1-112　发光二极管和电阻元件安装工艺图

（5）焊。即对元器件进行引脚焊接。所有焊点均采用直脚焊,焊接完成后用剪切工具(如斜口钳)紧贴焊点剪去多余引脚,且不能损伤焊接面。焊接完成后,对电路板进行焊接质量检查,观测焊点是否存在虚焊、假焊、漏焊、搭焊及空隙、毛刺等。

（6）调。即对电路进行调试。电路安装好之后,要对电路进行通电前检查,检查接线是否正确,尤其是电源线不要接错或接反,可按实际线路,对照电路原理图进行对照检查。接着查看电源、地线、信号线、元器件接线端之间是否有短路,有极性器件极性有无接错。调试的具体步骤分为通电观察、静态调试和动态调试。

①通电检查。通电后,不要急于测量电气指标,而要观察电路有无异常现象,如冒烟、异常气味,若有集成电路,手摸外封装,是否发烫。若有异常现象,则立即关断电源,待排除故障后再通电。

②静态调试。静态调试是指不加输入信号,或只加固定的电平信号的条件下进行的直流测试。可用万用表测出电路中各点的电位,通过和理论估算值比较,结合电路原理分析,判断电路直流工作状态是否正常,及时发现电路中已损坏或处于临界工作状态的元器件。通过更换器件或者调整电路参数,使电路直流工作状态符合设计要求。

③动态调试。动态调试是在静态调试的基础上进行的,在电路的输入端加入合适的信号,按照信号的流向,顺序检测各测试点的输出信号,若发现不正常现象,分析原因,排除故障,调试最终达到要求。

电源指示模块电路简单,元件使用少,靠电源供电,因此,此处的调为通电前检查和通电检查即可。请各位同学们将调试的最终结果填写于表 1-26 中。

表 1-26　电源指示模块电路调试记录表

序号	调试步骤	内　容	结　果	备　注
1	通电前检查	接线是否正确	□正确　□不正确	
		电源、地线、信号线、元器件接线端之间是否有短路	□有短路 □无短路	说明短路处 _____
		有极性器件极性有无接错	□极性未接错 □极性接错	说明极性接错元件 _____
2	通电检查	电路有无异常现象,如冒烟,异常气味等	□有异常现象 □无异常现象	说明异常现象 _____
		是否实现电路功能	□实现 □未实现	说明故障现象 _____
最终结论:电源指示模块功能是否符合要求			□符合要求 □不符合要求	

3. 产品整体安装与调试

首先将滴胶板光伏组件与电源指示模块电路连接在一起。光伏组件正极与指示模块电路正极连接在一起,光伏组件负极与指示模块电路负极连接在一起。

接着将该产品放在阳光下,检测是否能够实现有光时指示灯亮,无光时指示灯灭。若能实现即

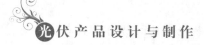

定功能,说明该产品制作成功。

项目评估

该项目采用全过程评估方式,从技术知识、职业能力、职业素养三方面进行考核评估。参考评估表见表1-27。

表1-27　简易光伏指示装置评估表

评估项目	评估类别	评估内容	评估形式	自评	互评	总评	
						档次	备注
项目描述	职业能力	能根据客户需求知道该项目产品需要达到的功能	"说"功能视频	□很准确 □较准确 □不准确	□表达准确 □表达较准确 □表达不准确	□很准确 □较准确 □不准确	总评＝30% 自评＋70% 互评
项目准备	技术知识	1. 了解光伏产品的特点 2. 熟悉光伏组件、发光二极管、电阻等基础元器件的识别和检测方法	知识测验	□都知道 □大部分知道 □少部分知道 □都不知道	无	□都知道 □大部分知道 □少部分知道 □都不知道	根据知识测验成绩判定总评成绩档次
	职业能力	能正确识别、读取光伏组件、发光二极管及电阻的类别及技术参数,且能规范操作仪表完成元器件检测工作	现场操作＋检测表格	□熟练准确 □较熟练准确 □不熟练准确 □不准确	□熟练准确 □较熟练准确 □不熟练准确 □不准确	□熟练准确 □较熟练准确 □不熟练准确 □不准确	总评＝30% 自评＋70% 互评
项目设计	技术知识	1. 了解光伏产品电路设计的流程 2. 掌握简易光伏指示装置的组成 3. 掌握滴胶板光伏组件版型设计方法 4. 掌握电源指示模块组成及元件选型方法 5. 掌握 Altium Designer 软件绘制电路原理图方法	知识测验	□都知道 □大部分知道 □少部分知道 □都不知道	无	□都知道 □大部分知道 □少部分知道 □都不知道	根据测验成绩判定总评成绩档次
	职业能力	能按照光伏产品电路设计流程进行简易光伏指示装置设计	"绘"流程图	□很准确 □较准确 □不准确	□很准确 □较准确 □不准确	□很准确 □较准确 □不准确	总评＝30% 自评＋70% 互评
		能按照任务要求设计出符合要求的滴胶板光伏组件	"说"版型设计方法	□很准确 □较准确 □不准确	□表达准确 □表达较准确 □表达不准确	□很准确 □较准确 □不准确	总评＝30% 自评＋70% 互评
		能选择合适的元件实现电源指示功能	"做"实验验证	□很准确规范 □较准确规范 □选择元件错误	□很准确规范 □较准确规范 □选择元件错误	□很准确规范 □较准确规范 □选择元件错误	总评＝30% 自评＋70% 互评
		能利用 Altium Designer 软件绘制简易光伏指示装置电路原理图	"绘"原理图	□很准确 □较准确 □不准确	□很准确 □较准确 □不准确	□很准确 □较准确 □不准确	总评＝30% 自评＋70% 互评

续表

评估项目	评估类别	评估内容	评估形式	自评	互评	总评 档次	总评 备注
项目制作	技术知识	1. 熟悉滴胶板光伏组件制作工艺流程 2. 熟悉简易光伏指示装置安装和调试步骤	知识测验	□都熟悉 □大部分熟悉 □少部分熟悉 □都不熟悉	无	□都熟悉 □大部分熟悉 □少部分熟悉 □都不熟悉	根据测验成绩判定总评成绩档次
项目制作	职业能力	能按照工艺规范制作出符合要求的滴胶板光伏组件和	"做"光伏组件	□规范准确 □较规范准确 □不规范准确 □不准确	□规范准确 □较规范准确 □不规范准确 □不准确	□规范准确 □较规范准确 □不规范准确 □不准确	总评 = 30% 自评 + 70% 互评
项目制作	职业能力	能按照工艺规范制作出符合要求的电源指示模块电路	"安装与调试"电源指示模块电路	□规范准确 □较规范准确 □不规范准确 □不准确	□规范准确 □较规范准确 □不规范准确 □不准确	□规范准确 □较规范准确 □不规范准确 □不准确	总评 = 30% 自评 + 70% 互评
项目展示		个人介绍该产品设计理念、思路、成功展示需求功能	个人展示	（可多选） □设计理念合理 □表达清晰 □有创新 □功能展示成功 □团队合作好	（可多选） □设计理念合理 □表达清晰 □有创新 □功能展示成功 □团队合作好	（可多选） □设计理念合理 □表达清晰 □有创新 □功能展示成功 □团队合作好	总评 = 30% 自评 + 70% 互评
整体项目	职业素养	加深对光伏行业职业的认同感；培养学生具有安全规范、严谨认真、脚踏实地的优秀品质	问卷调查	□达到目标 □达到部分目标 □未达到目标	无	□达到目标 □达到部分目标 □未达到目标	总评依据为问卷调查结果

创客舞台：你所不知道的那些光伏产品的事儿

一、什么是创客

"创客"是指出于兴趣与爱好，努力把各种创意转变为现实的人。这个词译自英文单词"Maker"，如图 1-113 所示，源于美国麻省理工学院微观装配实验室的实验课题，此课题以创新为理念，以客户为中心，以个人设计、个人制造为核心内容，参与实验课题的学生即"创客"。

图 1-113　创客对应英文词

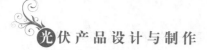
创客的核心是创意,只有玩转创意,才能够自豪地标榜为创客。无论是大规模的创新,还是小规模的改良,只要创造出了新事物,带来了效率或体验上的改善,那么都是成功的创客。

创客其实无处不在,而且在每一个时代都存在。在我国古代,发明了造纸术的蔡伦,发明了活字印刷术的毕昇,都是他们那个时代的伟大创客。我们的先哲孔子其实也是创客,他发明的是先进的教育思维和丰富的教育形式。可以说,没有创客的存在,社会文明就不会进步。

在中国,"创客"与"大众创业,万众创新"联系在了一起。"大众创业、万众创新"出自 2014 年 9 月夏季达沃斯论坛上李克强总理的讲话,李克强提出,借改革创新的东风,在 960 万平方公里大地上掀起大众创业、草根创业的新浪潮。

2022 年 9 月召开的全国大众创业万众创新活动周以"创新增动能,创业促就业"为主题,采用线上线下相结合的方式,通过主会场活动、部委活动、地方活动、海外活动、线上活动等近 1 000 场系列活动,全面回顾并展示近年来深入实施创新驱动发展战略、纵深推进大众创业万众创新取得的新进展、新成就和新突破,把创新创业更好地转化为经济发展新动能。图 1-114 所示为 2022 年大众创业万众创新活动周现场。

图 1-114　2022 年大众创业万众创新活动周现场

二、光伏产品的应用领域

党的二十大提出"倡导绿色消费,推动形成绿色低碳的生产方式和生活方式。"光伏产品作为节能降碳产品,其使用能源绿色清洁,是未来传统能源供电的电子产品的完美替代品。现今生活中,哪些场合能看到光伏产品的身影呢? 现在我们就一起来看看光伏产品的应用领域。光伏产品的应用领域主要分为八大块,分别是光伏消费电子产品及玩具、光伏照明、通信领域、交通领域、石油、海洋及气象领域、农村及偏远无电地区、大型光伏电站、光伏建筑一体化(BIPV)及其他。

1. 光伏消费电子产品及玩具

图 1-115 所示为各类光伏消费电子产品及玩具。除了这些产品外,实际上还有很多造型各异,功能多样的光伏产品,这里就不一一罗列,等待你自己去挖掘发现。

2. 光伏照明

市场上应用最广泛的光伏产品就是光伏与照明的结合,例如身边最常见的光伏路灯,应用在公园等休闲场所的光伏景观灯,在草坪上照明的光伏草坪灯,嵌入地面使用的光伏地灯,以及在户外野营携带方便的光伏野营灯。其实物图如图 1-116 所示。

（a）光伏台灯

（b）光伏风扇

（c）光伏玩具机器人

（d）光伏小型计算器

图 1-115　各类光伏消费电子产品及玩具

（a）光伏路灯

（b）光伏景观灯

（c）光伏草坪灯

（d）光伏地灯

（e）光伏野营灯

图 1-116　各类光伏照明产品

3. 通信领域

为实现信号传输,有时需要在偏远无电地区建设信号中继站,而该类地区人烟稀少,若采用传统

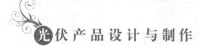

能源,则无法实现有效运维,利用光伏给信号中继站供电,即节能降碳、又因光伏供电可靠、免维护,可实现无人值守,保障通讯正常。

除此之外,外太空航天卫星通信供电也主要依靠光伏组件供能。我国自主建设、独立运行的北斗卫星系统既造福中国人民,也造福世界各国人民,现已成为面向全球用户提供全天候、全天时、高精度定位、导航与授时服务的重要新型基础设施。党的十八大以来,北斗系统进入快速发展的新时代。2020 年 7 月 31 日,习近平总书记向世界宣布北斗三号全球卫星导航系统正式开通,标志着北斗系统进入全球化发展新阶段。北斗系统秉持"中国的北斗、世界的北斗、一流的北斗"发展理念,深刻改变着人们的生产生活方式,成为经济社会发展的时空基石,为卫星导航系统更好服务全球、造福人类贡献了中国智慧和力量。图 1-117 所示为光伏产品应用在通信领域。

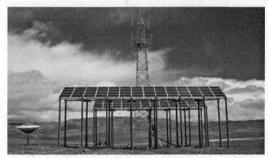

(a)偏远地区无人值守的光伏微波中继站 (b)北斗卫星

图 1-117　光伏产品应用在通信领域

4. 交通领域

图 1-118 所示的交通信号灯,相信大家看了都不陌生,当已有交通信号灯发生故障,或者某些路段需要临时增设交通信号灯时,光伏交通信号灯就发挥了巨大的作用。光伏信号灯除了应用于公路上之外,还广泛应用于铁路上,作为铁路指示灯,以及应用于江河湖泊中,作为光伏航标灯。

5. 石油、海洋及气象领域

我国有丰富的石油资源,有些石油钻井平台就建设在海洋上,离大陆比较远,这时就可以利用光伏为钻井平台提供一部分的能源。还有些气象检测设备,位于偏远地区,无人值守,就可以用光伏气象监测仪实现监测功能,利用太阳能给传感器、数据存储单元供电,可以实现远距离数据传输,如图 1-119 所示。

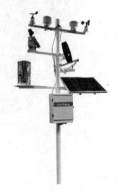

图 1-118　光伏交通信号灯　　　　　图 1-119　光伏气象监测仪

6. 农村及偏远无电地区

图 1-120（a）所示为内蒙古游牧民族居住的蒙古包，因为居住场所常年移动，且草原辽阔，有些地方没有接入国家电网，因此使用光伏组件构成的离网发电系统能够很好地解决蒙古包照明和用电需求。图 1-120（b）所示为农村偏远无电地区，利用太阳能供电，抽取地下水实现灌溉，这样的光伏产品叫做光伏水泵。

（a）离网光伏发电系统供电的蒙古包　　　　　（b）光伏水泵

图 1-120　光伏产品应用在农村及偏远无电地区

7. 大型光伏电站

广义上来说，光伏电站也属于一种类型的光伏产品。图 1-121 所示为山西大同以熊猫为造型建设的光伏电站，该光伏电站总占地面积约为 1 500 亩，装机规模约为 100 亿兆，全部投入使用后，能在 25 年内提供 32 亿千瓦时绿色电力，这样可节约 105.6 万吨煤炭，同时减少二氧化碳排放270 万吨。山西大同现在已由原来的煤都，转型成为全省乃至全国能源革命和资源型地区经济转型的典范。

图 1-121　熊猫光伏电站

8. 光伏建筑一体化（BIPV）及其他

将光伏与建筑完美的结合在一起，使用光伏组件作为建筑物的一种建材，实现节能降碳，这样的应用就叫做光伏建筑一体化。图 1-122（a）所示为"冰菱花"造型的光伏建筑一体化北京冬奥会场馆，当夜晚降临，在光伏系统的储能供电下，场馆呈现出片片闪耀的雪花，给场馆增添了梦幻色彩。2022

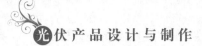

年北京冬奥会秉承"绿色办奥"的理念,所有场馆100%使用绿色电力,是史上首个全绿电的奥运会。除北京冬奥会场馆的"冰菱花"外,国家速滑馆的表面采用曲状光伏幕墙,由1.2万块宝石蓝色的光伏发电玻璃拼接而成,有"冰丝带"之称,如图1-122(b)所示。

（a）"冰菱花"造型的北京冬奥场馆　　　　（b）"冰丝带"造型的国家速滑馆

图1-122　北京冬奥会上光伏建筑一体化的应用

除了这些光伏产品外,其实还有很多的光伏产品不好硬性地归入到其他的应用领域里。

例如现在比较热门的新能源汽车,该产品就使用光伏组件作为电源的一种,给汽车供电。一般情况下,该种类型的汽车,其顶棚安装的就是光伏组件。除此之外,还有光伏自行车,光伏飞机等。图1-123所示为航空工业一飞院研制的"启明星50"大型光伏无人机,2022年9月3日,该无人机在陕西榆林首飞成功。该机是航空工业研制的首款超大展弦比高空低速无人机,是航空工业科技创新的重要成果,是航空工业践行"绿色航空""双碳目标"的重要举措,是践行"航空报国、航空强国"初心使命的具体体现。该机是第一款以太阳能为唯一动力能源的全电大型无人机平台,能够在高空连续飞行的"伪卫星",其利用高效、清洁、绿色、环保的太阳能,可长时间留空飞行,执行高空侦察、森林火情监测、大气环境监测、地理测绘、通信中继等任务。

图1-123　"启明星50"大型光伏无人机

项目②

→ 光伏灯的设计与制作

🕐 学习目标

通过该项目学习,掌握光伏灯的设计与制作的方法,熟知光伏灯产品需用各类元器件的基本性能和检测方法,能熟练使用工具、设备和软件完成该产品的整个设计与制作。通过了解照明的发展历史,树立节约理念,建设节约型社会;通过该产品的设计与制作,树立节能降碳理念,培养学生具有勤俭节约、精益求精、团结奋斗的优秀品质。

技术知识目标:1. 了解光伏灯产品的功能。

2. 熟悉蓄电池、二极管及三极管等基础元器件的识别和检测方法。

3. 熟悉光伏灯产品功能电路系统框图组成及各单元电路设计方法。

4. 熟悉 Altium Designer 软件绘制 PCB 图方法。

5. 熟悉单面 PCB 的制作工艺。

6. 熟悉单面 PCB 电路的安装与调试方法。

职业能力目标:1. 能正确识别、读取蓄电池、二极管及三极管的类别及技术参数,且能规范操作仪表完成元器件检测工作。

2. 能灵活设计一个三极管开关电路。

3. 能按照光伏产品电路设计流程进行光伏灯功能电路设计。

4. 能利用 Altium Designer 软件绘制光伏灯产品功能电路原理图和 PCB 图。

5. 能够正确调试作为验证作用的光伏灯面包板。

6. 能按照工艺规范制作出符合要求的光伏灯功能电路单面 PCB。

7. 能按照工艺规范对光伏灯功能电路的 PCB 进行元件的安装和调试。

8. 能创新设计产品外形,最终制作出符合要求的光伏灯产品。

职业素养目标:树立节能降碳理念;培养学生具有勤俭节约、精益求精、团结奋斗的优秀品质。

🧭 项目导入

产品背后的故事——照明的发展历史

自从人类学会钻木取火以来,照明经历了从火、油到电的发展历程。照明工具经历过无数的变草,出现过火把、动物油灯、植物油灯、蜡烛、煤油灯到白炽灯、日光灯,发展到现在琳琅满目的装饰灯、节能灯等,可以说一部照明的历史正是人类发展历史的见证,现代照明下的夜景如图 2-1 所示。

图 2-1　现代照明装饰的大桥

人类使用油灯照明的历史特别长。在这期间,油灯经过了多次改进。油灯用油从动物油改为植物油,最后又被煤油取代。灯芯也经历了草、棉线、多股棉线的变化过程。为了防止风把火吹灭,人们给油灯加上了罩。早期的罩是用纸糊的,很不安全,后来改用玻璃罩。这样的油灯不怕风吹,在户外也照样使用,而且燃烧充分,不冒黑烟,煤油灯如图 2-2 所示。

可是人类并没有满足,在使用油灯照明的同时,仍然在寻找其他的照明方法。公元前 3 世纪左右,有人用蜂蜡做成了蜡烛,如图 2-3 所示。到了 18 世纪,出现了用石蜡制作的蜡烛,并且开始用机器大量生产。

图 2-2　煤油灯

图 2-3　蜡烛

100 多年前,英国人发明了煤气灯,使人类的照明方法向前迈进了一大步。最初,这种灯很不安全,在室内用容易发生危险,因此只当作路灯用。后来经过改进,它才走进千家万户。

火把、蜡烛、油灯、煤油灯、煤气灯这些照明工具,都没有离开火,都是靠物质燃烧发出的光来照明的。那么有没有不用火也能照明的方法呢? 有人曾经捉来大批的萤火虫,利用萤火虫发出的光来照明。这种方法虽然不实用,不过在人类的照明史上也算是最奇特的一种方法了,如图 2-4 所示。

图 2-4 萤火虫灯

1879 年 10 月 21 日,爱迪生点燃了第一盏真正有广泛实用价值的电灯,如图 2-5 所示。它是采用炭化棉线制作的白炽灯,从此改写了人类照明的历史,人类走向了用电照明的时代。

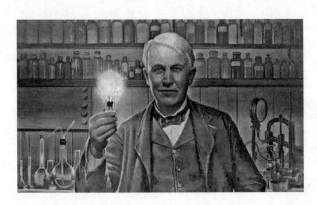

图 2-5 人类历史上第一盏电灯

白炽灯是将灯丝通电加热到白炽状态,利用热辐射发出可见光的电光源。它是最早的电灯,随着人们对灯丝材料、灯丝结构、充填气体的不断改进,白炽灯的发光效率也相应提高。

白炽灯之后,又涌现了日光灯、节能灯、LED 灯等多种新的照明灯具。随着新产品的出现,白炽灯的缺点体现越来越明显,较其他照明灯具而言,其效率最低,大部分消耗电能都以热能的形式散失;使用寿命通常不会超过 1 000 h。随着全球越来越关注气候变暖问题,为节约能耗,减少温室气体排放,澳大利亚政府带头从 2010 年开始禁止使用白炽灯泡。我国高度重视照明节电工作,1996 年启动实施中国绿色照明工程,先后将其列入"九五"、"十五"节能重点领域和"十一五"、"十二五"重点节能工程,并与联合国开发计划署、全球环境基金开展了三期绿色照明国际合作项目。我国从2012 年 10 月 1 日起,按功率大小分阶段逐步禁止进口和销售普通照明白炽灯。淘汰白炽灯路线图如图 2-6 所示。

日光灯是通过荧光来发光的,所以也有荧光灯之称。它不含红外线、热辐射,所以它的光不伤眼睛,是温和的,且用起来比较省电。它发出的光的颜色会因为荧光粉成分不同而有所不同,图 2-7 所示为一种类型日光灯。

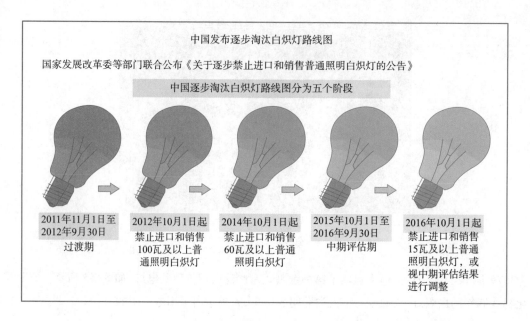

图 2-6　中国发布逐步淘汰白炽灯路线图

节能灯是指将荧光灯与镇流器组合成一个整体的照明设备。它具有体积小、发光效率高、寿命长等特点，可以直接替代白炽灯，实物图如图 2-8 所示。

LED 灯是一种能够将电能转化为可见光的固态的半导体器件，它可以直接把电转化为光。它的能耗仅为节能灯的 1/4，超长寿命，绿色环保，使用低压电源，适用性强，稳定性高，是一种新型绿色环保灯源。

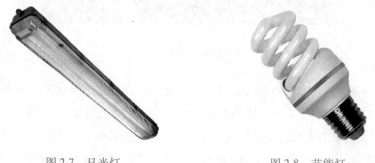

图 2-7　日光灯　　　　　　　　　　图 2-8　节能灯

2002 年，北京市政府和北京奥组委共同制定并正式公布实施《北京奥运行动规划》，提出了"新北京、新奥运"两大主题和"绿色奥运，科技奥运，人文奥运"三大理念。为呈现绿色奥运，组委会其中之一举措就是安装光伏路灯，图 2-9 所示为 2008 年北京奥林匹克水上公园内的光伏路灯。光伏路灯使用太阳能作为能源供给，采用新型 LED 灯作为光源，能源清洁，不消耗电能，节能环保；同时安装便捷，无须铺设复杂路线，能有效解决传统能源短缺问题。

随着光伏路灯的普及，光伏路灯进一步智能化，出现了集监控、安防、照明、娱乐、物联网功能于一体光伏路灯。近年来，在国家乡村振兴政策下，全国多地农村道路旁都安装了光伏路灯。光伏路灯解决了夜晚外出无照明不便及不安全问题,提高了当地人民群众的生活幸福指数。图 2-10 所示为新农村建设安装的光伏路灯。

图 2-9　北京奥林匹克水上公园内的光伏路灯　　　　图 2-10　新农村建设安装的光伏路灯

项目描述

　　光伏灯产品能够实现光控功能,当有光的时候,该光伏灯产品熄灭;当无光的时候,该光伏灯产品点亮。该产品节能环保,便于携带,是探秘光伏照明领域的入门级产品。

一、项目要求

　　某企业承接了一批便携式光伏灯的设计与制作订单。客户要求企业提供 200 盏便携式光伏灯,其功能要求如下:

　　(1)有光的时候不亮,无光的时候亮。

　　(2)无光时能够自动点亮 LED(1 个 3 V/0.06 W 的高亮白光 LED)。

　　(3)充电时间:8 ~ 12 h(光伏组件充电)。

　　(4)亮灯时间:6 ~ 8 h(充满电后)。

　　(5)室内使用。

　　(6)要求该设计中光敏器件仅为光伏组件。

二、涉及的活动

　　(1)根据项目要求,提前做好相关的技术准备,包括蓄电池、二极管、三极管的识别和检测。

　　(2)根据光伏灯项目要求,进行光伏灯功能电路原理图设计,并利用 Altium Designer 软件设计该功能电路 PCB 图。

　　(3)根据设计出的 PCB 图纸,按照工艺规范流程制作出符合要求的单面 PCB,并对该 PCB 进行元件的安装和调试,最终实现要求的功能。

　　(4)项目评价。针对每个活动,从技术知识、职业能力、职业素养三方面组织自评、互评等评价。

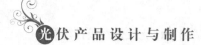

（5）视野拓宽。了解各种不同的光伏照明产品；给出一种实现光伏手电筒功能的电路并介绍其工作原理；给出一种实现光伏草坪灯功能的电路并介绍其工作原理。

项目准备

一、蓄电池的识别及检测

●视　频

蓄电池的基础知识

1. 蓄电池的识别

化学能转换成电能的装置叫化学电池，一般简称电池。放电后，能够用充电的方式使内部活性物质再生——把电能储存为化学能；需要放电时再次把化学能转换为电能，将这类电池称为蓄电池（Storage Battery），也称二次电池。所谓蓄电池即储存化学能量，于必要时放出电能的一种电气化学设备。

我们熟悉的电池中，哪些是蓄电池？我们先来做个小测验。

 小测验

（多选题）图 2-11 所示电池中，哪些属于蓄电池？（　　　）

　　（a）　　　　　　　　　　（b）　　　　　　　　　　（c）

图 2-11　三种电池

到底哪些是蓄电池呢？我们先来了解光伏产品中对蓄电池的要求，并认识各种不同种类的蓄电池，自然就能揭晓其答案。

（1）光伏产品对蓄电池的基本要求

①能充电。有比较好的深循环能力，很好的过充电和过放电能力。

②长寿命。特殊工艺设计和胶体电解质保证的长寿命电池。

③适用不同环境要求。如高海拔、高温、低温等不同条件下都能正常使用。

④价格低廉。

（2）蓄电池的分类

光伏产品使用的蓄电池，大致可以分成五类，分别是锂电池、铅酸蓄电池、镍镉电池、镍氢电池、超级电容器。下面分别来学习各种不同类别蓄电池的特点。

①锂电池

锂电池是 20 世纪开发成功的新型高能电池，如图 2-12 所示，可以理解为含有锂元素（包括金属锂、锂合金、锂离子、锂聚合物）的电池，可分为锂金属电池（极少的生产和使用）和锂离子电池（现今大量使用)。因其具有比能量高、电池电压高、工作温度范围宽、储存寿命长等优点,已广泛应用于军事和民用小型电器中,如移动电话、便携式计算机、摄像机、照相机等,部分代替了传统电池。

图 2-12　不同封装类型的锂电池实物图

锂离子电池一般是使用锂合金金属氧化物为正极材料、石墨为负极材料、使用非水电解质的电池。我们平时用的手机电源大多是锂电池,目前市场上比较火的电动汽车的电源大多属于磷酸铁锂电池。

锂电池结构图如图 2-13 所示,锂电池一般由正极、负极、电解液和隔膜构成,日常生活中常见的手机锂电池为方形,电动汽车电池组内的电池一般为圆形,其他形状还有叠片和卷绕型。常见手机电池上的四个触点,除了

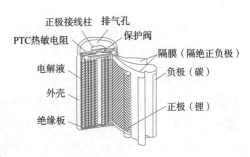

图 2-13　锂电池结构图

正负极之外,剩下的触点简单来说就是检测(或者说监测)手机电池的各项信息。

锂电池正极一般为锰酸锂或者钴酸锂、镍钴锰酸锂材料,电动自行车则普遍用镍钴锰酸锂(俗称"三元")或者三元加少量锰酸锂;负极一般为活性物质石墨,或近似石墨结构的碳,正极与负极之间的隔膜为一种特殊成型的高分子薄膜,孔径满足良好的离子通过性,同时具有电子的绝缘性,即可以让锂离子自由通过,而电子不能通过。电解液在正负电极间起运输电荷的作用,一般为溶解有六氟磷酸锂的碳酸酯类溶剂,聚合物则使用凝胶状电解液。

锂电池能量比较高,具有高储存能量密度,已达到 460 ~ 600 W·h/kg,是铅酸电池的 6 ~ 7 倍;使用寿命长,一般可达六年以上;具备高功率承受力;自放电率低的特点,在日常生活中的应用越来越广。

a. 锂离子电池的优点具体如下:

➤ 高能量密度。锂离子电池的质量是相同容量的镍镉或镍氢电池的一半,体积是镍镉电池的 20% ~ 30%,镍氢电池的 35% ~ 50%。

➤ 高电压。一个锂离子电池单体的工作电压为 3.7 V(平均值),相当于三个串联的镍镉或镍氢电池。

➤ 无污染。锂离子电池不含诸如镉、铅、汞之类的有害金属物质。

➤ 不含金属锂。锂离子电池不含金属锂,因而不受飞机运输关于禁止在客机携带锂电池等规定的限制。

➤ 循环寿命高。在正常条件下,锂离子电池的充放电周期可超过 500 次,磷酸铁锂电池则可以达到 2 000 次。

➤ 无记忆效应。记忆效应是指镍镉电池在充放电循环过程中,电池的容量减少的现象。锂离子

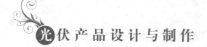

电池不存在这种效应。

➢ 快速充电。使用额定电压为 4.2 V 的恒流恒压充电器,可以使锂离子电池在 1.5~2.5 h 内就充满电;而磷酸铁锂电池,可以在 35 min 内充满电。

➢ 自放电小。室温下充满电的锂离子电池储存 1 个月后的自放电率为 2% 左右,大大低于镍镉电池的 25%~30%,镍氢电池的 30%~35%。

b. 锂离子电池的缺点具体如下:

➢ 衰退受温度影响。与其他充电电池不同,锂离子电池的容量会缓慢衰退,与使用次数无关,而与温度有关。所以,在工作电流高的电子产品容量衰退明显。

➢ 不耐受过充电。过充电时,过量嵌入的锂离子会永久固定于晶格中,无法再释放,可导致电池寿命缩短。

➢ 不耐受过放电。过放电时,电极脱嵌过多锂离子,可导致晶格坍塌,从而缩短寿命。

②铅酸蓄电池

铅酸蓄电池(Lead-Acid Battery,LAB),是指正负极活性物质分别是铅和二氧化铅、由硫酸水溶液做电解液的二次电池。它分为富液式和贫液式两大类,贫液式就是目前广泛应用的阀控式密闭铅酸蓄电池,事实上它并不是完全密闭的,主要应用于交通运输、通信设施、车辆船舶以及部队装备等方面,是光伏产品中常用的一种蓄电池,如图 2-14 所示。

铅酸蓄电池可充电多次使用,内阻小、电流大、容量大(可达几十安·时)、价格低廉、自放电小。但其体积大、质量大,放电过深对电池有损害,一般不宜超过容量的一半,建议浅放勤充。

由于铅对人体有害,硫酸污染环境、腐蚀设备,因此应用领域受到限制。虽然有被镍氢、锂离子电池等取代的趋势,但由于价格、安全、可靠性等原因仍将长期占据二次电池的大部分市场。

③镍镉蓄电池

该种蓄电池可充电多次使用,内阻小、电流大、容量较大(5 号电池可达 1 000 mA·h)。不过它具有放电记忆性,自放电较大,且原料镉对环境有污染。价格虽然便宜,但原料污染环境,不推荐在光伏产品中使用。其实物图如图 2-15 所示。

图 2-14　铅酸蓄电池

图 2-15　镍镉蓄电池

④镍氢电池

镍氢电池的设计源于镍镉电池,但在改善镍镉电池的记忆效应上,有极大的进展。其主要的改变,是用储氢合金取代镉,因此镍氢电池被认为是材料革新的典型代表。镍氢电池造成的污染,会比镍镉电池小很多,因此,目前镍镉电池已逐渐被镍氢电池取代,图2-16所示为镍氢电池实物图。

a. 镍氢电池的优点具体如下:

➤ 镍氢电池能量密度比镍镉电池大两倍。

➤ 能达到500次的完全循环充放电。

➤ 用专门的充电器充电可在1 h内快速充电。

➤ 自放电特性比镍镉电池好,充电后可保留更长时间。

➤ 可达到3倍的连续高效率放电;可应用范围:照相机、摄像机、移动电话、对讲机、笔记本式计算机、PDA、各种便携式设备电源和电动工具等。

b. 镍氢电池的缺点具体如下:

➤ 自放电很大,宜现充现用。

➤ 价格比镍镉电池贵。

➤ 性能比锂电池要差。

⑤超级电容器

超级电容器又名电化学电容器(Electrochemical Capacitor),是20世纪70~80年代发展起来的一种新型的储能装置。它是一种介于传统电容器与电池之间、具有特殊性能的电源,是世界上已投入量产的双电层电容器中容量最大的一种,实物图如图2-17所示。

图2-16　镍氢电池实物图　　　　　图2-17　超级电容器实物图

a. 超级电容器的优点具体如下:

➤ 充电速度快,充电10 s~10 min可达到其额定容量的95%以上。

➤ 循环使用寿命长,深度充放电循环使用次数可达$1~5×10^5$次,没有“记忆效应”。

➤ 大电流放电能力超强,能量转换效率高,过程损失小,大电流能量循环效率≥90%。

➤ 功率密度高,可达300~5 000 W/kg,相当于电池的5~10倍。

➤ 产品原材料构成、生产、使用、储存及拆解过程均没有污染,是理想绿色环保电源。

➤ 充放电线路简单,无须充电电池那样的充电电路,安全系数高,长期使用免维护。

➤ 超低温特性好,温度范围宽 -40 ~ +70 ℃。

➤ 检测方便,剩余电量可直接读出。

➤ 容量范围通常为0.1~1 000 F。

b. 超级电容器的缺点具体如下：

➢ 若使用不当会造成电解质泄漏等现象。

➢ 不可以用于交流电路。

（3）蓄电池的极性判断和参数

①蓄电池极性判断

蓄电池是一种直流电源，其电源的正负极可以通过查看外观或万用表检测而得。此处仅介绍外观判断极性的方法。

a. 可以通过蓄电池的外壳"＋"、"－"极性标识或红黑色标识来判断极性，如图 2-14、图 2-15 图 2-17 所示。红色代表正极，黑色代表负极。

b. 可以通过蓄电池引出线的颜色，判断极性。一般情况下，红色代表正极，黑色代表负极，如图 2-12 所示。

c. 可以通过蓄电池两端形状来判断，同普通碱性干电池极性判断，凸出的一端为正极，平的一端为负极，如图 2-16 所示。

②蓄电池的参数

光伏产品设计中，需要考虑的蓄电池参数有标称电压、容量、充放电速率、寿命、自放电率。

a. 标称电压。蓄电池刚出厂时，正负极之间的电势差称为电池的标称电压。标称电压由极板材料的电极电位和内部电解液的浓度决定。当环境温度、使用时间和工作状态变化时，单元电池的输出电压略有变化，此外，电池的输出电压与电池的剩余电量也有一定关系。不同类型蓄电池其对应标称电压信息见表 2-1。

表 2-1　不同类型蓄电池其对应标称电压信息

蓄电池类型	单体电压/V
锂电池	3.7
铅酸蓄电池	2
镍镉电池	1.2
镍氢电池	1.2
超级电容器	2.7

b. 容量。蓄电池的容量用 A·h（安·时）表示（超级电容器除外），表明在设计规定的条件（如温度、放电率、终止电压等）下，电池应能放出的最低容量。通常同种类蓄电池体积越大，容量越高。

c. 充放电速率。有两种表示方法，分别是时率和倍率。时率是以充放电时间表示的充放电速率，数值上等于电池的额定容量（安·时）除以规定的充放电电流（安）所得的小时数。倍率是充放电速率的另一种表示法，其数值为时率的倒数。例如，1 A·h 就是能在 1 A 的电流下放电 1 h；用 2 A 电流对 1 A·h 电池充电，充电速率就是 2 C；同样地，用 2 A 电流对 500 mA·h 电池充电，充电速率就是 4 C。

d. 寿命。储存寿命指从电池制成到开始使用之间允许存放的最长时间，以年为单位。包括储存期和使用期在内的总期限称为电池的有效期。储存电池的寿命有干储存寿命和湿储存寿命之分。循环寿命是蓄电池在满足规定条件下所能达到的最大充放电循环次数。在规定循环寿命时必须同时规定充放电循环试验的制度,包括充放电速率、放电深度和环境温度范围等。

e. 自放电率。电池在存放过程中电容量自行损失的速率。用单位储存时间内自放电损失的容量占储存前容量的百分数表示。

2. 蓄电池的检测

在检测之前,需要准备好测量工具和测量对象;接着在外观检查判断无损伤情况下,按照操作规范对蓄电池进行空载电压检测;最后按照企业 7S 管理要求,对实验现场进行整理清洁。

(1)检测前准备

需准备的镍氢电池检测工具和材料清单见表 2-2。此处以镍氢电池为例,说明利用万用表实现检测的方法。待测电池实物图如图 2-18 所示。

表 2-2　镍氢电池检测工具和材料清单

序号	准备用具	参考型号	数量/块
1	数字万用表	优利德 UT30A	1
2	镍氢电池	AAA 700 mA·h,1.2 V	1

图 2-18　镍氢电池实物图

(2)外观检查

检查以下四点,将检查结果记录于表 2-3 中。

①蓄电池外观正常,无变形、破损、裂纹等机械损伤。

②蓄电池表面干净,无电解液渗漏。

③蓄电池正负极标识清晰,极性正确。

④印刷商标,出厂日期位置正确,不能歪斜,字迹清晰。

(3)检测电压

待测的镍氢电池额定电压为 1.2 V,容量为 700 mA·h,万用表检测镍氢电池空载电压的操作步骤如下:

Step1:调挡。将万用表的挡位调至直流电压挡。

Step2:测试。将万用表的红表笔接镍氢电池的正极,黑表笔接镍氢电池的负极,如图 2-19 所示。读取万用表的读数,最终将蓄电池测量结果记录于表 2-3 中。

Step3:判断。镍氢电池在电量将尽时电压会急剧下降,因此测量它的空载电压若低于 1.2 V 或者负载电压低于 1.1 V 时,就说明电量将尽,应该及时充电以避免损坏。图 2-19(a)所示测量的镍氢电池,其空载电压高于 1.2 V,可以使用。图 2-19(b)所示测量的镍氢电池,其空载电压远低于规定值,为 43.7 mV,不能使用,应立即进行充电。

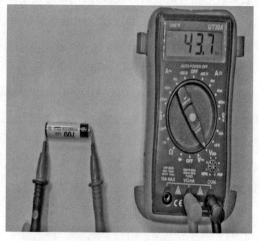

（a）测量结果大于1.2 V   （b）测量结果小于1.2 V

图 2-19　镍氢电池空载电压的检测

表 2-3　蓄电池测量记录表

序号	检测形式	检测内容	检测结果	结　论
1	外观检查	蓄电池外观正常,无变形、破损、裂纹等机械损伤	□外观正常　□外观变形 □外观破损　□外观裂纹	质量好坏 □好　□不美观,可使用 □损坏
		蓄电池表面干净,无电解液渗漏	□表面干净 □无电解液渗漏 □有电解液渗漏	
		蓄电池正负极标识清晰,极性正确	□极性标识清晰正确 □极性标识不清晰不正确	
		印刷商标,出厂日期位置正确,不能歪斜,字迹清晰	□印刷商标清晰正确 □印刷商标歪斜不清晰	
2	仪器测试	空载电压测量	额定电压_____ V 实测空载电压_____ V	电池状态 □正常　□亏电
最终结论:该蓄电池是否可以使用			□可以使用　□不能使用	

（4）7S 管理

按照企业 7S 管理要求,实验结束后,需要关闭实验仪表,对实验工具和材料进行整理,对实验环境进行清洁、清扫工作。

●视频

二极管的识别及检测

二、二极管的识别及检测

1. 二极管的识别

晶体二极管也称为半导体二极管,简称二极管。内部由一块 P 型半导体和 N 型半导体经特殊工艺加工,在其接触面上形成一个 PN 结而组成。外部有两个电极,分别称为正极（P 型区一侧）和负极（N 型区一侧）,使用时不能将正负极接反。

二极管具有单向导电性,它是指二极管在正常工作过程中,加正向电压,二极管导通,阻值很低;

加反向电压时,反向电流很小,二极管处于高阻截止状态。

二极管可用于整流、检波、稳压等电路中,用来产生、控制、接收、变换、进行能量转换等。普通二极管的图形符号如图2-20所示,其文字符号为D。

正极 ▷|◁ 负极

图 2-20 二极管
图形符号

二极管实物到底长什么样子呢? 我们先来做个小测验。

 小测验

(单选题)图2-21所示器件中,哪个器件是二极管? (　　　)

（a）　　　　　　　　　　（b）　　　　　　　　　　（c）

图 2-21 三种器件

到底哪个器件是二极管呢? 我们先来了解二极管的分类,认识各种不同种类的二极管,自然就能揭晓其答案。

(1)二极管的分类

二极管可以按照材料、用途、管芯结构、封装进行分类。

①按照材料划分

二极管按照材料可分为锗二极管(Ge管)和硅二极管(Si管)。其不同的材料,导通压降不一样。硅二极管的正向导通电压降为 $0.5 \sim 0.7$ V;锗二极管的正向导通电压降为 $0.1 \sim 0.3$ V。

②按照用途划分

二极管按照用途可分为检波二极管、整流二极管、稳压二极管、开关二极管、隔离二极管、肖特基二极管、发光二极管、硅功率开关二极管等。

③按照管芯结构划分

二极管按照管芯结构可分为点接触型二极管、面接触型二极管及平面型二极管。点接触型二极管是用一根很细的金属丝压在光洁的半导体晶片表面,通以脉冲电流,使触丝一端与晶片牢固地烧结在一起,形成一个 PN 结。由于是点接触,只允许通过较小的电流(不超过几十毫安),适用于高频小电流电路,如收音机的检波等。面接触型二极管比较适用于大电流开关,平面型二极管多用于开关、脉冲及低频电路中。

④按封装形式划分

二极管按照封装形式可分为塑料封装二极管、玻璃封装二极管、金属封装二极管以及用于 SMT 的贴片式二极管等。不同的二极管外形各异,封装的材质也不同。常见的有金属封装、塑料封装和玻璃封装三种,如图2-22所示。

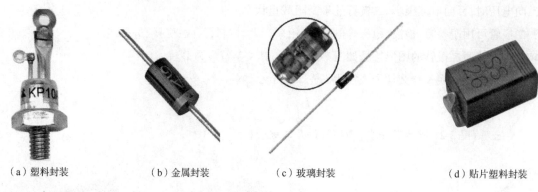

（a）塑料封装　　　　　（b）金属封装　　　　　（c）玻璃封装　　　　　（d）贴片塑料封装

图 2-22　二极管封装

（2）二极管的极性判断和参数

①二极管的极性判断

二极管是一种有极性的元件，正确判别其正负极是使用二极管的必备技能。大多数二极管极性均可以通过外观直观判别出来。

某些体积较大的二极管表面标有符号，可以根据符号判别出二极管的极性。还有一类二极管的外壳带有凸起，凸起侧引脚为负极，另一侧为正极，如图 2-23 所示。

图 2-23　二极管极性识别

二极管体积较小时，一般用色环来区别二极管的正负极。标有色环的一端为二极管的负极，另一端为正极，如图 2-24 所示。

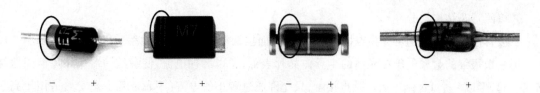

图 2-24　二极管极性判断

②二极管的参数

a. 最大整流电流。其对应符号为 I_F。它是指二极管长期连续工作时，允许通过的最大正向平均电流值，其值与 PN 结面积及外部散热条件等有关。因为电流通过二极管时会使管芯发热，温度上升，温度超过容许限度（硅管为 141 ℃左右，锗管为 90 ℃左右）时，就会使管芯过热而损坏，所以在规定散热条件下，二极管使用中不要超过二极管最大整流电流值。例如，常用的 IN4001-4007 型二极管的额定正向工作电流为 1 A。

b. 最高反向工作电压。其对应符号为 V_{rm}。当加在二极管两端的反向电压高到一定值时,会将二极管击穿,失去单向导电能力。为了保证使用安全,规定了最高反向工作电压值。例如,IN4001 二极管反向耐压为 50 V,IN4007 反向耐压为 1 000 V。

c. 反向电流。其对应符号为 I_{rm}。它是指二极管在常温(25 ℃)和最高反向电压作用下,流过二极管的电流。反向电流越小,二极管的单向导电性越好。值得注意的是,反向电流与温度有着密切的关系,大约温度每升高 10 ℃,反向电流增大一倍。例如,2AP1 型锗二极管,在 25 ℃时反向电流若为 250 μA,温度升高到 35 ℃;反向电流将上升到 500 μA,依此类推,在 75 ℃时,它的反向电流已达 8 mA,不仅失去了单向导电性,还会使二极管过热而损坏。又如,2CP10 型硅二极管,25 ℃时反向电流仅为 5 μA,温度升高到 75 ℃时,反向电流也不过 160 μA。故硅二极管比锗二极管在高温下具有较好的稳定性。

d. 动态电阻。其对应符号为 R_d。它是指二极管特性曲线静态工作点 Q 附近电压的变化与相应电流的变化量之比。

e. 最高工作频率。其对应符号为 F_m。它是指二极管工作的上限频率。因二极管与 PN 结一样,其结电容由势垒电容组成,所以 F_m 的值主要取决于 PN 结结电容的大小。若是超过此值,则单向导电性将受影响。

2. 二极管的检测

在检测之前,需要准备好测量工具和测量对象;接着在外观检查判断无损伤情况下,按照操作规范对二极管进行检测。这里将介绍电阻挡测量法和二极管挡测量法,最后按照企业 7S 管理要求,对实验现场进行整理清洁。

（1）检测前准备

需准备二极管检测工具和材料清单见表 2-4。此处以整流二极管 IN4001 为例,说明检测方法。待测二极管实物图如图 2-25 所示。

表 2-4 二极管检测工具和材料清单

序　　号	准备用具	参考型号	数量
1	数字万用表	优利德 UT30A	1 块
2	整流二极管	IN4001	1 个

（2）外观检查

通过肉眼检查,该二极管是否有引脚缺失、外壳烧焦情况出现。将外观检查结果填写于表 2-5 中。若外观没有问题,则进入检测环节。

（3）质量检测

在利用仪表进行质量检测之前,必须先判断出二极管的极性,可通过外观判断其极性。

①电阻挡测量法

该方法是利用万用表的电阻挡测量二极管的正反向电阻。正常情

图 2-25　IN4001 实物图

况下,整流二极管的正向电阻值为几千欧(该二极管为 3 kΩ 左右),反向电阻值为无穷大。

Step1:调挡。将万用表的挡位调整至电阻挡。

Step2:测试。将万用表的红表笔接整流二极管的正极,黑表笔接整流二极管的负极,测出二极管的正向电阻阻值;接着更换万用表红黑表笔,测量其反向电阻阻值,测量结果均记录于表 2-5 中。

Step3:判断。二极管的正反向电阻值相差越大越好。若正、反向电阻值都为无穷大或电阻值很小,则说明该二极管内部断路;若测得正反向电阻值均为 0,说明该二极管被击穿;若正反向电阻相近,说明该二极管性能不良。

②二极管挡测量法

Step1:调挡。将万用表的挡位调整至二极管挡。

Step2:测试。将万用表的红表笔接二极管的正极,黑表笔接二极管的负极,此时液晶显示屏的数字为二极管的正向导通电压,如图 2-26(a)所示;接着更换万用表红黑表笔,测量其反向导通电压,如图 2-26(b)所示。测量结果均记录于表 2-5 中。

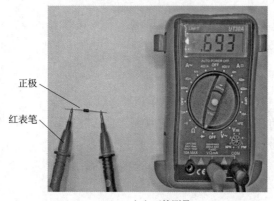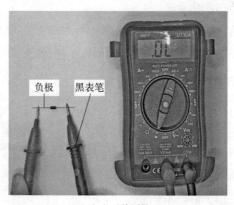

（a）正接测量　　　　　　　　　　　　　（b）反接测量

图 2-26　二极管挡测量法

表 2-5　二极管测量记录表

序　号	检测形式	检测内容	检测结果	结论
1	外观检查	外壳是否破裂;引脚是否完整	□外壳破裂　　□外壳未破裂 □引脚不完整　□引脚完整	外观完整性 □好　□损坏
2	仪器测试	正、反向阻值	正向阻值_____ Ω 反向阻值_____ Ω	质量好坏 □好　□损坏
		导通电压	正向导通电压_____ V	类型判断 □硅二极管　□锗二极管
最终结论:该二极管是否可以使用			□可以使用　□不能使用	

Step3:判断。根据二极管的单向导电性,正常情况下,二极管有一定的正向导通电压,但没有反向导通电压,显示值为溢出。若实测二极管的正向导通电压在 0.2 ~ 0.3 V 内,则说明该二极管为锗材料;若实测的正向导通电压在 0.6 ~ 0.7 V 范围内,则说明所测二极管为硅材料;若测得的正向导通压降无,说明该二极管性能不良,不能使用。

(4)7S 管理

按照企业 7S 管理要求，实验结束后，需要关闭实验仪表，对实验工具和材料进行整理，对实验环境进行清洁、清扫工作。

三、三极管的识别及检测

1. 三极管的识别

视频

三极管的识别
及检测

半导体三极管也称为晶体三极管，可以说它是电子电路中最重要的器件。三极管顾名思义具有三个电极。二极管是由一个 PN 结构成的，而三极管由两个 PN 结构成，共用的一个电极称为三极管的基极（用字母 b 表示），其他的两个电极称为集电极（用字母 c 表示）和发射极（用字母 e 表示）。由于不同的组合方式，形成了一种是 NPN 型的三极管。另一种是 PNP 型的三极管。三极管文字符号为 Q，其图形符号如图 2-27 所示。

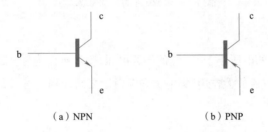

（a）NPN　　　　　　　　（b）PNP

图 2-27　两种不同类型三极管图形符号

⚙ 小测验

（单选题）图 2-28 所示三种器件，哪一种是三极管？（　　　）

（a）　　　　　　　　（b）　　　　　　　　（c）

图 2-28　三种不同种类的器件

揭晓谜底前，我们先来学习三极管的基础知识。

（1）三极管的三种工作状态

①放大状态

三极管最基本和最重要的特性就是电流的放大功能。其实质是三极管能以基极电流微小的变化量来控制集电极电流较大的变化量，如图 2-29 所示。将 $\Delta I_c / \Delta I_b$ 的比值称为三极管的电流放大倍

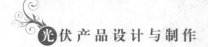

数,用符号 β 表示。电流放大倍数对于某一只三极管来说是一个定值,但随着三极管工作时基极电流的变化也会有一定的改变。

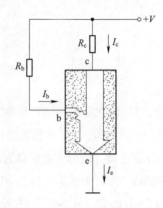

图 2-29　三极管的电流放大作用

②截止状态

当加在三极管发射结的电压小于 PN 结的导通电压,基极电流为零,集电极电流和发射极电流都为零,三极管这时失去了电流放大作用,集电极和发射极之间相当于开关的断开状态,此时称三极管处于截止状态。

③饱和导通状态

当加在三极管发射结的电压大于 PN 结的导通电压,并当基极电流增大到一定程度时,集电极电流不再随着基极电流的增大而增大,而是处于某一定值附近不怎么变化,这时三极管失去电流放大作用,集电极与发射极之间的电压很小,集电极和发射极之间相当于开关的导通状态。三极管的这种状态称之为饱和导通状态。

根据三极管工作时各个电极的电位高低,就能判别三极管的工作状态,因此,电子维修人员在维修过程中,经常要拿万用表测量三极管各引脚的电压,从而判别三极管的工作情况和工作状态。三极管各种工作状态与各电极电位对应关系一览表见表 2-6。

表 2-6　三极管各种工作状态与各电极电位对应关系一览表

三极管类型	发射结	集电结	工作状态
NPN	$V_b > V_e$	$V_b < V_c$	放大
	$V_b < V_e$	$V_b < V_c$	截止
	$V_b > V_e$	$V_b > V_c$	饱和
PNP	$V_b < V_e$	$V_b > V_c$	放大
	$V_b > V_e$	$V_b > V_c$	截止
	$V_b < V_e$	$V_b < V_c$	饱和

（2）三极管分类

三极管可以按照材料、功率、封装形式等进行分类。

①根据材料进行分类

三极管可分为锗材料和硅材料三极管。它们之间最大的差异就是起始电压不一样。锗管 PN 结的导通电压为 0.2 V 左右,而硅管 PN 结的导通电压为 0.6 ~ 0.7 V。在放大电路中如果用同类型的锗管代换同类型的硅管,或用同类型的硅管代换同类型的锗管一般是可以的,但都要在基极偏置电压上进行必要的调整,因为它们的起始电压不一样。但在脉冲电路和开关电路中不同材料的三极管是否能互换必须具体分析,不能盲目代换。

②根据功率进行划分

三极管根据功率划分,可以分为小功率三极管、中功率三极管和大功率三极管。功率越大,体积越大。大功率三极管一般采用金属封装。

③根据封装形式进行分类

常用三极管的封装形式有金属封装和塑料封装两大类,如图 2-30 所示。

（a）金属封装三极管　　　　　　　　（b）塑料封装三极管

图 2-30　三极管的封装形式

（3）三极管引脚识别

三极管引脚的排列方式具有一定的规律。对于小功率金属封装三极管,金属帽底端有一个小突起,底部朝上放置,与金属突起最近的引脚为发射极 e,按照顺时针方向,其余电极依次为基极 b,集电极 c;对于小功率塑料封装三极管,平面朝向自己,三个引脚朝下放置,一般从左到右依次为发射极 e,基极 b,集电极 c,如图 2-31 所示。

（a）小功率金属封装三极管　　（b）小功率塑料封装三极管

图 2-31　三极管的引脚识别

目前,国内各种类型的三极管有许多种,引脚的排列不尽相同,在使用中不确定引脚排列的三极管,必须进行测量确定各引脚正确的位置,或查找三极管使用手册,明确三极管的特性及相应的技术参数和资料。图 2-32 所示为 SS8050 三极管数据手册中关于引脚排布和三极管种类信息的截图。

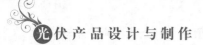

JIANGSU CHANGJIANG ELECTRONICS TECHNOLOGY CO., LTD

TO-92　　Plastic-Encapsulate Transistors

SS8050　　TRANSISTOR (NPN)

FEATURES

- Power Dissipation
  P_{CM} : 1 W　(T_A=25.)
  : 2 W　(T_C=25.)

MAXIMUM RATINGS (T_a=25℃ unless otherwise noted)

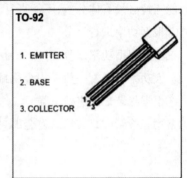

图 2-32　SS8050 三极管数据手册引脚排布和种类信息截图

（4）三极管参数

三极管设计时，需要了解三极管的主要参数，分别是电流放大系数、反向饱和电流、穿透电流、集电极最大允许电流、极间反向击穿电压、集电极最大耗散功率、特征频率。

①电流放大系数 β。三极管接成共发射极电路时，其电流放大系数用 β 表示。对于一般放大电路，该值取 30 ~ 100 为宜。

②反向饱和电流 I_{CBO}。它是指发射极开路、集电结在反向电压作用下形成的反向饱和电流，其值越小，说明其热稳定性能越好。

③穿透电流 I_{CEO}。它是指 b 极开路、c-e 极间加上一定数值的反向偏压时，流过 c 极和 e 极之间的电流。I_{CEO} 是衡量三极管质量的重要参数，温度升高，I_{CEO} 增大。

④集电极最大允许电流 I_{cm}。三极管工作时，当它的集电极电流超过一定数值时，电流放大系数 β 将下降。一般小功率三极管的 I_{cm} 在 30 ~ 50 mA 之间，为此规定放大系数 β 变化不超过允许值时的集电极最大电流称为 I_{cm}，所以在使用中当集电极电流 I_c 超过 I_{cm} 时不至于损坏三极管，但会使 β 值减小，影响电路的工作性能。

⑤极间反向击穿电压 V_{CEO}。它是三极管基极开路时，集电极-发射极反向击穿电压。如果在使用中加在集电极与发射极之间的电压超过这个数值时，将可能使三极管产生很大的集电极电流，这种现象叫击穿。三极管击穿后会造成永久性损坏或性能下降。

⑥集电极最大允许耗散功率 P_{cm}。在使用中如果三极管在大于 P_{cm} 下长时间工作，将会损坏三极管。需要注意的是，大功率的三极管给出的最大允许耗散功率都是在加有一定规格散热器情况下的参数。使用中一定要注意这一点。

⑦特征频率 f_T。随着工作频率的升高，三极管的放大能力将会下降，对应 $\beta = 1$ 时的频率 f_T 叫做三极管的特征频率。

2.三极管的检测

在检测之前,需要准备好测量工具和测量对象;接着在外观检查判断无损伤情况下,按照操作规范对三极管进行质量好坏检测,观察并记录三极管的引脚顺序及放大倍数;最后按照企业 7S 管理要求,对实验现场进行整理清洁。

(1)检测前准备

需准备的工具和材料见表 2-7。此处以 NPN 型三极管 8050 为例,说明利用数字万用表检测质量好坏的方法,待测元件实物图如图 2-33 所示。

表 2-7 三极管检测工具和材料清单

序号	准备用具	参考型号	数量
1	数字万用表	优利德 UT30A	1 块
2	NPN 型三极管	8050	1 个

(2)外观检查

通过肉眼检查,该三极管是否有引脚缺失、外壳烧焦等情况出现,将外观检查情况记录于表 2-8 中。图 2-34 所示为外观检查损坏三极管展示图,若没有外观破损,则进入到仪表测试环节。

图 2-33 待测 8050 小功率三极管

图 2-34 外观检查损坏三极管

(3)质量好坏检测

质量检测之前,需要获取待测三极管的引脚排列和种类信息。这些信息可通过查询给定型号三极管数据手册获得。此处介绍两种检测三极管质量好坏的方法,分别是利用万用表的"晶体管放大倍数"测量功能进行检测和利用万用表的"二极管挡"进行检测。

①利用万用表的"晶体管放大倍数"测量功能进行检测

选用具有"晶体管放大倍数"测量功能的万用表,此处选择的优利德 UT30A 万用表就有该种测量功能。

Step1:调挡。将万用表挡位调至 hFE 挡。

Step2:插入器件。将三极管三个引脚按照插座对应标识插入(TO-3 封装的大功率三极管,可将其三个电极接出三根引线,再插入插孔)。待测三极管为 NPN 型三极管,引脚标识为有字的一面对着自己,从左往右依次为"e"、"b"、"c"。其插入效果图如图 2-35 所示。

Step3:判断。此时万用表的液晶显示屏应有读数显示,该读数为三极管的放大倍数,如图 2-36

所示。若无读数,再次确定插入引脚无误的情况下,则可以判定该三极管已经损坏,无法使用。

图 2-35　三极管插入万用表效果图　　　图 2-36　万用表检测三极管 hFE 判断质量方法

②利用万用表的"二极管挡"测量功能进行检测

若已有的万用表没有"晶体管放大倍数"测量功能,则可以利用万用表的"二极管挡"检测判断。

Step1:调挡。将万用表挡位调至二极管挡。

Step2:检测并判断。

a.正接。将万用表的红表笔与三极管的基极相连,黑表笔依次连接两边的引脚,此种接法叫做正接。与"e"相连的 PN 结为发射结,与"c"相连的 PN 结为集电结。观察万用表液晶显示屏是否有数值。若均有数值,则说明两个 PN 结正向导通特性无误。若任意一个 PN 结正偏无读数,确认引脚连接无误后,则判定该三极管已损坏。

b.反接。将万用表的黑表笔与三极管的基极相连,红表笔依次连接两边的引脚,此种接法叫做反接。观察万用表液晶显示屏是否有数值。若均无数值,则说明两个 PN 结反向截止特性无误。若任意一个 PN 结反偏有读数,确认引脚连接无误后,则判定该三极管已损坏。

万用表检测情况与两个 PN 结状态关系表见表 2-8。

表 2-8　万用表检测情况与两个 PN 结状态关系表

三极管 PN 结	万用表接法	万用表读数	状　态
发射结/集电结	正接	始终为 1	断路
	反接	始终为 1	
	正接	有数值	击穿
	反接	有数值	
	正接	有数值	好
	反接	始终为 1	

Step3:记录。将检测结果记录于表 2-9 中,根据表 2-8 的信息,得出该三极管能否使用的结论。

表 2-9 NPN 型三极管测量记录表

序号	检测形式	检测内容	检测结果		结论
1	外观检查	外壳是否破裂、烧焦;引脚是否完整	□外壳破裂　　□外壳未破裂 □引脚不完整　□引脚完整		外观完整性 □好　□损坏
2	引脚查询	对照三极管型号,查询获取引脚排列	1 引脚_____ 2 引脚_____ 3 引脚_____ 1 2 3		三极管引脚判别结果 □正确　□不正确
3	仪器测试	万用表测量 NPN 型三极管的放大系数	放大系数 $\beta=$ _____		质量好坏 □好　□损坏
		万用表"二极管挡"测 PN 结	发射结	正接　□有读数 　　　□始终为1	发射结质量 □击穿　□断路　□好
				反接　□有读数 　　　□始终为1	
			集电结	正接　□有读数 　　　□始终为1	集电结质量 □击穿　□断路　□好
				反接　□有读数 　　　□始终为1	
最终结论:该三极管是否可以使用			□可以使用　　□不能使用		

（4）7S 管理

按照企业 7S 管理要求,实验结束后,需要关闭实验仪表,对实验工具和材料进行整理,对实验环境进行清洁、清扫工作。

四、三极管开关电路设计

三极管除了作为放大器外,也可以当作开关来使用,严格来说,三极管与一般的机械触点式开关在动作上并不完全相同,但是它却具有一些机械式开关所没有的特点。

三极管开关电路到底有哪些奥秘? 我们先来做个小测验。

🧠 **小测验**

(多选题)三极管当作开关使用时,其工作在哪些区域? (　　　)

A. 放大区　　　　　B. 饱和区　　　　　C. 截止区　　　　　D. 反向击穿区

三极管的用途主要有两种,分别是作为放大器和开关。放大器利用的是三极管工作在放大区的特性,而三极管开关则是利用三极管工作在饱和区(闭合)和截止区(断开)特性的电子开关。

为帮助读者更好地了解三极管开关电路,能灵活利用所学知识进行三极管开关电路设计,现在从三极管开关两种状态的分析、三极管开关涉及的一些简单计算、具体应用三极管开关电路设计三个方面进行介绍。

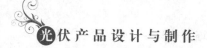

1. 三极管开关两种状态的分析

三极管开关是基于三极管的导通原理设计而成的,作为开关,其工作在两种状态下——断开和闭合。断开时,没有电流通过;闭合时,有电流通过。图2-37(a)所示为三极管开关的典型电路。

如图2-37(a)所示,当V_{in}为零时,V_{CC}不管是否有电压,三极管b-e间没有正向偏置电压处于截止状态。此时三极管的c-e间相当于断开,没有电流通过,$I_B = 0$,$I_C = 0$,负载R_c不工作。若负载R_c为一个灯泡,则该灯泡无法点亮,其工作状态如图2-37(b)所示。

如图2-37(a)所示,当V_{in}不为零,其值大于三极管b-e间正向导通压降,V_{CC}为负载R_c工作电压时,三极管b-e极在V_{in}输入电压的作用下获得正向偏置。V_{in}电压越大,I_B越大,当I_B足够大时,会令三极管工作于饱和状态,I_C达到饱和值。此时,理论上三极管的c-e间相当于短路,电流通过负载R_c,负载R_c工作。若负载R_c为一个灯泡,则该灯泡点亮,其工作状态如图2-37(c)所示。不过现实情况是,饱和状态下三极管的c-e间存在一个非常小的电压,叫做c-e极间饱和电压$V_{CE(sat)}$,同时I_C达到最大值,即饱和值$I_{C(sat)}$,其下标sat是饱和的意思。

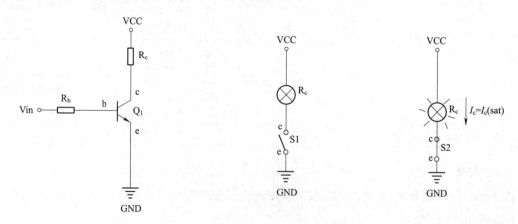

（a）三极管开关典型电路　　　（b）截止状态（三极管开关断开）　　　（c）饱和状态(三极管开关闭合)

图2-37　三极管开关的典型电路和两种状态下的等效电路图

2. 三极管开关涉及的一些简单计算

由于R_b、R_c、三极管元件参数等不同,为了能在不同条件下都能够顺利设计并使用三极管开关,需要进行一些简单的计算。

(1)开关断开

当三极管开关断开时(截止状态),没有电流流过三极管,此时三极管V_{CE}的大小和V_{CC}相等,即满足式(2-1),式中的cutoff是截止的意思。

$$V_{CE(cutoff)} = V_{CC} \tag{2-1}$$

(2)开关闭合

当三极管开关闭合时(饱和状态),经过负载R_c的电流I_C达到饱和值$I_{C(sat)}$,根据欧姆定律,$I_{C(sat)}$等于负载两端电压除以电阻阻值,因饱和状态下三极管的c-e间存在一个非常小的电压$V_{CE(sat)}$,$I_{C(sat)}$可通过式(2-2)计算得出。

$$I_{\mathrm{C(sat)}} = \frac{V_{\mathrm{CC}} - V_{\mathrm{CE(sat)}}}{R_{\mathrm{c}}} \qquad (2\text{-}2)$$

视　频

设计一个三极管
开关

3. 设计一个三极管开关

到底什么是电路设计,电路设计到底如何下手呢? 实际上,在电路设计的过程中,需要用到很多的基础电路模块,将它们有机地组合起来,就可以实现特定的功能,因此在电路设计时,需要建构模块化设计理念。三极管开关电路就属于基础电路模块中的一种电路。掌握了三极管开关的典型电路结构之后,将其放到具体的应用中,根据具体环境修改、添加、删减器件,并确定器件参数即可满足现实需要。此处通过一个设计实例帮助读者理解三极管开关电路设计方法。

【设计实例】利用发光二极管设计一个三极管开关电路,已知该发光二极管的正向导通压降为 2 V,工作电流为 10 mA,三极管开关的典型电路中,V_{in} 和 V_{CC} 均为 5 V。

(1)已知条件分析

三极管开关典型电路如图 2-37(a)所示。V_{in} 为 5 V,三极管 b-e 极间正向导通,对于三极管开关电路而言,三极管处于开关闭合状态。此时 V_{CC} 向负载 R_{c} 供电,电流流过 R_{c},三极管的 c-e 极后回到大地。三极管饱和后,一般情况下,$V_{\mathrm{CE(sat)}}$ 饱和压降为 0.2 V,则负载 R_{c} 两端的电压可参考式(2-3)计算得出。

$$V_{\mathrm{RC}} = V_{\mathrm{CC}} - V_{\mathrm{CE(sat)}} \qquad (2\text{-}3)$$

该例中,$V_{\mathrm{RC}} = (5 - 0.2)$ V $= 4.8$ V,若直接用发光二极管替换负载 R_{c},则发光二极管两端电压会达到 4.8 V,超过其工作电压,可能会烧毁该器件,因此该电路中需要为发光二极管增加一个分压模块。

(2)典型电路修改

分压的器件,熟知的有电阻元件,它若和发光二极管串联,则既可以分压,又可以限流。在图 2-37(a)所示三极管开关典型电路的基础上,用发光二极管和电阻串联取代原有的负载 R_{c},如图 2-38 所示,则典型电路改造完成。

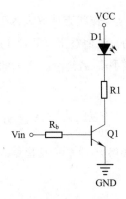

图 2-38　控制发光二极管的三极管开关电路组成图

(3)元件参数选型

三极管开关电路设计中,元件的组成确定后,选择合适的元件参数才能让发光二极管获得适当的工作电压和工作电流。该实例中,已知发光二极管的参数信息,外接电压大小,还需要确定三极管的型号和 R_{b}、R_1 两个电阻阻值大小。

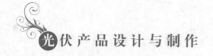
①三极管型号

三极管是开关中的核心器件,首先应该根据负载的工作电流来确定三极管的型号。该实例任务中,负载发光二极管工作电流为 10 mA,则三极管的 c 极允许通过的电流高于该值即可。因为该电流较小,一般的小功率三极管 9013、9014、2N3904、8050 均可以胜任,所以此例选择三极管为 9014 小功率三极管。若负载的工作电流为 850 mA,最好选用 $I_C = 1$ A 的三极管。

三极管的一些参数确定后,三极管具体型号获取的方法有两种。

a. 网络搜索。以该项目为例,可以通过网络搜索关键词"1A NPN 型三极管",在搜索结果中打开元件型号链接或查询元件技术手册查看具体参数,从而获得适合的三极管型号。

b. 商家询问。直接告知商家所需三极管的一些参数,如 I_C、V_{CE}、NPN 或 PNP,则商家会推荐一些合适的型号。

②分压电阻阻值的计算

三极管开关电路的负载可以为发光二极管、蜂鸣器、直流电动机等,不同的负载有不同的工作电压和工作电流,为让负载在适当的条件下工作,一般都需要给负载串联一个电阻,如图 2-38 所示的 R_1。

流过分压电阻的电流就是发光二极管的工作电流,也是三极管 c 极的饱和电流,参考式(2-2),可以计算得出分压电阻的标称阻值大小。

$$I_{C(sat)} = 10 \text{ mA} = \frac{V_{CC} - V_{led} - V_{CE(sat)}}{R_1} = \frac{5 \text{ V} - 2 \text{ V} - 0.2 \text{ V}}{R_1}$$

通过计算可以得出:
$$R_1 = 280 \text{ }\Omega$$

③b 极电阻阻值的计算

a. b 极电流 I_B 的计算。三极管处于放大状态时,I_B 和 I_C 是存在等式关系的,其关系见式(2-4),h_{FE} 表示为直流增益。

$$I_B = \frac{I_C}{h_{FE}} \tag{2-4}$$

当三极管处于临界饱和状态时,就是工作状态从放大区进入饱和区的那个临界点时,I_B 和 I_C 还是存在式(2-4)的等式关系,不过此时的直流增益比三极管在放大区时要小得多,一般可以取 50,则此时的 I_B 为三极管处于饱和状态时的最小值,若继续提高 I_B 的值,会让三极管进入深度饱和状态,I_C 不会继续增加了。根据式(2-4)

$$I_{B(min)} = \frac{I_{C(sat)}}{h_{FE}} = \frac{10 \text{ mA}}{50} = 200 \text{ }\mu A$$

b. R_b 阻值的计算。因确定选择的 9014 小功率三极管是 NPN 型的硅管,其处于饱和状态时,$V_{BE} \approx 0.7$ V,根据欧姆定律可得:

$$R_{b(max)} = \frac{V_{in} - V_{BE}}{I_{B(min)}} = \frac{5 \text{ V} - 0.7 \text{ V}}{200 \text{ }\mu A} = 21.5 \text{ k}\Omega$$

经过整理后,将元件参数值标注在电路原理图上,如图 2-39 所示。

该电路中流过两个电阻的电流都比较小,因此均可以选用常见的 1/4 W 的色环电阻。若电路的参数发生了变化,如 V_{CC} 为 +12 V 或负载工作电压和工作电流发生了变化,按照以上的设计步骤就可以设计出一个新的三极管开关。

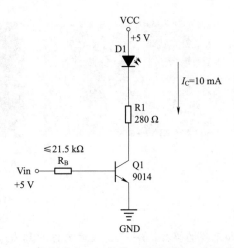

图 2-39　控制发光二极管的三极管开关电路原理图

此时的你是不是也想小试牛刀一下,请根据以下要求自行设计一个三极管开关电路吧。

【试一试】为一个蓝色的发光二极管设计一个三极管开关电路,已知该蓝色发光二极管的正向压降为 3 V,工作电流为 10 mA,V_{in} 和 V_{CC} 均为 5 V。请按照设计步骤进行设计并填写表 2-10。

表 2-10　控制蓝色 LED 的三极管开关电路设计信息表

设计步骤	设计结论
Step1:已知条件分析	□需修改三极管开关典型电路[见图 2-37(a)] □不需修改三极管开关典型电路[见图 2-37(a)]
Step2:典型电路修改	(绘制该设计任务电路组成图)
Step3:元件参数选型	三极管型号: 基极电阻标称阻值: 基极电阻功率: 分压电阻标称阻值: 分压电阻功率:

五、印制电路板基础知识

学习该部分基础知识前,先来进行小测验,看你对它了解多少?

小测验1

(单选题)图 2-40 所示的三种电路板,哪种电路板是印制电路板?(　　　)

A

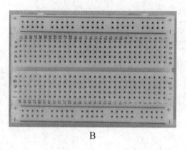
B

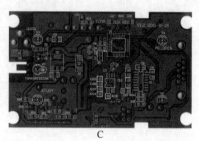
C

图 2-40　三种电路板

小测验2

(单选题)只在一面布线和元件的焊接,另一面放置元器件的PCB,是什么类型的PCB?(　　)

A. 单面板　　　　　B. 双面板　　　　　C. 多层板

小测验3

(单选题)对于单面板而言,一般在哪个层布线?(　　)

A. 顶层　　　　　B. 底层

1. 印制电路板概述

印制电路板又称印刷电路板,其对应的英文全称是 Printed Circuit Board,简称 PCB。PCB 是电子元器件电气连接的提供者,是现今电子产品中常见的电路板形式。它的主要优点是大大减少布线和装配的差错,提高了自动化水平和劳动生产率。U 盘印制电路板如图 2-41 所示。

图 2-41　U 盘印制电路板

PCB 的发展已有 100 多年的历史,近十几年来,我国印制电路板制造行业发展迅速,总产值、总产量均位居世界第一。由于电子产品日新月异,价格战改变了供应链的结构,中国兼具产业分布、成本和市场优势,已经成为全球最重要的印制电路板生产基地。

PCB 以一定尺寸的绝缘板为基材,以铜箔为导线,经特定工艺加工,用一层或若干层导电图形

(铜箔的连接关系)及设计好的孔(如元件孔、机械安装孔和金属化过孔等)来实现元件间的电气连接关系,它就像在纸上印制上去似的,故得名印制电路板。在电子设备中,印制电路板可以对各种元件提供必要的机械支撑,提供电路的电气连接并用标记符号把板上所安装的各个元件标注出来,以便于插件、检查及调试。

2. 印制电路板分类

印制电路板可以按照用途、基板材料和 PCB 导线板层进行分类。最常见的分类是按照 PCB 导线板层分类。

(1)按照用途分类

①民用印制电路板。这类印制电路板指的是电视机、音响、电子玩具等消费类产品用的电路板。

②工业用印制电路板。这类印制电路板指的是计算机、通信设备、仪器仪表等装备类用的电路板。

③军用印制电路板。这类印制电路板指的是用于军用电子设备的电路板。

(2)按照基板材料分类

印制电路板的基板材料有五种类型,分别是柔性电路板、刚性电路板、环氧树脂电路板、酚醛树脂电路板、氮化铝电路板,根据这五种基板材料制分类的印制电路板如图 2-42 所示。

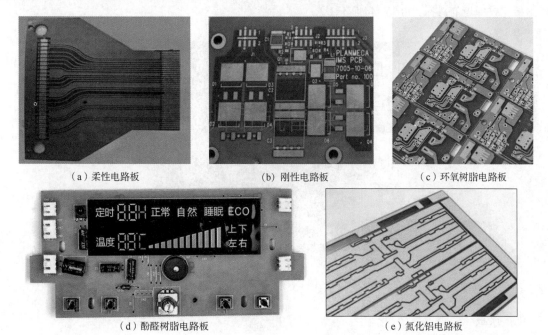

(a) 柔性电路板　　　　　　　(b) 刚性电路板　　　　　　　(c) 环氧树脂电路板

(d) 酚醛树脂电路板　　　　　　　　　(e) 氮化铝电路板

图 2-42　五种基板材料分类的印制电路板

(3)按照 PCB 导线板层分类

按照 PCB 导线板层划分,印制电路板可分为单面板、双面板和多层板。

①单面板

单面板是一面有敷铜,另一面没有敷铜的电路板,元器件一般放置在没有敷铜的一面,敷铜的一

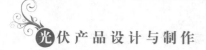
面用于布线和元件的焊接。单面板由于成本低而被广泛应用。因为导线只出现在其中一面,所以这种PCB叫做单面板(Single-sided)。单面板适用于比较简单的电路设计,单面板如图2-43所示。

（a）导线所在一面

（b）元件放置一面

图2-43　单面板

②双面板

双面板是一种双面敷铜的电路板,两个敷铜层通常被称为顶层和底层,两个面都可以布线,顶层一般为元件面,底层一般为元件焊接面。对比较复杂电路,其布线比单面板布线的布通率高,是制作电路板比较理想的选择,如图2-44所示。

图2-44　双面板

③多层板

多层板就是包含了三个以上工作层面的电路板。除了顶层、底层以外,还包括中间层、内部电源或接地层等。随着电子技术的高速发展,电子产品越来越精密,电路板越来越复杂,多层电路板的应用越来越广泛。例如计算机中的主板和内存条就是多层电路板设计,多层板如图2-45所示。

3.印制电路板组成

印制电路板主要由焊盘、过孔、安装孔、铜膜导线、元器件、接插件、填充、电气边界等组成。

（1）焊盘

元件通过 PCB 上的引线孔，用焊锡焊接固定在 PCB 上，印制导线把焊盘连接起来，实现元件在电路中的电气连接。引线孔及周围的铜箔称为焊盘，如图 2-46 所示。

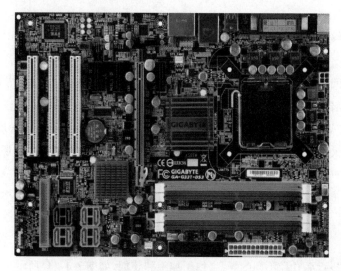

图 2-45　多层板

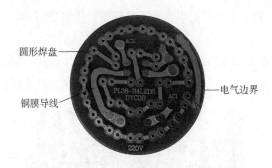

图 2-46　圆形印制电路板

印制电路板的焊盘分为直插式和表面贴装式。直插式焊盘必须要钻孔，表面贴片式焊盘不要钻孔。直插式焊盘主要有七种类型，分别是圆形、方形、椭圆形、岛形、泪滴式、多边形、开口形，如图 2-47 所示。

（a）圆形　　　（b）方形　　　（c）椭圆形　　　（d）岛形　　　（e）泪滴式　　（f）多边形　　（g）开口形

图 2-47　焊盘种类

①圆形焊盘

圆形焊盘广泛用于元件规则排列的单、双面印制电路板中。若印制电路板的密度允许，焊盘可以设计大一些，焊接时铜箔不易于脱落，如图 2-47（a）所示。

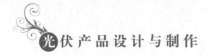

②方形焊盘

印制电路板上元器件大而少,且印制导线简单时多采用。在手工自制 PCB 时,采用这种焊盘易于实现,如图 2-47(b)所示。

③椭圆形焊盘

这种焊盘有足够的面积增强抗剥能力,常用于双列直插式器件,如图 2-47(c)所示。

④岛形焊盘

焊盘与焊盘之间的连线合为一体,像水上的小岛,故称为岛形焊盘。这种焊盘多用于不规则的排列中,特别是当元器件采用立式不规则固定时更为普遍。在家电产品中应用较多,如电视机、收音机、视盘机等。岛形焊盘能使器件的固定更加密集,因此减少了印制导线的长度和条数。另外,由于这种焊盘具有较大的铜箔面积,这样增强了焊盘的抗剥离强度,如图 2-47(d)所示。

⑤泪滴式焊盘

当焊盘连接的走线较细时采用,以防焊盘起皮、走线与焊盘断开。这种焊盘常用在高频电路中,如图 2-47(e)所示。

⑥多边形焊盘

用于区别外径接近而孔径不同的焊盘,便于加工和装配,如图 2-47(f)所示。

⑦开口形焊盘

为了保证在波峰焊后,使手工补焊的焊盘孔不被焊锡封死时采用,如图 2-47(g)所示。

(2)过孔

过孔也称金属化孔。在双面板和多层板中,为连通各层之间的印制导线,在各层需要连通的导线的交汇处钻上一个公共孔,即过孔,图 2-48 所示圆圈标识区域为过孔的 PCB 局部图。

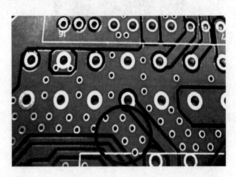

图 2-48　圆圈标识区域为过孔的 PCB 局部图

(3)安装孔

安装孔用于固定印制电路板,如图 2-49 所示。

(4)铜膜导线

铜膜导线也称铜膜走线,简称导线,用于连接各个焊点,是印制电路板最重要的部分。印制电路板设计都是围绕如何布置导线来进行的。与导线有关的另一种线,常称之为飞线,即预拉线,飞线是在引入网络表后,系统根据规则生成的,用来指引布线的一种连线。飞线与导线有本质的区别,飞线只是一种形式上的连线。它只是形式上表示出各个焊点间的连接关系,没有电气的连接意义,导线则是根据飞线指示的焊点间的连接关系而布置的,是具有电气连接意义的连接线路,铜膜导线如图 2-46 所示圆形焊盘,飞线如图 2-50 所示。

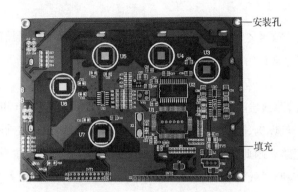

图 2-49　带安装孔的印制电路板

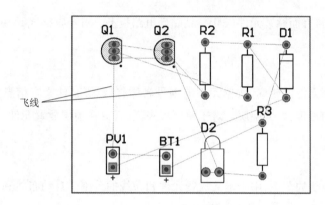

图 2-50　PCB 图飞线

(5)填充

用于地线网络的敷铜,可以有效减小阻抗,如图 2-49 所示。

(6)电气边界

用于确定电路板的尺寸,所有电路板上的元器件都不能超过该边界,如图 2-46 所示。

4.印制电路板设计中的层

Altium Designer 提供了若干不同类型的工作层面:信号层(Signal Layers)、内部电源/接地层(Internal Planes)、机械层(Mechanical Layer)、阻焊层(Solder Mask Layers)、助焊层(Paste Mask Layers)、丝印层(Silkscreen Layers)、禁止布线层(Keep Out Layer)、多层(Multi-Layer)等。

(1)信号层

信号层主要用来放置元件和导线,包括 32 层,即顶层、底层及 30 个中间层(Mid Layer)。对于单面板顶层不可布线,底层是唯一可以布线的工作层。

(2)内部电源/接地层

内部电源/接地层主要用于放置电源和地线,共可放置 16 层,是一块完整的铜箔。可直接连到元件的电源和地线引脚。这样单独设置电源和接地层的方法,可以最大限度地减少电源和地之间连

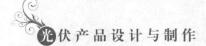
线的长度,可以将电路板表层布线大大简化,同时也对电路中的高频信号的辐射起到了良好的屏蔽作用,特别适用于较复杂的电路。

（3）机械层

机械层一般用于放置各种指示和说明性文字,如电路板尺寸、孔洞信息,共可放置16层。在PCB层数不多的情况下通常只用一个机械层。

（4）阻焊层

阻焊层有两层,即顶层阻焊层(Top Solder Mask)和底层阻焊层(Bottom Solder Mask),将不需要焊接的地方涂上阻焊剂,阻焊剂能防止板子上焊锡随意流动,避免非焊盘处的铜箔粘锡,而造成各种对象之间的短路。因此,在焊盘以外的各部位都要涂覆一层涂料,用于阻止这些部位上锡。同时,阻焊层能将铜膜导线覆盖住,防止铜膜过快在空气中氧化,但是在焊点处留出位置,并不覆盖焊点。

（5）助焊层

助焊层有两层,用于将表面贴装元件(SMD)粘贴到电路板上。对于直插式元件,涂于焊盘上,提高可焊性能。

（6）丝印层

丝印层主要用于绘制元件的轮廓、放置元件的编号名称、参数等其他文本信息。为了焊接元件或维护时便于查找元件而设置的,共两层。对于单面板来说,因只在顶层放置元件,故只选择顶层丝印层。

（7）禁止布线层

禁止布线层即允许布线的范围,用于定义放置元件和布线的范围。自动布线和布局都要预先设定好。

（8）多层

该层又叫穿透层,用于放置所有穿透式焊盘和过孔。

项目设计

一、功能设计

光伏灯产品的设计,最难的部分就在于功能的设计,而功能的实现离不开电路的支持,该部分按照光伏产品电路设计的流程来开发光伏灯功能电路。现在就客户对光伏灯提出的任务要求,进行该产品电路功能的开发。

1.需求（功能）规划

根据项目功能描述,要求设计一款光伏灯,能满足便携和夜间照明的需求。

先对功能任务进行梳理,将要点一一罗列出来,然后再细化各设计要点。此项目设计要点是:

①有光时不亮,无光时亮。

②无光时能够自动点亮LED(1个3 V/0.06 W的高亮白光LED)。

③充电时间：8 ~ 12 h(光伏组件充电)。

④亮灯时间：6 ~ 8 h(充满电后)。

⑤要求该设计中光敏器件仅为光伏组件。

该项目产品功能要求有五点,通过分析第一个技术指标,可以得出该光伏灯的电源至少有一种电源是蓄电池;分析第二个技术指标,可以得出该灯的控制是自动实现的,LED 灯的型号客户进行了指定;分析第三条技术指标,可以得出光伏组件给蓄电池充电的时间,该时间和光伏组件的功率有关;分析第四条技术指标,即蓄电池给负载 LED 灯供电,亮灯时间的长短与蓄电池的容量有关;分析最后一个技术指标,要求光敏器件仅为光伏组件,说明该电路中没有其他光敏器件,不需要使用光敏电阻。

将上面分析的信息进行整理,填写该项目技术指标分析结论表 2-11。

表 2-11　项目技术指标分析结论表

技术指标	分析得出结论	
第一条	项目电源　□蓄电池　□干电池	
第二条	1. LED 灯控制　□自动　□手动	2. LED 灯参数(　　　　　　)
第三条	□光伏组件给蓄电池充电 □可推导出蓄电池容量	□蓄电池给 LED 灯放电 □可推导出光伏组件功率
第四条	□蓄电池给 LED 灯放电 □可推导出光伏组件功率	□光伏组件给蓄电池充电 □可推导出蓄电池容量
第五条	项目光敏器件　□光伏组件　□光敏电阻	

2. 系统框图设计

光伏灯功能根据分析出的设计要点,可以划分为三个模块,分别是电源模块,控制模块和负载模块。电源模块包含光伏组件设计和蓄电池设计;负载实际为 LED 灯,则将该项目系统组成进行细化,用箭头表示电流流动的方向,其系统框图如图 2-51 所示。若需要增加其他的功能,如显示、语音,添加相应模块即可。

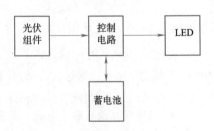

图 2-51　光伏灯产品功能电路组成框图

3. 单元电路设计

单元电路设计即对各单元模块电路进行详细的设计,包括对各单元电路元件组成和元件的选型设计。光伏灯功能电路组成包含光伏组件、控制电路、蓄电池和 LED。

（1）光伏组件选型设计

光伏组件选型设计主要是从材料选择和参数确定两方面来考虑，光伏组件选型的难点在于其电性能参数的确定。此外还需要能根据产品外观定制光伏组件外形。

①光伏组件材料选择

光伏组件可以分为滴胶板光伏组件、PET 层压光伏组件、钢化玻璃层压光伏组件、薄膜光伏组件和聚光光伏组件几种类型，如图 2-52 所示。

（a）滴胶板光伏组件　（b）PET层压光伏组件（c）钢化玻璃层压光伏组件　　（d）薄膜光伏组件　　　（e）聚光光伏组件

图 2-52　不同类型光伏组件实物图

考虑成本和光电转换效率，聚光光伏组件虽然转换效率高，但体积大、成本高；晶硅类光伏组件相对薄膜光伏组件，转换效率高，而且市场占有率高，成本较低，针对该项目而言，可以选用晶硅光伏组件作为电源。晶硅光伏组件按照封装工艺可以分为滴胶板、PET 层压、钢化玻璃层压光伏组件，这三种类型光伏组件均可以使用。在此项目中，光伏组件先暂选为滴胶板光伏组件，其制作工艺简单，成本较低，而且方便定制。

②光伏组件参数设计

光伏组件参数设计主要是选定光伏组件工作电压和额定功率。根据系统组成框图分析，光伏组件给蓄电池充电，蓄电池给 LED 灯放电。通过这种关系，可以确定光伏组件的工作电压和额定功率。

a. 光伏组件工作电压。光伏组件要给蓄电池充电，则光伏组件的电压必须要大于蓄电池的电压才可以对其充电。光伏组件和蓄电池的电压的关系一般可以用式（2-5）表示。

$$V_{光伏组件} = 1.43 \times V_{蓄电池} \tag{2-5}$$

该项目中，若选定蓄电池工作电压为 3.6 V，则光伏组件的工作电压为

$$V_{光伏组件} = 1.43 \times 3.6 \text{ V} = 5.148 \text{ V}$$

b. 光伏组件额定功率。光伏组件的额定功率可以通过式（2-6）计算所得。

$$光伏组件额定功率 = \frac{负载日消耗能量 \times 1.43}{当地日峰值日照小时数 \times 系统综合效率} \tag{2-6(a)}$$

$$系统综合效率 = 蓄电池效率 \times 光伏组件效率 \tag{2-6(b)}$$

$$负载日消耗能量 = 负载功率 \times 负载工作时间 \tag{2-6(c)}$$

根据项目已知条件，获取负载日耗电量，当地峰值日照小时数，系统综合效率参数，带入到公式中，即可确定光伏组件的功率。

系统综合效率：按一般经验来进行选择，具体需要根据产品使用环境来变更，在该项目中确定蓄电池效率和光伏组件效率均为 0.85，则该项目选用系统综合效率为 0.85 × 0.85 = 0.722 5。

负载日消耗能量:根据功能要求可知,负载的功率为 0.06 W,因亮灯时间要求为 6~8 h,按照最长亮灯时间 8 h 计算,则最大负载日消耗能量 = 0.06 W×8 h = 0.48 W·h。

当地日峰值日照小时数:该参数值与当地太阳能资源有关,不同的地点,其对应的当地日峰值日照小时数不一样,该光伏灯工作不受季节影响,即使是太阳能资源不好的冬天也应该能够正常使用,当地日峰值日照小时数应该选取太阳辐射量最差的那个月份数据。

此处以湖南省湘潭市为例进行说明,湘潭市的太阳能资源情况根据 PVsyst 可查,其具体信息见表 2-12。

表 2-12 项目地气象数据表

气象信息	数据年份	1 月	2 月	3 月	4 月	5 月	6 月	7 月	8 月	9 月	10 月	11 月	12 月
日峰值日照小时数	1991—2000	1.68	2	2.05	2.93	3.87	4.23	5.58	4.86	4.03	3.09	2.36	1.99

查表 2-12 可以看到,1 月份日峰值日照小时数最低,太阳能资源最差,则选该月参数 1.68 h 作为当地日峰值日照小时数。

将数据带入到式[2-6(a)]中,则光伏组件的额定功率可以计算得出:

$$P_{光伏组件} = \frac{负载日消耗能量×1.43}{当地日峰值日照小时数×系统综合效率} = \frac{0.48 \text{ W·h}×1.43}{1.68 \text{ h}×0.85×0.85} ≈ 0.57 \text{ W}$$

结合式(2-5)计算得出的光伏组件工作电压 5.148 V,考虑光伏组件实际使用时,光照及环境温度影响,且有一定的损耗,因此滴胶板光伏组件的电性能参数可以为 6 V/100 mA。滴胶板光伏组件实物图如图 2-53 所示,大家可自行设计并制作该规格光伏组件。

图 2-53 滴胶板光伏组件实物图

视 频

蓄电池选型设计

(2)蓄电池选型设计

蓄电池选型设计主要从材料选择和参数确定两方面来考虑。

①蓄电池材料选择

表 2-13 所示为五种常用的蓄电池的电压、容量、便携性、环保的信息对比表。

表 2-13　蓄电池材料信息对比表

参数 ＼ 种类	镍镉电池	镍氢电池	锂电池	铅酸蓄电池	超级电容器
电压/V	1.2	1.2	3.7	2	2.7
容量/mA·h	小	大于镍镉	大	最大	与镍氢类似
是否便携	是	是	是	否	是
是否环保	否	是	是	否	是

　　蓄电池材料的选择需要从容量、便携性、电压匹配、环保、价格多方面考虑。该项目负载耗电量小,因此对蓄电池的容量要求不高,镍氢、镍镉、锂电池和超级电容器均可以选用。而铅酸蓄电池因为体积大,不便于携带,不适用于该产品。同时该项目使用负载的工作电压为 3 V,若不增加升压电路,则给其供电的蓄电池电源需大于 3 V,满足条件的蓄电池为三节电池串联的镍镉电池、镍氢电池和锂电池。从环保角度考虑,镍镉电池对环境有污染,不选用;若考虑成本,镍氢电池的价格低于锂电池价格,所以该项目选择镍氢电池作为蓄电池。

　　②蓄电池参数设计

　　蓄电池的参数为标称电压和容量,若不增加升压电路,其工作电压决定负载能否正常工作,容量决定负载能够工作多长时间,容量越大负载工作时间越长。

　　a.标称电压。负载的工作电压为 3 V,选用的镍氢电池单节电池的电压为 1.2 V,若不增加升压电路,则需要将三节镍氢电池串联连接构成蓄电池组,其蓄电池组标称电压为 3.6 V。

　　b.容量。蓄电池的容量可以根据式(2-7)计算所得。蓄电池容量用 C 表示。

$$C = \frac{负载日耗电量 \times 连续阴雨天数}{最大放电深度 \times 系统电压} \tag{2-7}$$

　　不同的蓄电池在不同的温度下,它的最大放电深度是不同的,该值可以咨询厂家。此项目以湖南省湘潭市为例,镍氢电池的最大放电深度取 66%;连续阴雨天数,选为 3 天;系统工作电压即蓄电池组电压,为 3.6 V;负载日耗电量根据前面计算所得 0.48 W·h,代入式(2-7),可得蓄电池的标称容量。

$$C = \frac{0.48\ W \cdot h \times 3}{0.66 \times 3.6} \approx 606\ mA \cdot h$$

　　最终根据市场销售的蓄电池参数,选用 700 mA·h 的镍氢蓄电池组。蓄电池最终可选三节 1.2 V/700 mA·h 的镍氢电池,如图 2-54 所示。

●视　频

控制电路组成
设计

　　(3)控制电路设计

　　控制电路设计包含控制电路组成设计和控制电路元件参数选型设计。

　　①控制电路组成设计

　　根据该项目提出的要求,有光时 LED 灯亮,无光时 LED 灯不亮,此处先给出三个电路图,如图 2-55 所示。大家可先用面包板进行实验,观察实验现象,或自行分析电路功能,回答以下三个问题,直接在对应的实验现象前勾选选项。

图 2-54　3 节 1.2 V 700 mA·h 镍氢蓄电池

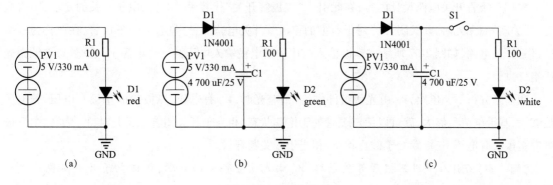

图 2-55　三个电路图

【问—问 1】请问图 2-55(a)实现的功能是什么?(　　)

A.有光时 LED 亮,无光时 LED 不亮

B.有光时 LED 亮,无光时 LED 亮

C.有光时 LED 不亮,无光时 LED 亮

D.有光时 LED 不亮,无光时 LED 不亮

【问—问 2】请问图 2-55(b)实现的功能是什么?(　　)

A.有光时 LED 亮,无光时 LED 不亮

B.有光时 LED 亮,无光时 LED 亮

C.有光时 LED 不亮,无光时 LED 亮

D.有光时 LED 不亮,无光时 LED 不亮

【问—问 3】请问图 2-55(c),在有光时断开开关,无光时合上开关,则实现的功能是什么?(　　)

A.有光时 LED 亮,无光时 LED 不亮

B.有光时 LED 亮,无光时 LED 亮

C.有光时 LED 不亮,无光时 LED 亮

D.有光时 LED 不亮,无光时 LED 不亮

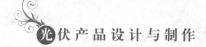

观察以上三个电路的实验现象,大家是不是发现电路图 2-55(c)可以实现该项目光伏灯功能要求,不过此时需要手动控制 LED 灯。

但是手动开关控制不方便,该光伏灯产品需要实现自动控制功能,我们是否有这样一种电子开关器件代替手动开关实现自动控制呢,电解电容是储能用的,在此用蓄电池代替,如图 2-56 所示。

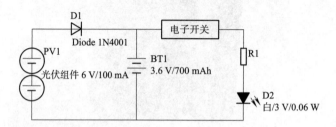

图 2-56　引入电子开关后电路图

根据三极管开关电路设计内容,在此引入"三极管开关"代替手动开关,电子开关的要求是"有光时,开关断开;无光时,开关闭合。"对于典型的三极管开关电路而言,只有一个三极管,在此称为一级三极管开关电路,如图 2-57 所示。基极输入电压和集电极输入电压共一个电源 V_{CC},此处该电源由光伏组件供给。

我们来分析下该电路,V_{CC} 由光伏组件供给,则有光时,V_{CC} 有电压,三极管的基极有电压,若电压足够大,基极电流足够大,就可以使三极管处于饱和状态,相当于开关闭合。无光时,V_{CC} 为零,则三极管的基极没有电压,三极管处于截止状态,相当于开关断开。

【问一问】若引入一级三极管开关电路,V_{CC} 由光伏组件供给电源,则该电子开关实现什么功能?(　　　)

A. 有光时,开关闭合;无光时,开关断开

B. 有光时,开关断开;无光时,开关闭合

一级三极管开关电路的工作状态正好和要求的电子开关状态是相反的,是否可以采用二级三极管开关电路来实现需要的功能呢? 二级三极管开关电路指的是两个一级三极管开关电路组合而成的电路,如图 2-58 所示。

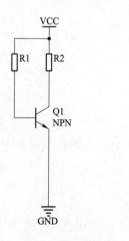
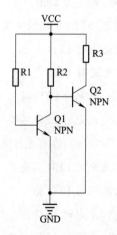

图 2-57　一级三极管开关电路　　　　图 2-58　二级三极管开关电路

我们可以通过实验或者仿真的方法来判断该电路实现的功能。此处介绍一种利用 Multisim 软件仿真,观察实验现象的方法。首先在 Multisim 软件工作界面上,搭建图 2-59(a)所示的二级三极管开关电路。因该软件中没有光伏组件元件,所以采用直流电源 6 V 和开关配合的方式进行光伏组件的模拟,且通过在 R_3 支路中串联一个电流表的方法,通过数据判断第二个三极管处于何种工作状态。

通过闭合 J1 开关,可以模拟有光时,光伏组件有电状态。通过观察与 R_3 串联的电流表,电流表数据为 0,则说明该电路第二个三极管 Q2 开关断开,与项目要求之一"电子开关有光时,开关断开"相符。而断开 J1 开关,可以模拟无光时,光伏组件无电状态,整个电路没有电源,则 Q2 三极管处于截止状态,开关断开。此时可以通过添加蓄电池作为电源,直接给第二级三极管开关电路供电;在 R_1 和 R_2 间增加一个开关,无光时断开开关,实现 R_1 无电流通过,搭建电路如图 2-59(b)所示。通过仿真可以观察到电流表有数据,表示该支路有电流通过,说明此时 Q2 开关可能处于闭合状态,只需合理设置 R_2、R_3 电阻参数,Q2 三极管可以实现开关闭合,与项目要求之二"电子开关无光时,开关闭合"相符。

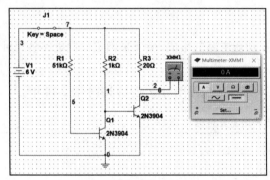

（a）有光时实验现象

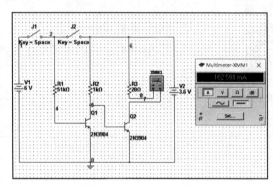

（b）无光时添加蓄电池实验现象

图 2-59　软件仿真三极管开关电路

小测验

(单选题)图 2-57 和图 2-58 两种三极管开关电路,哪种电路可能实现"有光时不亮,无光时亮"的功能。(　　)

A. 一级三极管开关电路　　　　　　B. 二级三极管开关电路

为防止无光时,蓄电池反向给光伏组件供电,考虑到二极管的单向导电性,该电路中光伏组件和蓄电池的通路中需要串联一个防反充二极管,无光时相当于开关断开,蓄电池不对光伏组件反向供电;有光时,光伏组件对蓄电池充电,不对电路产生影响。在此基础上,又对该三极管开关电路进行修改,增加负载 LED 灯,实现三极管开关电路控制发光二极管的功能,对图 2-59(b)电路进行修改,将项目已知元件参数标注,红色方框框选区域就是该产品功能控制电路(负载 LED 灯除外),参考电路图如图 2-60 所示电路。

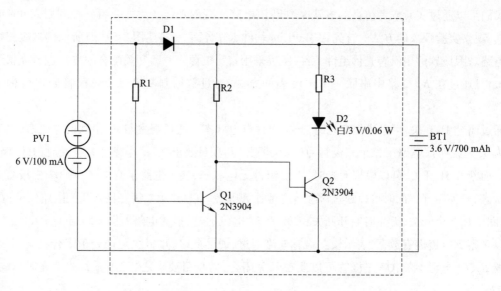

图 2-60　光伏灯功能电路组成图

②控制电路参数设计

前期的设计我们已经确定了光伏灯产品功能电路的组成,接下来确定控制电路各元件的型号或参数。

将控制电路所需元件进行分类,填写元件类别及电路图对应元件标识于表 2-14 中。

表 2-14　光伏灯控制电路所需元件信息表

序号	元件类别	元件对应电路图名称
1		
2		
3		

a. 三极管。三极管作为控制电路的核心元器件,其型号的选择需根据负载的工作电流来确定。该项目已知条件中,LED 的功率为 0.06 W,工作电压为 3 V,则工作电流可以通过功率计算式(2-8)计算所得。

$$P = VI = I^2 R = \frac{V^2}{R} \tag{2-8}$$

$$I = \frac{0.06\ \text{W}}{3\ \text{V}} = 20\ \text{mA}$$

该项目中,负载发光二极管工作电流为 20 mA,则三极管的 c 极允许通过的电流高于该值即可。因为该电流较小,一般的小功率三极管 2N3904 就可以胜任,所以确定光伏灯产品控制电路的 Q1 和 Q2 三极管为 2N3904 小功率三极管。

b. 电阻。光伏灯产品控制电路所需的电阻有三个,分别是 R1、R2 和 R3。根据三极管开关电路设计中第三点"设计一个三极管开关"内容,对电阻进行选型设计。

电阻选型设计顺序思路:无光时,Q2 三极管开关闭合,Q1 三极管截止,不工作,则 Q1 三极管开关电路和光伏组件可以忽略,等效工作电路图如图 2-61 所示。R2、R3、D2、Q2、BT1 构成一个控制发光二极管的三极管开关电路,因此可以根据已知电流条件,先计算得出 R3 阻值,后得出 R2 的阻值。

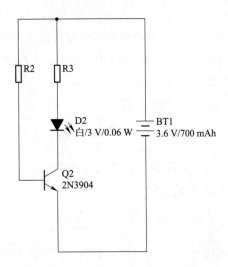

图 2-61 无光时光伏灯等效电路图

有光时,Q1 三极管开关闭合,Q2 三极管截止,不工作,则 Q2 三极管开关电路可以忽略,等效工作电路图如图 2-62 所示。R2 阻值计算得出后,后可得出 R1 的阻值。

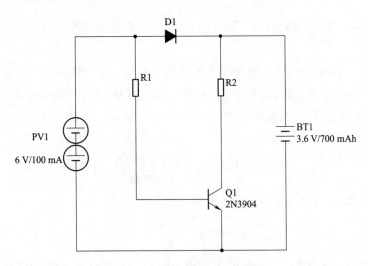

图 2-62 有光时光伏灯等效电路图

> R3 电阻

标称阻值计算。无光时,Q2 三极管开关闭合,处于饱和状态,负载 LED 发光,R3、D2、Q2、BT1 形成一个电路回路,如图 2-61 所示。R3 阻值可根据式(2-2)计算而得。

$$I_{R3} = I_{D2} = I_{C2(sat)} = 20 \text{ mA} = \frac{V_{BT1} - V_{D2} - V_{CE2(sat)}}{R_3} = \frac{3.6 \text{ V} - 3 \text{ V} - 0.2 \text{ V}}{R_3}$$

通过计算可以得出: $R_3 = 20 \text{ }\Omega$

额定功率计算。R3 的额定功率可以根据式(2-8)计算所得。

$$P_{R3} = I_{R3}^2 \times R_3 = (0.02\ \text{A})^2 \times 20\ \Omega = 0.008\ \text{W}$$

因此 R3 选择 1/4 W,标称阻值为 20 Ω 的电阻可以满足设计要求。

➤ R2 电阻

标称阻值计算。根据三极管开关电路中基极电阻计算方法,考虑无光时,三极管处于临界饱和状态时,利用基极电流和集电极电流等式关系,先求出基极电流 I_B 的最小值,后根据欧姆定律计算出该三极管开关电路中基极电阻 R2 阻值大小。

根据式(2-4),取 h_{FE} 为 50,则 $I_{B2(min)}$ 可以计算得出

$$I_{B2(min)} = \frac{I_{C2(sat)}}{h_{FE}} = \frac{20\ \text{mA}}{50} = 400\ \mu\text{A}$$

BT1、R2、Q2 的 b-e 极构成一个电路回路,因确定选择的 2N3904 小功率三极管是 NPN 型的硅管,其处于饱和状态时,$V_{BE2} \approx 0.7$ V,根据欧姆定律可得:

$$R_{2(max)} = \frac{V_{R2}}{I_{B2(min)}} = \frac{V_{BT1} - V_{BE2}}{I_{B2(min)}} = \frac{3.6\ \text{V} - 0.7\ \text{V}}{400\ \mu\text{A}} = 7\ 250\ \Omega$$

该光伏灯项目 R2 的标称阻值小于 7 250 Ω 即满足设计要求,因此在该项目中 R2 阻值可选为 4.7 kΩ。

额定功率计算。R2 的额定功率可以根据式(2-8)计算所得。

$$P_{R2} = \frac{(V_{R2})^2}{R_2} = \frac{(V_{BT1} - V_{BE2})^2}{R_2} = (2.9\ \text{V})^2/4\ 700\ \Omega \approx 0.001\ 78\ \text{W}$$

因此 R2 选择 1/4 W,标称阻值为 4 700 Ω 的电阻可以满足设计要求。

➤ R1 电阻

标称阻值计算。当有光时,光伏组件作为电源给蓄电池充电,同时 Q1 三极管开关闭合,Q2 断开。R1 作为 Q1 三极管基极电阻,其电阻阻值计算必须知道 Q1 集电极饱和电流大小。R2 作为 Q1 三极管集电极电阻,流过 R2 的电流就是 Q1 集电极饱和电流 $I_{C1(sat)}$。BT1,R2,Q1 的 c-e 极构成一个电路回路,则根据式(2-2),可以得出 $I_{C1(sat)}$。

$$I_{C1(sat)} = \frac{V_{BT1} - V_{CE1(sat)}}{R_2} = \frac{3.6\ \text{V} - 0.2\ \text{V}}{4\ 700\ \Omega} \approx 0.72\ \text{mA}$$

根据式(2-4),取 h_{FE} 为 50,则 $I_{B1(min)}$ 可以计算得出

$$I_{B1(min)} = \frac{I_{C1(sat)}}{h_{FE}} = \frac{0.72\ \text{mA}}{50} \approx 14.4\ \mu\text{A}$$

PV1、R1、Q1 的 b-e 极构成一个电路回路,如图 2-62 所示。因确定选择的 2N3904 小功率三极管是 NPN 型的硅管,其处于饱和状态时,$v_{BE1} \approx 0.7$ V,根据欧姆定律可得

$$R_{1(max)} = \frac{V_{R1}}{I_{B1(min)}} = \frac{V_{PV1} - V_{BE1}}{I_{B1(min)}} = \frac{6\ \text{V} - 0.7\ \text{V}}{14.4\ \mu\text{A}} \approx 368\ \text{k}\Omega$$

该光伏灯项目 R1 的标称阻值小于 368 kΩ 即满足设计要求,因此在该项目中 R1 阻值可选为 10 kΩ。

额定功率计算。R1 的额定功率可以根据式(2-8)计算所得。

$$P_{R1} = \frac{(V_{R1})^2}{R_1} = \frac{(V_{PV1} - V_{BE1})^2}{R_1} = (5.3\ \text{V})^2/10\ \text{k}\Omega \approx 0.002\ 809\ \text{W}$$

因此 R1 选择 1/4 W,标称阻值为 10 kΩ 的电阻可以满足设计要求。

c.二极管

因该光伏灯功能电路电压低、功率小、电流小,因此使用常见的整流二极管 1N4001 即可以满足要求。

整理以上参数设计内容。填写光伏灯控制电路元件参数信息表 2-15。

表 2-15　光伏灯控制电路元件参数信息表

序　号	元　件	型　号
1	Q1	
2	Q2	
3	R1	
4	R2	
5	R3	
6	D1	

(4)负载选型设计

因该项目已经指定了负载的电性能参数和型号,负载选择 3 V/0.06 W 的高亮白光 LED。

4.系统原理图设计

将已经设计好的各单元模块电路组合在一起,即形成了完整的系统电路原理图,最终光伏灯电路原理图如图 2-63 所示。

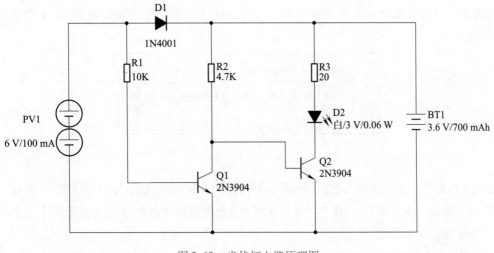

图 2-63　光伏灯电路原理图

5.系统电路图验证

此处通过将元器件安装至面包板进行功能调试验证。按照面包板安装工艺流程自行进行元器件的安装,并调试电路,观测电路是否能够实现需求功能。

二、PCB 图设计

1. 原理图绘制

参考 Altium Designer 软件电路原理图绘制流程绘制光伏灯电路原理图。Altium Designer 软件中，该电路各类元器件对应库中名称可参考表 2-16。

表 2-16　光伏灯电路原理图元件信息表

元件类型	元件名称
光伏组件	自制
电阻	RES2
三极管	2N3904/NPN/QNPN
LED	LED0
蓄电池	Battery
二极管	Diode

● 视频

原理图自定义
标题栏的绘制

电路原理图图纸的右下角为系统默认的标题栏，标题栏主要以表格形式表达整张图纸的一些属性，如设计单位名称、工程名称、图样名称、图样类别、编号及设计、审核、负责人的签名等信息。Altium Designer 软件系统自带两种类型的标题栏，分别是"standard"和"ANSI"。

这两种类型的标题栏使用过程中，有时不是很方便，是否能够自己定义一个符合自身需求的标题栏呢？现在就给大家举例说明一种自定义标题栏的方法，该光伏灯产品项目中大家可以根据该方法自定义标题栏。

【设计实例】制作图 2-64 所示的标题栏，并存为模版，以备后用。文字字体为 Times New Roman，标题字号为 20 号，所填内容文字字号为 18 号，打印时间内容字号可酌情调整，具体尺寸信息如图 2-64 所示。

40mil	135mil	75mil	140mil
图名	光伏指示装置	版本号	第一版
第1页 共1页		打印时间	14:01:33　2021/3/7
单位名称		湖南理工职业技术学院	
25mil 单位地址		湘潭河东大道10号	

图 2-64　自定义标题栏

自定义标题栏的操作步骤共七步，分别是：不显示原有标题栏、绘制标题栏边框、添加标题栏标题文字、填写标题栏参数信息、特殊字符串功能编辑及放置特殊字符串、保存为模板文件、应用模板。

（1）不显示原有标题栏

执行菜单命令"设计"→"文档选项"，弹出文档选项对话框，将"方块电路选项"中"标题块"前的勾取消选中。操作效果如图 2-65 所示。

（2）绘制标题栏边框

单击"实用"工具栏里的"线段" ╱ 工具绘制标题栏表格，尺寸依照图 2-64 所示。大家可以根据需要制作相应的标题栏表格，放置在图纸右下角。效果图如图 2-66 所示。

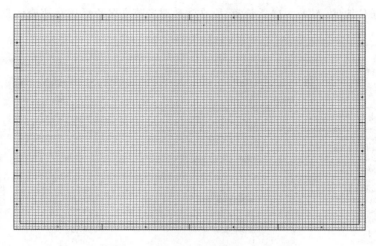

图 2-65　不显示标题栏的原理图工作界面

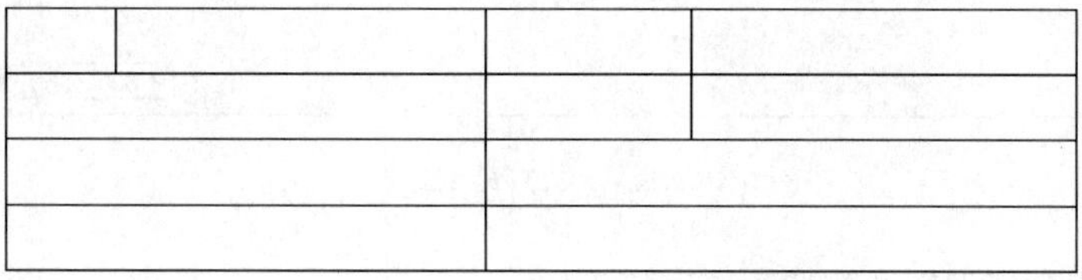

图 2-66　标题栏边框绘制

【小技巧】标题栏的尺寸可以利用图纸的坐标点信息进行绘制。其坐标信息可以通过最下边的状态栏进行查看,默认单位为 mil。

（3）添加标题栏标题文字

单击"实用"工具栏里的"放置文字"**A**功能添加相应文字内容。放置文字前按【Tab】键,调出属性对话框。在"文本"处填写相应的标题名,字体可以通过单击"字体"后蓝色的字体进行修改。设定完毕后,单击"确定"按钮,完成标题文字添加功能。操作完毕效果图如图 2-67 所示。

图名		版本号	
第　页共　页		打印时间	
单位名称			
单位地址			

图 2-67　添加标题文字后效果图

（4）填写标题栏参数信息

第四步可以和第五步互换顺序。填写标题栏参数信息方法：

执行菜单命令"设计"→"文档选项"→"参数",在对应信息处填写好相应的内容。例如该实例中,要求写明图名（Title）,版本号（Revision）,第　页（SheetNumber）,共　页（SheetTotal）,单位名称

（Organization），单位地址（Address1）等信息，则在参数对应英文名称后填写相应信息即可，如图2-68
所示。

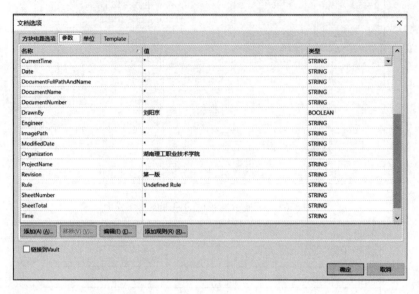

图2-68　标题栏参数设置

（5）特殊字符串功能编辑及放置特殊字符串

①执行菜单命令"工具"→"设置原理图参数"，弹出"参数选择"对话框，进行"特殊字符串"功能
编辑。在"参数选择"中选中"Graphical Editing"，取消选中"选项"中"转化特殊字符"复选框，如
图2-69所示，单击"确定"按钮。

图2-69　取消转化特殊字符功能设置

②单击"实用"工具栏里的"放置文字"功能键入对应特殊字符串,效果如图 2-70 所示。

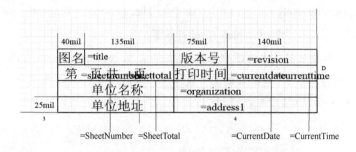

图 2-70　放置特殊字符串

③再次选中"参数选项"中"Graphical Editing",选中"转化特殊字符"复选框。

（6）保存为模板文件

执行菜单命令"文件"→"保存为",弹出对话框,将文件"保存类型"设定为". schdot"文件类型,如图 2-71 所示。

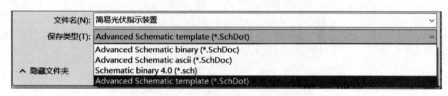

图 2-71　保存为. schdot 文件类型

（7）应用模板

执行菜单命令"DXP"→"参数选择",选择"Schematic"文件夹下的"General"选项,在模板设置区域,如图 2-72 所示蓝色横线标识处,选择前面保存的模板文件,单击"确定"按钮即可。

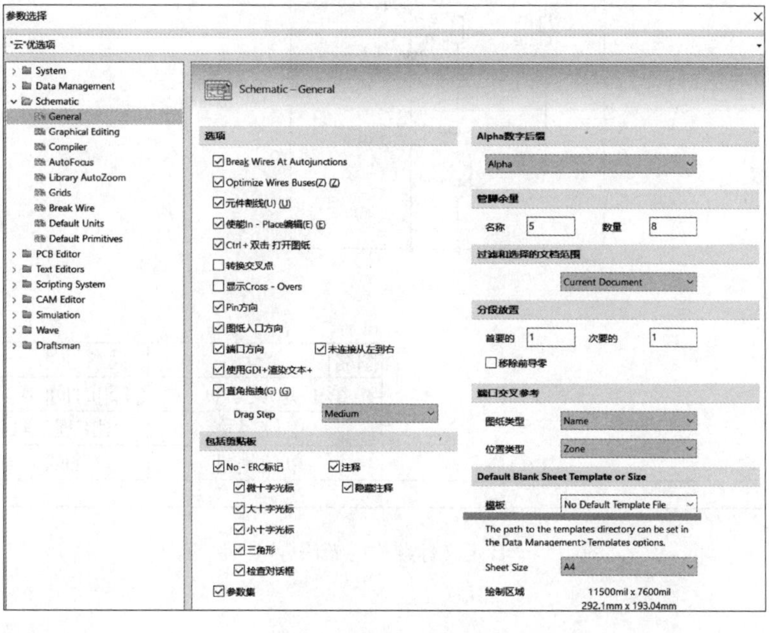

图 2-72　应用模板设置

【小技巧】若在"模板"路径中找不到需保存的模板文件,则根据蓝色横线标识下英文提示操作。The path to the templates directory can be set in the Data Management > Templates options.(模板的保存路径可以在"Data Management"中"Templates"进行设置。)

设置方法:单击"参数选择"对话框中第二个文件夹"Data Management",选中"Templates",在"Templates location"文件路径处,单击右侧文件夹图标,找到保存的模板文件,则找到该模板文件保存路径,如图 2-73 所示。单击"确定"按钮。

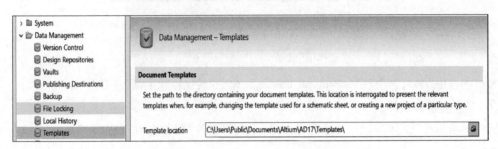

图 2-73　模板文件路径设置

再次打开"DXP"→"参数选择",选择"Schematic"文件夹下的"General"选项,就可以找到保存的模板文件了。

按照以上自定义标题栏的方法绘制的光伏灯电路原理图如图 2-74 所示。

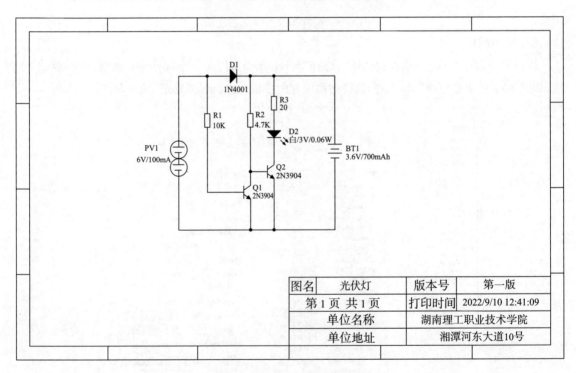

图 2-74　自定义标题栏的光伏灯电路原理图

2. PCB 图设计

首先我们来了解下电路 PCB 图设计的流程。Altium Designer 软件电路 PCB 图设计流程步骤主要有九步,分别是:创建 PCB 文件、规划 PCB、载入元件封装、元件封装的布局、元件封装布线、PCB 补泪滴操作、PCB 覆铜操作、PCB 图 DRC 检查、保存。

(1)创建 PCB 文件

利用 Altium Designer 软件创建 PCB 文件的方法有很多种,它们分别是利用 PCB 向导创建、利用菜单命令创建和利用模板创建。

①利用 PCB 向导创建

Step1:找到"Files"界面。单击 Altium Designer 工作区底部的"Files"按钮,弹出图 2-75 所示的"Files"控制面板。

视 频

创建PCB文件

图 2-75 "Files"控制面板

Step2:启动"PCB 向导"。在面板的"从模板新建文件"中单击"PCB Board Wizard…"命令,启动图 2-76 所示的 PCB 新板向导界面。单击"下一步"按钮。

Step3:选择板单位。系统弹出度量单位对话框,如图 2-77 所示。默认的度量单位为英制(lmperial),也可以选择公制(Metric)。二者的换算关系为:l inch = 25.4 mm。此处选择公制单位。单击"下一步"按钮。

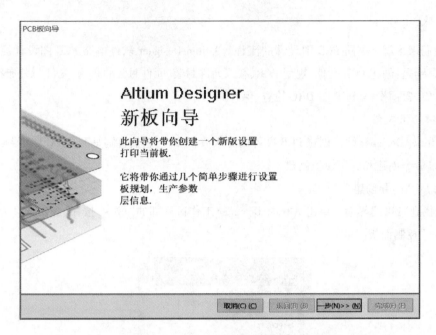

图 2-76　PCB 新板向导创建界面

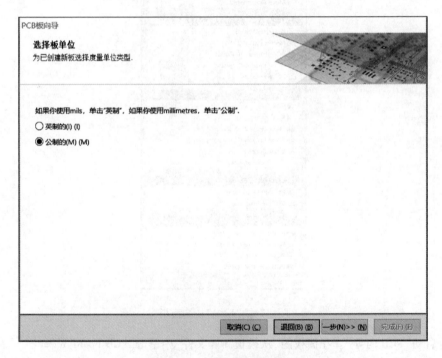

图 2-77　选择电路板单位

　　Step4：选择板剖面。系统弹出 PCB 轮廓选择对话框,如图 2-78 所示。在对话框中给出了多种工业标准的轮廓尺寸,根据设计的需要选择。这里选择自定义 PCB 的轮廓和尺寸,即选择"Custom"。单击"下一步"按钮。

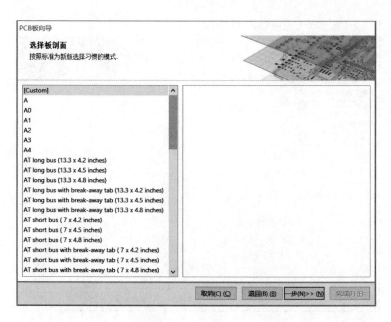

图 2-78　选择电路板轮廓

Step5：选择板详细信息。弹出自定义电路板尺寸信息对话框，如图 2-79 所示。

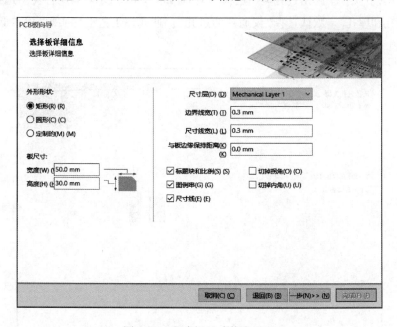

图 2-79　电路板尺寸信息设置

外形形状确定 PCB 的形状，有矩形、圆形和定制的三种。一般情况下，选择矩形外形。其他尺寸信息根据需要进行相应的修改。此处设置板尺寸宽度为 50 mm，高度为 30 mm，其他参数选择默认设置，单击"下一步"按钮。

Step6：选择板层。系统弹出 PCB 层数设置对话框，如图 2-80 所示。设置信号层和电源层数。单面板设计没有电源层，因此电源层设置为 0，信号层选 2。单击"下一步"按钮。

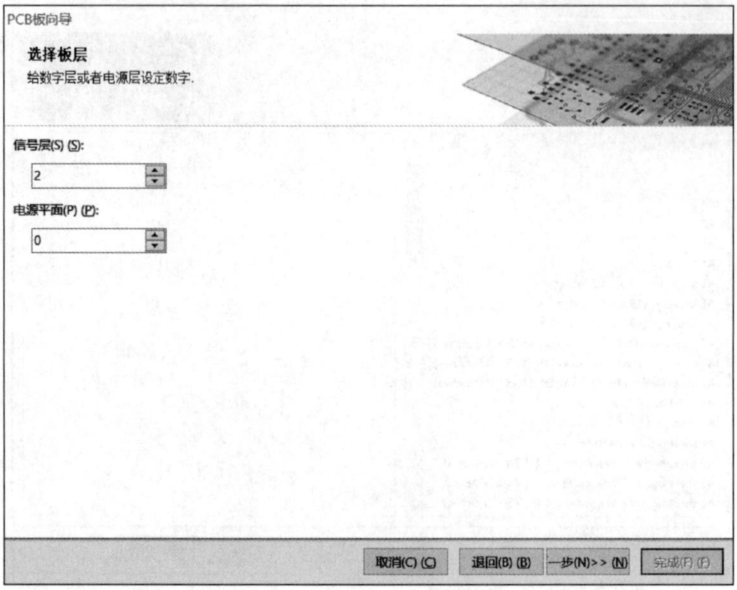

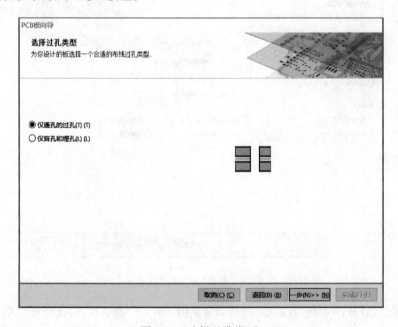

图 2-80　电路板板层设置

Step7：选择过孔类型。弹出过孔类型选择对话框，如图 2-81 所示。有两种类型选择，即"仅通孔的过孔""仅盲孔和埋孔"。默认选择"仅通孔的过孔"。通孔在工艺上好实现，成本低，一般印制电路板均使用通孔。单击"下一步"按钮。

图 2-81　选择过孔类型

Step8：选择元件和布线工艺。弹出使用元件类型和布线类型对话框，如图 2-82 所示。

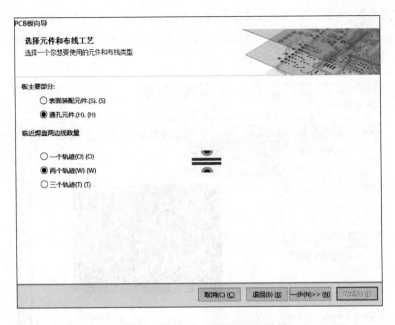

图 2-82　选择元件和布线工艺对话框

若设计的 PCB 使用的元件都是通孔元件,选择"通孔元件"选项;若为表面贴装元件,则选择"表面装配元件"选项。同时选择不同的元件类型,下一个选项的内容也不一样。若选择"通孔元件",则下方出现"临近焊盘两边线数量"选项,默认选择为"两个轨迹"。若选择"表面装配元件"选项,则下方出现"你要放置元件到板两边",默认选择为"否"。此处选择通孔元件,轨迹数量采用默认数量。

Step9:选择默认线和过孔尺寸。弹出选择最小的布线尺寸、过孔尺寸和敷铜尺寸对话框,如图 2-83 所示。该对话框主要设置最小轨迹尺寸、最小过孔宽度、最小过孔孔径大小、最小间距参数。单击蓝色参数值即可对相应尺寸进行修改。可选默认设置,单击"下一步"按钮。

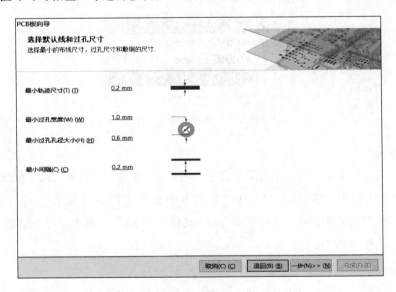

图 2-83　选择默认线和过孔尺寸对话框

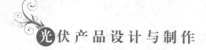

Step10：完成向导，显示创建 PCB 文件。在弹出的对话框右下角单击"完成"按钮即表示向导创建 PCB 文件操作已经结束。接着编辑区中显示出默认文件名为"PCB1. PcbDoc"的 PCB 自由文件，如图 2-84 所示。

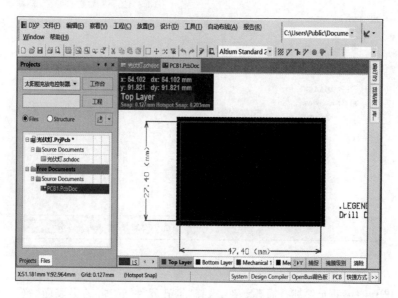

图 2-84　向导创建的新的 PCB 文件

Step11：保存 PCB 文件。执行菜单命令"文件"→"保存"，弹出保存对话框，在文件名处输入"光伏灯"，单击"保存"按钮。

Step12：与工程文件关联。在左侧"projects"窗口选中新建的 PCB 文件，按住鼠标左键不动拖动到上面"光伏灯"工程项目中，则实现了 PCB 文件与工程文件的关联。最终效果如图 2-85 所示。至此，利用 PCB 向导创建 PCB 文件的方法介绍完毕。

图 2-85　PCB 文件与工程文件关联效果图

②利用菜单命令创建

Step1：新建电路 PCB 图文件。执行菜单命令"文件"→"新建"→"PCB"，此时在"Project"面板上就出现了一个系统默认名称为"PCB1. PcbDoc"的 PCB 图文件，如图 2-86 所示。

Step2：保存电路 PCB 图文件。执行菜单命令"文件"→"保存"，弹出保存对话框。在文件名处输入"光伏灯"，单击"保存"按钮。

③利用模板创建

Step1：找到"Files"界面。单击 Altium Designer 工作区底部的"Files"按钮，弹出图 2-75 所示的"Files"控制面板。

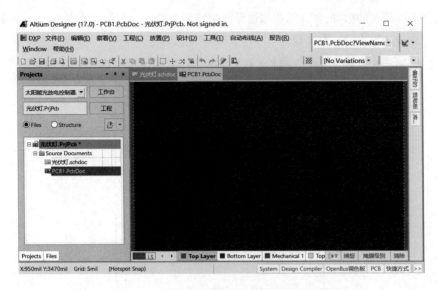

图 2-86 利用菜单命令创建的 PCB 文件

Step2：启动"PCB Templates…"。在面板的"从模板新建文件"中单击"PCB Templates…"命令，启动图 2-87 所示的 PCB 模板选择对话框。选择需要的 PCB 模板，单击"打开"按钮即可。

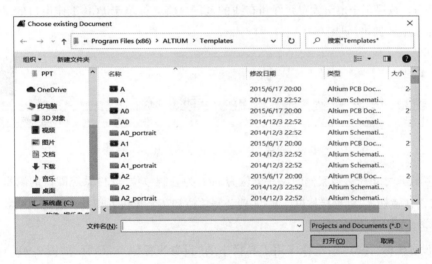

图 2-87 利用模板创建的 PCB 文件

（2）规划 PCB

在绘制 PCB 图之前，用户要对电路板有一个初步的规划，如电路板采用多大的物理尺寸，采用几层电路板，是单面板还是双面板，各元件采用何种封装形式及其安装位置等。除用户特殊要求外，电路板尺寸应尽量满足电路板外形尺寸国家标准 GB 9316—2007 的规定。这是一项极其重要的工作，是确定电路板设计的框架。

视 频
PCB的规划

利用 PCB 向导创建 PCB 文件的过程中，就已经对电路板进行了规划。此处通过一个 PCB 设计案例，介绍如何在利用菜单命令生成的 PCB 文件工作界面上进行电路板尺寸的规划。

PCB 的尺寸规划主要是对该电路板进行电气边界和物理边界的规划。电气边界指的电路板上

所有元器件都不能超过的边界,PCB 的物理边界是指印制电路板的实际尺寸大小。一般情况下,PCB 的电气边界和物理边界为同一个边界。

【设计案例】对一块 PCB 进行规划,确定其电气边界尺寸为 50 mm×50 mm,其最终效果如图 2-88 所示。

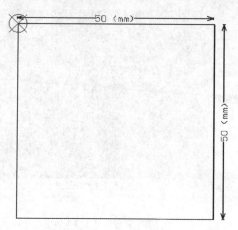

图 2-88　PCB 电气边界规划后效果图

Step1:切换工作层。在 Altium Designer 软件中,电气边界所在的层是禁止布线层。英文名为 Keep-Out Layer。该层用于定义放置元件和布线的范围。将光标位于 PCB 工作窗口的最下一行,选中"Keep-Out Layer"即可(见图 2-89)。

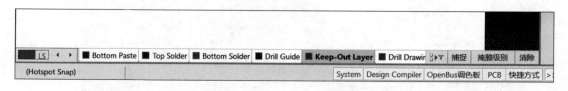

图 2-89　已选中"Keep-Out Layer"禁止布线层

Step2:切换尺寸单位。该案例的尺寸单位为 mm,为公制单位,软件系统默认的测量单位为 mil(英制)。若需快速切换,可直接按【Q】键,实现公制单位和英制单位的切换。通过观察状态栏,查看切换单位是否成功。

Step3:设置坐标"原点"。选择应用工具栏中的"设置坐标原点"图标,如图 2-90(a)所示。在 PCB 工作界面任意位置单击鼠标左键,即选定点为坐标原点,出现图 2-90(b)所示图标。

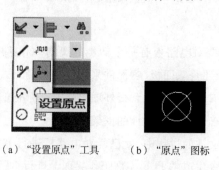

(a)"设置原点"工具　　　(b)"原点"图标

图 2-90　"设置原点"操作

Step4：放置边框线。选择应用工具栏中的直线工具，以原点为起点，绘制任意长度的一条直线；然后双击该直线，弹出直线属性对话框，如图 2-91 所示，对 X 轴和 Y 轴的坐标进行修改。若需放置横向长为 50 mm 的线段，起始端点为原点，则修改结尾 X 轴为 50 mm，Y 轴不变，为 0 mm。单击"确定"按钮。按照这种方法，可以依次将其他三边绘制出来。对应线段的坐标见表 2-17。

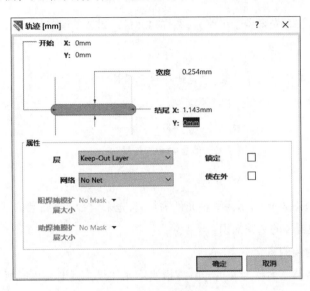

图 2-91　直线属性对话框

表 2-17　PCB 电气边界线段尺寸坐标表

线段	线段开始坐标(X,Y)/mm	线段结尾坐标(X,Y)/mm
上横线	(0,0)	(50,0)
左竖线	(0,0)	(0,−50)
下横线	(0,−50)	(50,−50)
右竖线	(50,0)	(50,−50)

Step5：标注尺寸。该操作能最直观查看绘制的图形尺寸是否符合要求。选择应用工具栏中的"放置标准尺寸"工具，如图 2-92（a）所示。当标注的中心点和直线的一端重合，出现八边形时，如图 2-92（b），则表示选中了直线该端点；接着移动该标注到终点位置处，则完成了该条直线的标注。

（a）"放置标准尺寸"工具　　（b）标注中心点和直线端点重合

图 2-92　放置尺寸标注操作

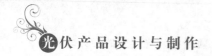
Step6：保存。单击快捷工具栏上的保存按钮 ⊟ ，进行保存。建议每一步操作都及时进行保存，以免计算机出现突发情况。

【试一试】光伏灯功能电路比较简单，将该功能电路 PCB 电气边界尺寸缩小至 50 mm×30 mm。

3.载入元件封装

在执行该步操作之前，先来做个小测验，看你对元件的封装了解多少。

 小测验

（单选题）图2-93 展示的元件封装，它是哪一种元器件常见的封装？（　　　　）

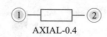
AXIAL-0.4

图 2-93　元件封装

A. LED　　　　　　　B. 电阻　　　　　　　C. 电容　　　　　　　D. 蓄电池

若想知道图 2-93 所示为哪种元件的封装，先来学习元件封装的基础知识。

（1）元件封装的基础知识

①元件封装的概念

元件封装英文名称为 footprint，是指实际元件焊接到电路板时所指示的外观和焊盘位置。不同的元件可以共用同一个元件封装，同种元件也可以有不同的封装。例如，同一阻值的电阻，因其功率不同，封装就不同；不同阻值的电阻，如果都是 0.25 W，则可以选用相同的封装。

②原理图元件符号与 PCB 封装的关系

原理图元件符号着重于表现原理图的逻辑意义，而不太注重元件的实际尺寸与外观，而代表其电气特性的关键部分就是引脚。引脚名称（或引脚序号）元件序号是延续该元件电气意义的主要数据。PCB 封装则着重于表现元件实体，包括元件的物理尺寸及相对位置，而其承接电气特性的部分是焊盘名称（或焊盘序号）及元件符号。换言之，原理图中的引脚名称（或引脚序号），转移到 PCB 图中就是焊盘名称（或焊盘序号），而原理图中的元件序号和元件名称，转移到 PCB 图中就是相同的元件序号和元件名称，如图 2-94 所示。

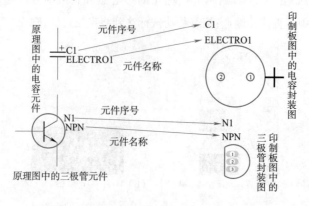

图 2-94　原理图元件符号和 PCB 元件封装关系

视频

元件的封装

③元件封装的分类

元件封装可以分为通孔(THT)元件封装和表面贴装(SMT)元件封装。

➤ 通孔(THT)元件封装如图2-95(a)所示。通孔元件封装焊接时先要将元件引脚插入焊点通孔,然后再焊锡。由于通孔元件封装的焊点通孔贯穿整个电路板,所以其焊点的属性对话框中,Layer板层属性必须为多层(MultiLayer)。

➤ 表面贴装(SMT)元件封装的焊点只限于表面板层。其焊点的属性对话框中,Layer板层属性必须为单一表面,如 Top Layer 或者 Bottom Layer。图2-95(b)所示为SMT封装。

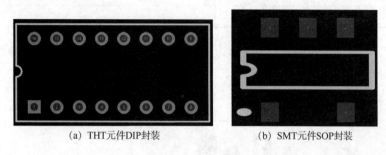

(a) THT元件DIP封装   (b) SMT元件SOP封装

图2-95　元件封装

④常见元器件的封装

a.电阻的封装。电阻的封装尺寸主要取决于额定功率及工作电压等级,这两项指标的数值越大,电阻的体积就越大。该项目使用的元器件为通孔元件,因此在此仅介绍通孔元件的封装。

➤ 固定电阻。固定电阻的封装名称为 AXIAL-0.3 ~ AXIAL-1.0。一般用"AXIAL-0.4"表示。"AXIAL"表示元件的类型,元件封装为轴状的,后面的阿拉伯数字代表元件焊盘之间的距离,单位是英寸(inch),1英寸等于1 000 mil,1 mil = 0.025 4 mm。AXIAL-0.3 表示固定电阻焊盘中心点的间距为300 mil,固定电阻不同封装和封装名称对应图如图2-96所示。通孔固定电阻元件封装名称和功率的对应关系见表2-18。

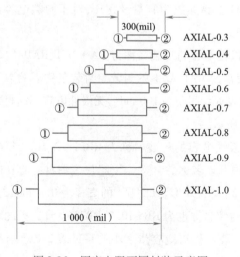

图2-96　固定电阻不同封装示意图

表 2-18　通孔固定电阻元件封装名称和功率的对应关系

封装名称	对应功率/W
AXIAL-0.3	1/8
AXIAL-0.4	1/4
AXIAL-0.5	1/2
AXIAL-0.6	1
AXIAL-0.8	2
AXIAL-1.0	3
AXIAL-1.2	5

➤ 可调电阻。常见可调电阻的封装名称为 VR3、VR4、VR5。可调电阻的实物图如图 2-97（a）所示，对应的封装示意图如图 2-97（b）所示。

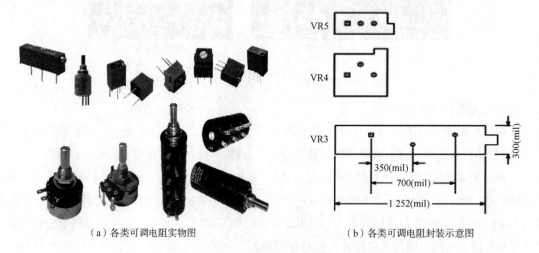

（a）各类可调电阻实物图　　　　　　　（b）各类可调电阻封装示意图

图 2-97　可调电阻实物图和封装示意图

b.电容的封装。电容元件主要参数为容量及耐压,对于同类电容而言,体积随着二者的增加而增大。

➤ 无极性电容。常见无极性电容的封装名称为 RAD-0.1、RAD-0.2、RAD-0.3 和 RAD-0.4。一般常用 RAD-0.1 的封装。封装名称后的数字代表焊盘中心孔间距,0.1 代表焊盘间距为 100 mil。无极性电容不同封装和封装名称对应图如图 2-98 所示。

➤ 有极性电容。常见有极性电容的封装名称为 RB.1/.2、RB.2/.4、RB.3/.6。以 RB.1/.2 为例说明该名称的含义。".1"代表焊盘中心孔间距为 0.1 inch,为 100 mil;".2"代表外形轮廓"圆"的直径为 0.2 inch,为 200 mil。有时有极性电容的封装名称也为 RB5-10.5、RB7.6-15,这里的阿拉伯数字的单位就是 mm。封装名称对应容量大小关系见表 2-19。有极性电容不同封装和封装名称对应图如图 2-99 所示。

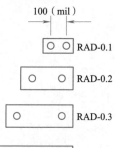

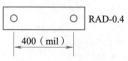

图 2-98　无极性电容
不同封装示意图

表 2-19　有极性电容封装名称对应容量大小关系表

封装名称	对应功率/μF
RB.1/.2	< 100
RB.2/.4(RB5-10.5)	100 ~ 470
RB.3/.6(RB7.6-15)	>470

（a）电解电容实物　　　　（b）电解电容封装尺寸图

图 2-99　有极性电容实物图和封装尺寸示意图

c.二极管的封装。晶体二极管的尺寸大小主要取决于额定电流和额定电压。常见晶体二极管的封装名称为 DIODE-0.4、DIODE-0.7,一般使用 DIODE-0.4。大功率二极管使用 DIODE-0.7 的封装。二极管实物图和封装尺寸示意图如图 2-100 所示。

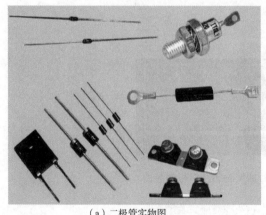
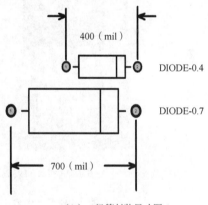

（a）二极管实物图　　　　　　　　（b）二极管封装尺寸图

图 2-100　二极管实物图和封装尺寸示意图

d.三极管的封装。三极管与外形尺寸紧密相关的参数主要有额定功率、耐压等级及工作电流等。常见的小功率三极管的封装名称为 TO-92、TO-92A,中功率三极管的封装名称为 TO-220。三极管外形对应封装名称如图 2-101 所示。有时具有同样外形的三端集成稳压器件也共用三极管的封装,如 TO-220AB。

e.集成芯片的封装。常见的双列直插芯片,其封装名为 DIP-4、DIP-8 等。此处的阿拉伯数字代表的是芯片的引脚数量。图 2-102（a）所示为 14 引脚双列直插集成芯片的实物图和对应封装图。

常见的单列直插芯片,其封装名为 SIP2 至 SIP20,其后的阿拉伯数字也代表芯片的引脚数量。图 2-102（b）所示为 4 引脚单列直插集成芯片的实物图和对应封装图。

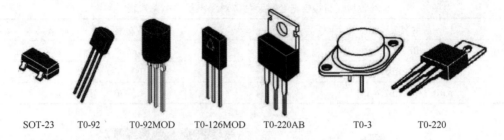

图 2-101　三极管外形对应封装名称图

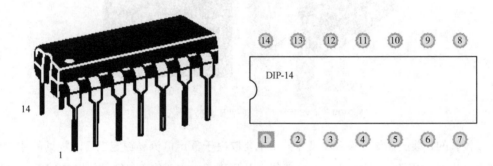

(a)14 引脚双列直插集成芯片的实物图和对应封装图

(b)4 引脚单列直插集成芯片的实物图和对应封装图

图 2-102　集成芯片的实物图和对应封装图

视　频

载入元件封装

（2）载入元件封装的方法

在 PCB 图中载入元件封装的方法有两种,一种是通过电路原理图,加载网络表和元器件封装到 PCB,对于初学者而言,该种方法比较简单,容易上手,所以使用的比较多。另一种是直接在 PCB 编辑界面中放置各个元件的封装。操作除加载元件封装外,还需要设置封装的网络,适合有一定基础的学生。

在了解载入元件封装的方法操作之前,填写表 2-20"光伏灯功能电路元件封装信息表",表内部分信息已填好,请填写空白区域即可。

表 2-20 光伏灯功能电路元件封装信息表

元件类型	元件标号	元件封装名称	元件封装所属 PCB 库
光伏组件	PV1	BAT-2	
电阻	R1、R2、R3		
二极管	D1		Miscellaneous
发光二极管	D2		Devices. IntLib
三极管	Q1、Q2		
蓄电池	BT1		

①从原理图加载网络表和元器件封装到 PCB

在正式执行该步操作之前，先确保原理图中所有元器件均有对应的封装，且这些封装均能在 PCB 库文件中找到。同时，原理图文件和 PCB 文件保存到同一个工程文件中。

注意：焊盘相当于电路图里的引脚。焊盘上的标识就是引脚标识。焊盘标识必须与原理图中元件的引脚标识一致，否则就会出现导入不了封装的错误。

光伏组件的封装设置为"BAT-2"。具体设置方法可见项目 1。

Step1：弹出"工程更改顺序"对话框。执行菜单命令"设计"→"Update PCB Document 光伏灯. PcbDoc"。弹出"工程更改顺序"对话框，如图 2-103 所示。该对话框显示了参与 PCB 设计的受影响的元器件、网络、Room 等。

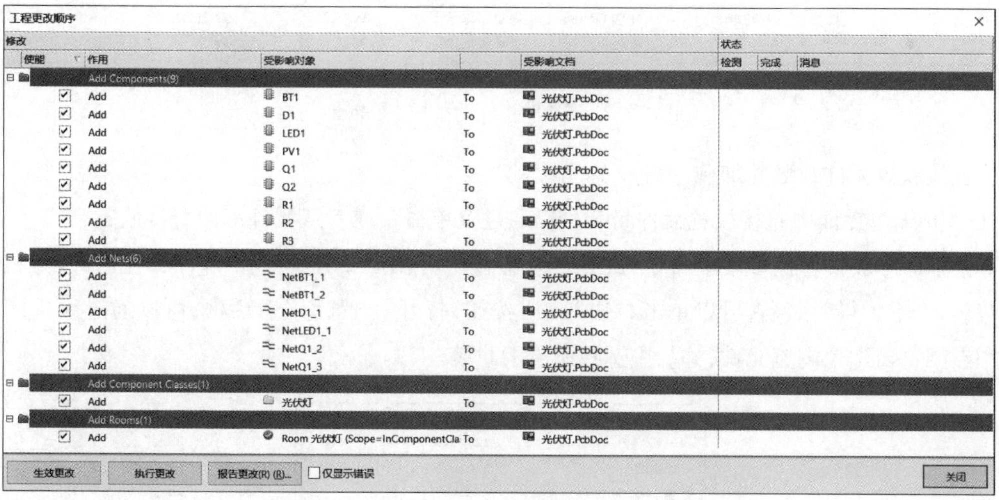

图 2-103 "工程更改顺序"对话框

Step2：单击"生效更改"按钮。系统将自动检测各项变化是否正确有效，所有正确的更新对象，在"检测"栏内显示"√"，不正确的显示"×"，并在"信息"栏中描述检测不通过的原因。

Step3：单击"执行更改"按钮。系统将接受工程变化，将元器件封装和网络表添加到 PCB 编辑器中，单击"关闭"按钮关闭对话框，加载元器件封装后的 PCB 如图 2-104 所示。在 PCB 边界外，系统自动建立一个 Room 空间"光伏灯"，电路图对应封装均在该空间内。

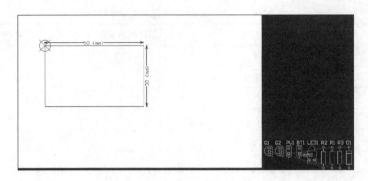

图 2-104　加载元器件封装后的 PCB

【小技巧】电路原理图快速查看所有元器件封装的方法：在原理图编辑窗口中，执行菜单命令"报告"→"Bill of Materials"。此时会弹出相应的对话框，如图 2-105 所示。该对话框"蓝色框选"区域可以看到该电路原理图中所有元器件的属性信息，包含标号（Designator）、描述（Description）、封装（Footprint）等。元件的封装是否缺失或者是否合适均可通过该对话框中间的信息栏看到。

Bill of Materials For Project [光伏灯.PrjPcb] (No PCB Document Selected)

聚合的纵队	展示	Comment	Description	Designator	Footprint	LibRef	Quantity
Comment	☑	3.6V/700mAh	Multicell Battery	BT1	BAT-2	Battery	1
Footprint	☑	1N4001	1 Amp General Purp	D1	DIODE-0.4	Diode 1N4001	1
		白/3V/0.06W	Typical INFRARED G	LED1	LED-1	LED0	1
		5V/100mA		PV1	BAT-2	光伏组件	1
		2N3904	NPN General Purpo	Q1, Q2	TO-92A	2N3904	2
		Res2	Resistor	R1, R2, R3	AXIAL-0.4	Res2	3

图 2-105　"Bill of Materials"对话框

②直接放置元件封装并加载网络

在 PCB 编辑界面中直接放置元件封装可以通过菜单命令或者从元件库中直接放置。

a.菜单命令放置。执行菜单命令"放置"→"器件"，弹出图 2-106 所示对话框。在"封装"栏中输入封装名，若不记得封装名，可以单击右边"…"按钮，打开"浏览库"对话框，可以通过元件库面板上的图形浏览窗逐个浏览元件，并从中选择所需的封装。

图 2-106　"放置元件"对话框

b.元件库中直接放置元件封装。具体步骤如下：

Step1：选择元件库。单击元器件库面板上方的下拉列表框按钮，会列出已经装载的所有元器件库，可在其中选择需要的元器件库。

Step2：选择合适的封装。此处以放置光伏组件封装为例进行说明。选中元件库后，下方将显示该库中所有的封装名称和封装图形。若不记得封装名称，可逐个浏览封装的 3D 模型；若记得封装名称，则在搜索区输入封装名称即可，如图 2-107 所示。

图 2-107　从元件库放置封装

Step3：放置封装。单击右上角的"Place BAT-2"按钮，即可将选中的该元件封装放置在 PCB 编辑工作界面上。

由于手工放置的元件封装焊盘上没有网络，不利于后期的布线，因此需要对其焊盘手动添加网络标号。双击焊盘，打开焊盘属性对话框，在属性—网络一栏中，选择需与之连接的元件封装网络标号即可。

4.元件封装的布局

在学习元件封装布局的具体操作之前，我们先来进行一个小测验。

 小测验

（多选题）请问 PCB 图元件封装布局的原则有以下哪些？（　　　）

A.元件排列规则　　　B.按照信号走向布局　　　C.防止电磁干扰

D.抑制热干扰　　　E.提高机械强度　　　F.考虑可调节元件的布局

若想知道该题的答案，我们先来了解 PCB 图元件封装布局的原则。

（1）PCB 图元件封装布局原则

在 PCB 图设计中，布局是一个重要的环节。布局结果的好坏将直接影响布线的效果。在进行 PCB 图布局设计时，一个好的布局首先要满足电路的设计性能；其次要满足安装空间的限制（在没有尺寸限制时，要使布局尽量紧凑，减小 PCB 设计的尺寸，减少生产成本）。

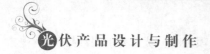

为了设计出质量好、造价低的印制电路板,应遵循六项一般原则。

①元件排列规则

以每个功能电路的核心元件为中心,围绕其进行布局。元件应均匀、整齐、紧凑地排列在 PCB 上,尽量减少和缩短各元件之间的引线和连接。

②按照信号走向布局

按照信号的流程安排各个功能单元的位置,使布局便于信号流通,并使信号尽可能保持方向一致。

③防止电磁干扰

尽可能缩短高频元件之间的连线,设法减少它们的分布参数和相互间的电磁干扰,易受干扰的元件距离不能太近,输入和输出元件应尽量远离。

④抑制热干扰

对于发热的元器件,应优先安排在利于散热的位置,必要时可以单独设置散热器或小风扇,以降低温度,减少对邻近元器件的影响。热敏元件应紧贴被测元件并远离高温区域,以免受到其他发热元件影响,引起误动作。

⑤提高机械强度

注意整个 PCB 的重心平衡与稳定,重而大的元件尽量安置在印制板上靠近固定端的位置,并降低重心,以提高机械强度和耐振、耐冲击能力,以及减少印制板的负荷和变形。

⑥考虑可调节元件的布局

对于电位器、可变电容器、可调电感线圈或微动开关等可调元件的布局应考虑整机的结构要求,若是机外调节,其位置要与调节旋钮在机箱面板上的位置相适应;若是机内调节,则应放置在印制板上能够方便调节的地方。

(2)PCB 图元件封装布局的操作

Altium Designer 软件对元件封装的布局操作有两种方式,一种是自动布局,另一种是手动布局。在实际的 PCB 图设计中,大多采用手动布局的方式。故在此介绍手动布局的具体操作。

手动布局就是通过移动和旋转元件,将其调整到合适的位置,同时尽量减少元件间网络飞线的交叉。

Step1:将所有元器件移动到规划好的电气边界内。选中 PCB 界面外的红色底的 Room 空间,在该空间任意位置单击鼠标左键不动,即可以拖动所有元器件封装到规划好的区域。松开鼠标左键即结束移动操作。效果图如图 2-108 所示。

Step2:删掉 Room 空间。单击鼠标左键选中该空间,按【Delete】键删除。

Step3:按照信号走向调整元件封装的位置。调整元件封装的位置包含移动元件和旋转元件封装的操作。操作完后效果图如图 2-109 所示。

➢ 移动元件最快捷的方式是直接使用鼠标进行移动,即将光标移到元器件上,按住鼠标左键不动,将元器件拖到目标位置。

➢ 旋转元件封装。用鼠标单击选中元件封装,按住鼠标左键不动,同时按【X】键进行水平翻转;按【Y】键进行垂直翻转;按【Space】键进行 90°旋转。

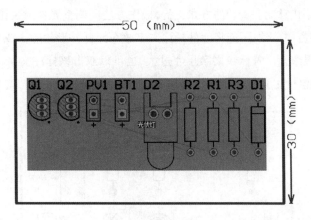

图 2-108　元件封装移动到电气边界内效果图

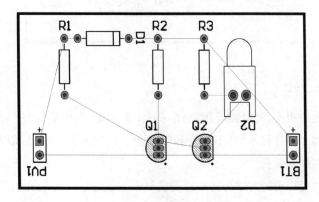

图 2-109　按照信号走向调整元件封装的位置效果图

Step4：调整元件标注。元件布局调整后，标注的位置会过于杂乱，虽然不影响 PCB 的正确性，但可读性会变差，所以布局结束后还需对元件的标注进行调整。

在 Altium Designer 软件中，系统默认的注释是隐藏的，实际使用时，为了便于装配和维修，应将其设置为显示状态，用鼠标双击要修改的元器件，弹出元件属性对话框，如图 2-110 所示。在"注释"区取消选中"隐藏"复选框，电阻的注释改为阻值大小。

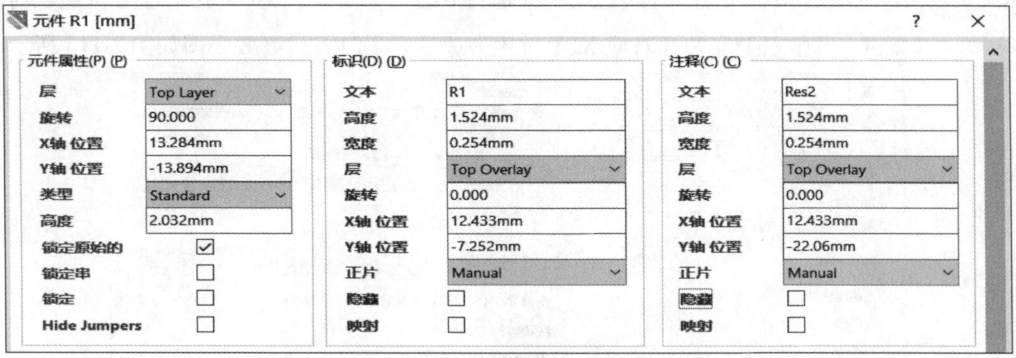

图 2-110　元件属性对话框

标注文字的调整采用移动和旋转的方式进行,操作方法同调整元件封装位置操作。元件标注文字要求排列整齐,文字方向一致,不能将元件标注文字放在元件外形轮廓内或者压在焊盘或过孔上,也不能放置在电气边界线上。若标注文字尺寸过大,也可以双击该标注文字,在弹出对话框中修改"高度"和"宽度"。调整标注文字后 PCB 布局如图 2-111 所示。

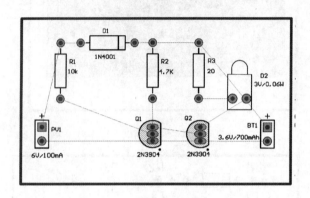

图 2-111 调整标注文字后 PCB 布局图

● 视频
放置安装孔

5. 放置安装孔

在印制电路板中,经常需要用到螺钉来固定 PCB,因此需要在 PCB 上设置安装孔。这些安装孔与焊盘和过孔不同,不需要导电部分。在实际设计中,可以利用放置焊盘或者过孔的方法来制作安装孔。

此处以放置焊盘的方式为例介绍安装孔设置的方法。安装孔为圆形,直径为 2 mm,各个安装孔的圆心与相邻两边的直线距离为 1.5 mm。

一般的焊盘其里层是通孔的孔径,在孔壁上有覆铜,外层是一圈铜箔。

Step1:焊盘孔径设置。执行菜单命令"放置"→"焊盘",按【Tab】键,打开"焊盘属性"对话框,选择圆形焊盘,并设置通孔尺寸与 X-Size、Y-Size 尺寸为相同值,为 2 mm。

Step2:取消孔壁上的铜。在"焊盘属性"对话框中,取消选中"镀金的"复选框。

Step3:确定焊盘放置位置。在"焊盘属性"对话框中,设置位置"X"和"Y"的尺寸,如图 2-112 所示,第一个安装孔放置完毕。依照同样的方法,放置剩下的三个安装孔,安装孔的序号按照顺时针方向依次为 1、2、3、4。其他三个安装孔对应 X、Y 位置坐标见表 2-21。最终效果图如图 2-113 所示。

图 2-112 "焊盘属性"对话框

表 2-21　安装孔位置坐标参考信息表

焊　盘	位置 X	位置 Y
2	48.5	−1.5
3	48.5	−28.5
4	1.5	−28.5

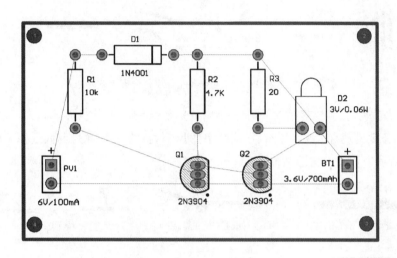

图 2-113　放置安装孔后 PCB 布局图

6.元件布线

元件的布线分为自动布线和手工布线。自动布线方便快捷,但不一定满足电气特性方面的要求。手工布线要求布线者具有较丰富的实际经验,复杂电路工作量较大、耗时较多。一般情况下,采用二者结合的方法,先进行自动布线,然后手工修改不合理的导线,甚至可以采用先预布一定导线锁定后,再采取自动布线与手工调整相结合的方法。此处为锻炼大家的布线能力,介绍手工布线的方法。

手工布线过程中,哪些布线方式是错误的呢? 在了解 PCB 常见错误的布线内容之前,我们先来做个小测验。

 小测验

(多选题)图 2–114 所示 PCB 布线中,哪些布线是错误的呢? (　　　)

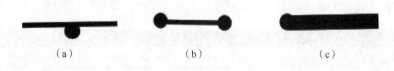

（a）　　　　　　　　（b）　　　　　　　　（c）

图 2-114　各种 PCB 布线

（1）常见的错误布线

印制导线的拐弯处一般应取圆弧形,直角和锐角在高频电路和布线密度高的情况下会影响电气性能。图 2-115 所示为印制电路板走线的示例,上示例为不合理走线,下示例为合

视 频 ●·····

PCB常见错误
布线
●·····

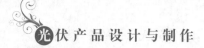

理走线。其中图 2-115(a)中上示例图三条走线间距不均匀;图 2-115(b)、(c)上示例图中走线出现锐角;图 2-115(d)上示例图中走线转弯不合理;图 2-115(e)上示例图中印制导线尺寸比焊盘直径大。

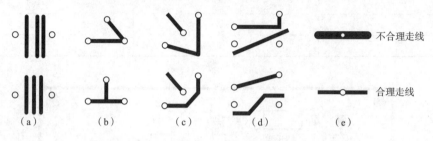

图 2-115　各种 PCB 布线不合理走线和合理走线示意图

对于 PCB 布线而言,需要遵循以下几个原则,分别是:导线连接讲究距离最短、导线从焊盘的中心通过、连线后不要出现直角或者锐角、导线尺寸要小于焊盘的直径、顶层和底层相互垂直布线。

图 2-116 所示为 PCB 常见错误布线。

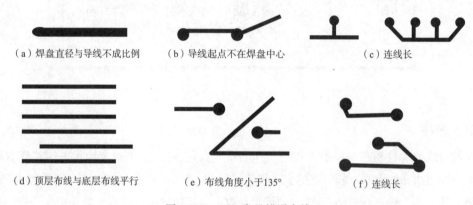

图 2-116　PCB 常见错误布线

（2）手工布线

视频

手工布线

Step1:设置工作层。该项目功能电路是做单面 PCB,元件使用通孔元器件,故 PCB 设计时使用的层有 Bottom Layer(底层)、Top overLay(顶层丝印层)、Keep-Out Layer(禁止布线层)、Multi-Layer(焊盘多层)。

执行菜单命令"设计"→"板层颜色",弹出"视图配置"对话框,选中要显示的工作层"展示"复选框。取消选中不需要显示的工作层"展示"复选框。在工作区的下方单击"Bottom Layer",则将工作层设置为 Bottom Layer,以便在其上进行布线。设置结果如图 2-117 所示。

图 2-117　Bottom Layer 层被选中效果图

Step2:交互式布线。执行菜单命令"放置"→"Track",此时出现十字光标,将十字光标对准某元件焊盘的中心点,单击鼠标左键作为布线的起点,按照飞线的指示方向,将光标移动到该线段的终点

（另一元件焊盘的中心点），再单击鼠标左键，完成该线段连接。单击鼠标右键取消布线操作。默认导线的线宽为 10 mil，即 0.254 mm。布线完毕图如图 2-118 所示。

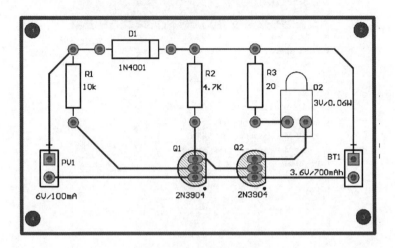

图 2-118 布线完毕效果图

【小技巧】若需要修改所有 PCB 导线的宽度为 0.5 mm，可以对所有导线批量修改。

方法：选中任意一根导线，单击鼠标右键，在弹出的快捷菜单中选择"查找相似对象"选项，弹出"发现相似目标"对话框，如图 2-119 所示，"Width"处"Any"改成"same"，单击"应用"按钮，则符合宽度要求的所有导线均被选中了，再单击"确定"按钮，弹出"PCB Inspector"对话框，如图 2-120 所示。将"Width"后的宽度"0.254 mm"改为"0.5 mm"。此时 PCB 图所有导线已经完成了批量修改。更改导线宽度后效果图如图 2-121 所示。

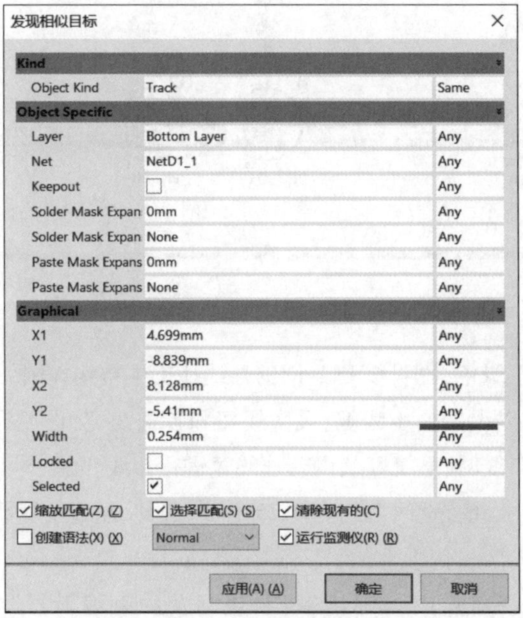

视 频

批量修改PCB
导线宽度

图 2-119 "发现相似目标"对话框

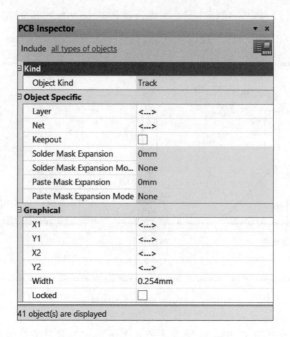

图 2-120　"PCB Inspector"对话框

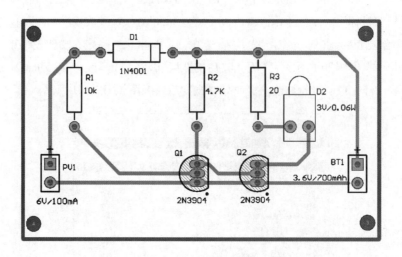

图 2-121　批量修改导线宽度后 PCB 图

图中所有的导线变成了绿色,说明该 PCB 图的导线违反了布线规则。其实交互式布线的线宽是由线宽限制规则设定的,可以设置最小线宽、最大线宽和首选线宽,设置完成后,线宽只能在最小线宽和最大线宽之间切换。布线时,系统默认以首选线宽进行布线。

软件默认线宽最小、最大和首选线宽均为 0.254 mm,因此,超过规则设定的线宽,则默认是违反了规则,以绿色警示。

执行菜单命令"设计"→"规则",弹出"PCB 规则及约束编辑器"对话框,此时自动进入了"Routing"选项下的"Width",将"Preferred Width"和"Max Width"均改为 0.5 mm,如图 2-122 所示。单击"确定"按钮,则原来为绿色的导线全部变成了底层布线时应该出现的蓝色导线。

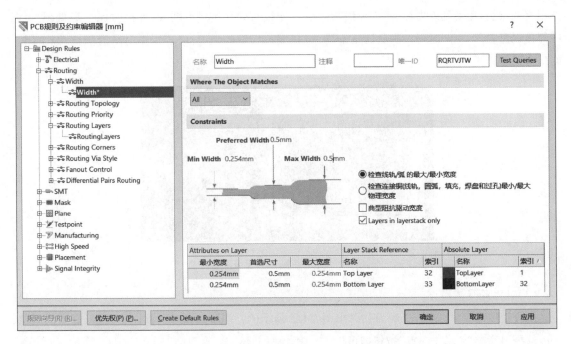

图 2-122 "PCB 规则及约束编辑器"对话框

7. 补泪滴

在正式学习补泪滴操作之前,我们先来做个小测验。

 小测验

(单选题)图 2-123 所示两张 PCB 图,哪种 PCB 图已经进行了补泪滴操作?(   )

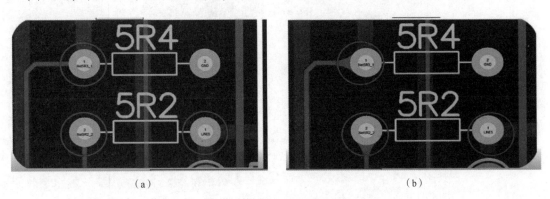

(a)   (b)

图 2-123 两张对比是否补泪滴 PCB 图

(1)补泪滴的概念

补泪滴就是在铜膜导线与焊盘或者过孔交接的位置处,防止机械钻孔时损坏铜膜走线,特意将铜膜导线逐渐加宽的一种操作,如图 2-124 所示。

(2)补泪滴的作用

补泪滴的作用是增强电路线路连接的稳定性,提高电路板可靠性。具体来说,补泪滴

视 频

补泪滴操作

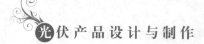

作用有四点:避免受到外力撞击时,导线与焊盘或导线与导孔接触点断开;焊接时保护焊盘,避免多次焊接焊盘脱落;生产时可以避免蚀刻不均,过孔偏位出现的裂缝;信号传输时平滑阻抗,减少阻抗的急剧跳变。

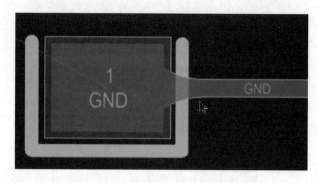

图 2-124　补泪滴操作后焊盘细节图

（3）补泪滴具体操作

执行菜单命令"工具"→"滴泪",弹出图 2-125 所示的补泪滴选择对话框,左边选择操作的对象,右边选择泪滴类型,单击"OK"按钮即可。

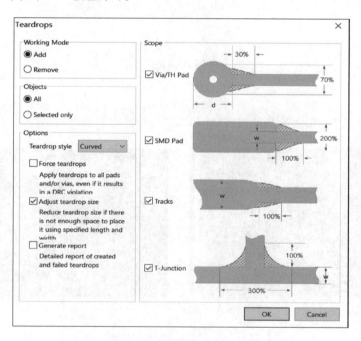

图 2-125　补泪滴选择对话框

8.覆铜

在正式学习覆铜操作之前,我们先来做个小测验。

 小测验

（单选题）图 2-126 所示两张图,哪张图已经进行了覆铜操作?（　　　　）

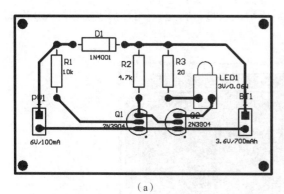 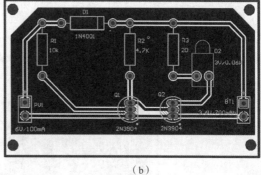

（a）　　　　　　　　　　　　（b）

图 2-126　两张比较是否覆铜图

（1）覆铜的概念

将 PCB 上闲置的空间作为基准面，然后用固体铜填充，这种操作叫做覆铜，又称灌铜。

（2）覆铜的作用

覆铜的作用主要有四点，分别是：减小地线阻抗，提高抗干扰能力；降低压降，提高电源效率；增强散热能力；蚀刻时间缩短。

（3）覆铜具体操作

执行菜单命令"放置"→"多边形敷铜"，弹出"多边形敷铜"对话框，如图 2-127 所示。修改多边形敷铜属性，检查多边形敷铜"层"是否在"Bottom Layer"；网络选项中"链接到网络"选择连接到接地网络，这里蓄电池的负极代表接地，选择 NetBT1_2 网络；同时选中"死铜移除"（PCB 中没有与任何网络连接的导线）复选框，单击"确定"按钮。

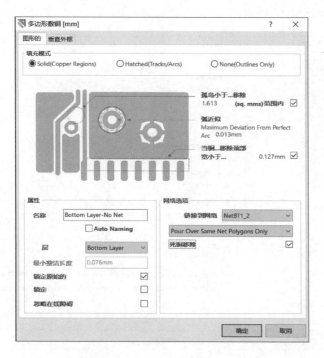

图 2-127　多边形敷铜对话框

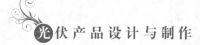

单击"确定"按钮后,光标变成十字光标,可对需要覆铜区域进行选定。最终覆铜完毕 PCB 图如图 2-128 所示。

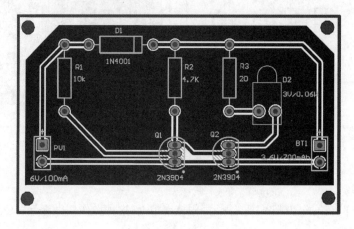

图 2-128　覆铜后 PCB 图

注意:该项目电路简单,也可以不做覆铜处理。

9. PCB 图 DRC 检查

DRC 是 Design Rule Check 首字母的缩写,对应中文名为设计规则检查。前期的操作结束后,用户使用 DRC 功能对 PCB 图进行检查,确定布线是否正确,是否符合已经设定的设计规则要求。

执行菜单命令"工具"→"设计规则检查",弹出"设计规则检测"对话框,如图 2-129 所示。单击"运行 DRC"按钮。

图 2-129　设计规则检测对话框

此时会弹出"Messages"窗口,若 PCB 有违反规则的问题,将在窗口中显示错误信息。该项目"Messages"窗口提示有 20 条错误信息,如图 2-130 所示。

图 2-130 "光伏灯"功能电路 DRC 检测错误信息提示图

同时,系统打开一个页面,显示违规信息,DRC 检测报告如图 2-131 所示。大家可以根据违规信息对 PCB 进行修改,最终修改到报告中的违规数为 0,则完成整个 PCB 图设计。

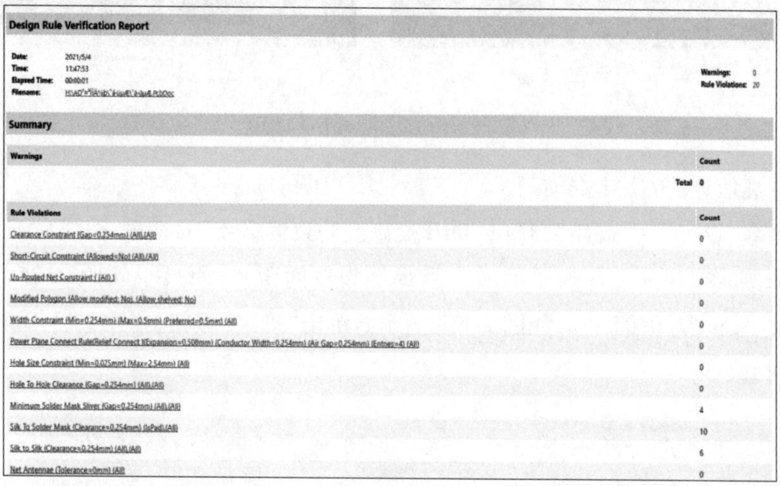

图 2-131 "光伏灯"功能电路 DRC 检测报告

DRC 检查是依据自行设置的规则进行的,并不是 DRC 有违规错误的 PCB 图就不能使用,如丝印层,它不影响 PCB 图的电气特性,这时的 DRC 报错是可以忽略的。我们以"光伏灯"功能电路为例,进行 DRC 违规的排除示范操作。

通过查看该项目图 2-130 所示 Messages 信息,可以得出 DRC 违规集中在三个方面,分别是:Minimum Solder Mask Sliver Constraint Violation(最小阻焊间距违规)、Silk To Solder Mask Clearance Constraint Violation(丝印层到阻焊层安全间距违规)、Silk To Silk Clearance Constraint Violation(丝印层到丝印层安全间距违规)。

双击 Messages 中任意一条错误提示,则可以直接定位到 PCB 图中违反规则处。

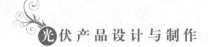

①Minimum Solder Mask Sliver Constraint Violation（最小阻焊间距违规）

通过定位，可以发现这四个违规项均来自两个三极管的焊盘之间阻焊层间距小于默认规则值，默认最小间距为 0.254 mm（10 mil），如图 2-132 所示；查看"Messages"信息，提示两个焊盘阻焊层实际间距为 0.067 mm。而三极管封装来自系统自带元件封装库中的元件封装，是正确的封装，因此，此处的违规可以忽略不计，若不想在违规报告中看到该违规项，在"规则"对应选项中将最小间距改小。

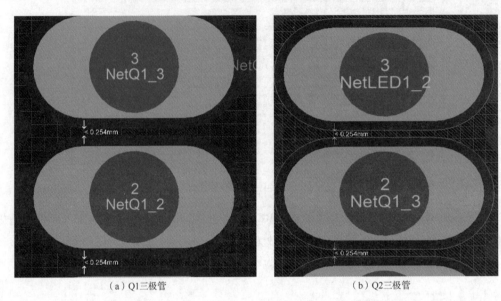

（a）Q1三极管　　　　　　　　　　　　　（b）Q2三极管

图 2-132　三极管封装焊盘间距提示最小阻焊间距违规

不显示该违规信息的方法具体如下：

执行菜单命令"设计"→"规则"，弹出"PCB 规则及约束编辑器"对话框。选择"Manufacturing"中"Minimum Solder Mask Silver"，右侧显示最小阻焊层裂口间距，将原最小间距 0.254 mm 改为小于 0.067 mm 的值，此处改为 0.05 mm，如图 2-133 所示。单击"确定"按钮，再次进行 DRC 检测，则违规信息提示减少到 16 个。

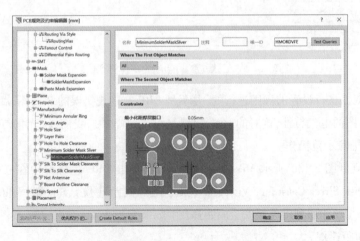

图 2-133　PCB 规则中"Minimum Solder Mask Silver"选项

②Silk To Solder Mask Clearance Constraint Violation（丝印层到阻焊层安全间距违规）

通过定位,该处的违规错误均来自元件封装丝印层图形与封装焊盘之间的间距小于默认规则值,默认最小间距为 0.254 mm(10 mil),如图 2-134 所示。查看"Messages"信息,提示丝印层到阻焊层实际间距为 0.066 mm。因丝印层图形不影响 PCB 图电气性能,因此该违规可以忽略不计,若不想在违规报告中看到该违规项,在"规则"对应选项中将最小间距改小。

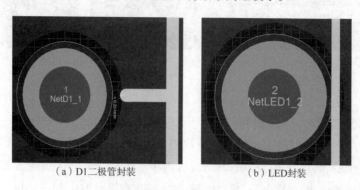

（a）D1二极管封装　　　　　　　　（b）LED封装

图 2-134　元件封装丝印层图形与自身封装焊盘间距违规

不显示该违规信息的方法具体如下:

执行菜单命令"设计"→"规则",弹出"PCB 规则及约束编辑器"对话框。选择"Manufacturing"中"Silk To Solder Mask Clearance ",将原最小间距 0.254 mm 改为小于 0.066 mm 的值,此处改为 0.05 mm,如图 2-135 所示。单击"确定"按钮,单击次进行 DRC 检测,则违规信息提示减少到 6 个。

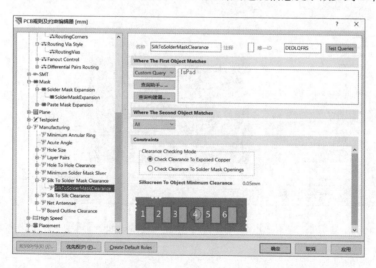

图 2-135　PCB 规则中"Silk To Solder Mask Clearance"选项

③ Silk To Silk Clearance Constraint Violation（丝印层到丝印层安全间距违规）

通过定位,该处的违规错误均来自元件丝印层各图形间距小于默认规则值 0.254 mm（10 mil）,如图 2-136 所示。查看"Messages"信息,提示丝印层实际间距最小值为 0.14 mm。因丝印层图形不影响 PCB 图电气性能,因此该违规可以忽略不计,若不想在违规报告中看到该违规项,在"规则"对应选项中将最小间距改小,或将两图形间距加大。

（a）BT1封装极性符号与外形轮廓间距过小　　　　（b）元件注释与外形轮廓间距过小

图 2-136　元件封装丝印层各图形间距违规

不显示该违规信息的方法具体如下：

执行菜单命令"设计"→"规则"，弹出"PCB 规则及约束编辑器"对话框。选择"Manufacturing"中
"Silk To Silk Clearance"，将原最小间距 0.254 mm 改为小于 0.14 mm 的值，此处改为 0.05 mm，如图 2-
137 所示。单击"确定"按钮，再次进行 DRC 检测，则违规信息提示为 0，如图 2-138 所示。

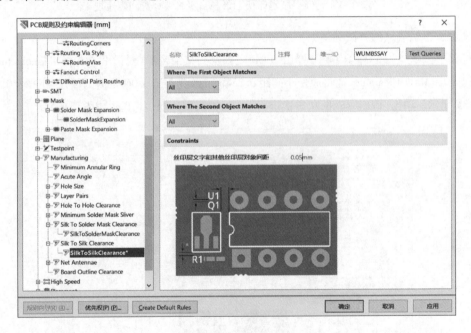

图 2-137　PCB 规则中"Silk To Silk Clearance"选项

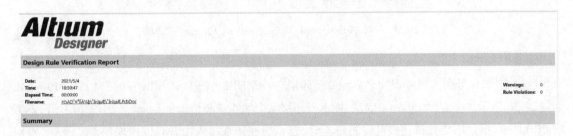

图 2-138　DRC 检测报告最终结果图

10. 保存

每一步操作,要及时进行保存,以免数据丢失。

项目制作

该项目产品制作包含单面PCB的制作、PCB元件的安装与调试、外形设计与制作三部分。在制作的过程中,要严格遵守7S管理要求,注意项目安全规范,具体为:注意用电安全,规范操作设备,预防触电;保证设备、工具的正确使用,避免损坏;热转印工艺完成后,等待电路板放置一段时间,待温度降下后,才能触碰;避免环保蚀刻剂接触皮肤,若接触皮肤,需立即用清水洗净;操作完毕后,关闭实验仪器设备和仪表,对实验工具和材料进行整理,对实验环境进行清洁、清扫工作。

一、热转印法制作单面 PCB

1. 单面 PCB 制作前准备工作

在正式制作单面PCB之前,需提前准备好制作工艺所需的各类设备及材料,具体详见表2-22。

表 2-22　单面 PCB 制作工艺所需设备和材料

序　号	名　称	型号与规格	单位	数量	备注
1	激光打印机	HP LaserJet Pro M402n	台	1	
2	热转印机	HK320SR	台	1	
3	PCB 高精度裁板机	C60	台	1	
4	蚀刻机	HK2030	台	1	
5	钻孔机	AGL 5158A	台	1	
6	清洗槽	塑料 30 cm×50 cm	个	1	
7	聚酰亚胺胶带	宽 10 mm×长 33 m	卷	1	
8	剪刀	任意品牌	把	1	
9	橡胶手套	任意品牌	副	1	
10	环保蚀刻剂	袋装 180 g	袋	1	
11	热转印纸	A4	张	5	
12	单面覆铜板	A4	张	1	
13	酒精松香溶液	5 mL(带刷子)	瓶	1	

2. 单面 PCB 制作工艺

确定各设备完好并能正常工作后,开始正式的制板工艺。此处介绍的工艺方法是热转印制板法,该种工艺方法比较简单、时间短、成本低,是制作单面PCB的一种常用工艺方法。其工艺流程如图2-139所示。

单面PCB制作
工艺

图 2-139　热转印法制作单面 PCB 流程图

（1）打印 PCB 图

打开所需打印的 PCB 图纸，同时打开激光打印机，激光打印机如图 2-140 所示。

图 2-140　激光打印机

执行 Altium Designer 软件菜单命令"文件"→"页面设置"，弹出"Composite Properties"对话框，将 Scale 设成 1：1，颜色设置成单色，打印位置使用者根据使用情况自行调整，然后再单击"高级"按钮，进行选项设置。

此处需要对底层进行打印，只需要留下三个图层：Bottom Layer、Keep-Out Layer、Multi-Layer，并且将多余的图层删掉，如图 2-141 所示。选中预删掉图层，单击鼠标右键，在弹出的快捷菜单中选择"Delete"选项，弹出是否确认删除按钮，单击"Yes"按钮。若需打印顶层，则需选中"Mirror 复选框"。

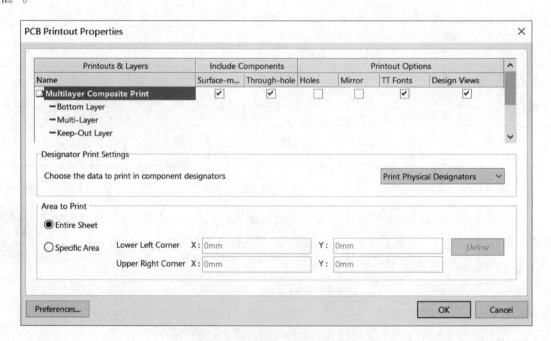

图 2-141　PCB 打印输出属性设置

在确定打印之前，可以执行菜单命令"文件"→"打印预览"，预览打印效果，如图 2-142 所示，检查设置是否符合要求。若不符合要求可再对页面进行设置。确定一切无误后，单击"打印"按钮。

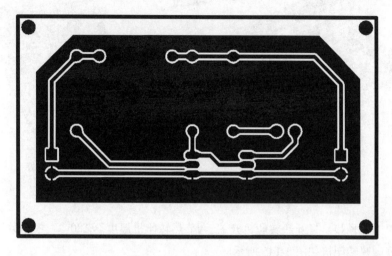

图 2-142　PCB 打印预览图

打印所需的打印纸为热转印纸，颜色是黄色，将 PCB 图纸打印到热转印纸的光滑的一面。打印完毕后，检查图纸是否存在断线的情况，若有，需要重新打印图纸。热转印纸如图 2-143 所示。

图 2-143　热转印纸

（2）热转印

①热转印前的准备工作

热转印前的准备工作主要有三个，分别是沿电气边界线剪裁 PCB 图纸、根据 PCB 图纸尺寸裁剪好单面覆铜板及对热转印机开机进行预热。

a. 单面覆铜板的裁剪。使用 PCB 高精度裁板机，按照 PCB 图纸尺寸，对给定的单面覆铜板剪裁。剪裁的时候，注意安全，勿伤到自己的手。PCB 高精度裁板机和单面覆铜板如图 2-144 所示。

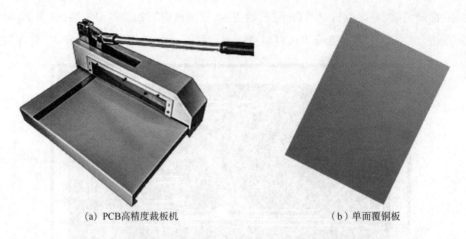

(a) PCB高精度裁板机　　　　　　　　　　(b) 单面覆铜板

图 2-144　单面覆铜板剪裁需要设备及材料

b. 热转印机开机预热。打开热转印机开关,调节热转印机温度至 180 ℃,根据数码管提示,等待温升至指定温度。热转印机如图 2-145 所示。

图 2-145　热转印机

②热转印工艺

热转印机温度上升到预定的 180 ℃后,将打印好的 PCB 图纸,有图形的那一面正对单面覆铜板有铜箔的一面,使用聚酰亚胺胶带(黄金胶带)固定,放入热转印机中,如图 2-146 所示。

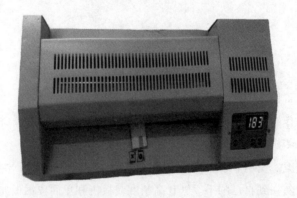

图 2-146　粘贴好 PCB 图的单面覆铜板放置入热转印机中

覆铜板经过热转印后,温度很高,注意不要直接用手去触碰,等待一段时间,待其冷却。冷却后,才可撕去表层热转印纸。

注意:黄金胶带耐高温,绝不能使用透明胶代替,因为经过热转印后,透明胶会烧焦。

(3)蚀刻

使用蚀刻机,配合蚀刻剂,对热转印后的单面覆铜板进行蚀刻。蚀刻前,需准备蚀刻所需设备及材料,如图 2-147 所示。

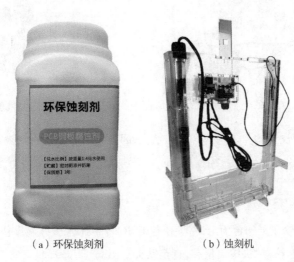

(a)环保蚀刻剂　　　　　　(b)蚀刻机

图 2-147　蚀刻所需设备及材料

①蚀刻剂配液

根据环保蚀刻剂说明书,配备好蚀刻液,将蚀刻溶液倒入到蚀刻机中,根据不同的蚀刻机要求,注入蚀刻液的容量不一样,达到要求的刻度值即可。

②蚀刻机开机

先检查蚀刻机电源线有没有破损,将蚀刻机电源线插入插座。等待蚀刻机温度升到 40 ℃,则放入欲蚀刻的单面覆铜板。

③蚀刻

用夹子夹住单面覆铜板,使其完全浸入蚀刻液中,如图 2-148 所示。等待 5~10 min,观察到已覆铜那面的铜全部融入蚀刻液中,即可取出。注意,取出覆铜板时,请佩戴橡胶手套。

④清洗及晾干

将已经蚀刻完成的覆铜板放到清水中清洗,将清洗后的覆铜板进行晾干处理。

(4)钻孔

钻孔需要使用高精度微型台钻,如图 2-149 所示。

①钻孔前准备工作

a. 调试。使用前先要检查钻头与工作台面上的钻头通孔圆心是否在一条垂直线上,若不在同一垂直线上应调节工作台面至适宜位置,以免钻头钻到工作台面上,损坏钻头。

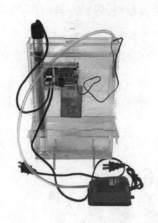 

图 2-148 将 PCB 放入蚀刻机中腐蚀效果图   图 2-149 高精度微型台钻

b.更换钻头。根据设计的要求选择合适的钻头,因该项目 PCB 图元件封装焊盘通孔直径一般为 0.8 mm,所以元件焊盘钻孔时钻头直径选 0.8 mm;安装孔为 2 mm,待元件焊盘钻孔完毕后,钻头更换为 2 mm 钻头。

②钻孔

接通电源,把 PCB 放在工作台面上,左手压住 PCB,右手抓住压杆慢慢往下压,当钻头将 PCB 上焊盘钻穿时,右手慢慢上抬,钻头缓缓抬起,直至钻头抬出高于 PCB,即完成了一次钻孔,用同样的方法,将其他孔钻完。

注意:换钻头前先要关掉电源,待原台钻钻头停下来后才开始更换钻头。钻孔时不要慌张,左手压住 PCB,保证 PCB 不会被挪动,防止撅断钻头。

③防氧化操作

钻完孔后 PCB 用清水洗净,若有条件,涂上酒精松香溶液以防止铜层被氧化。最终制作出的单面 PCB 如图 2-150 所示。

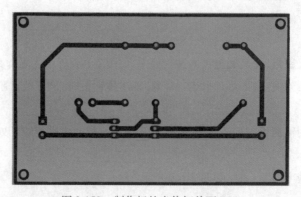

图 2-150 制作好的光伏灯单面 PCB

至此,单面 PCB 的工艺操作已经结束了。若单面 PCB 正面想将元件标识印刷上去,可以将正面文字标识按照打印 PCB 图方法打印出来,打印层选择"Top overlay"、"Top layer"、"Keep-out layer"、"Multi-layer",Mirror 和 Holes 复选框都选中。打印预览图纸如图 2-151 所示。

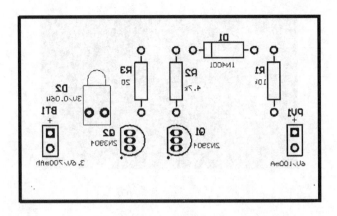

图 2-151　PCB 正面图

将正面图纸与制作好的 PCB 单面电路板正面对孔,经过热转印工艺,温度冷却后,撕掉热转印即可,如图 2-152 所示。

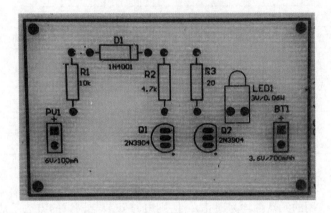

图 2-152　光伏灯功能电路单面 PCB 正面图

二、单面 PCB 电路的安装与调试

单面 PCB 制作好之后,接着需要将元器件安装到该 PCB 上,并调试其功能是否能够实现即定功能。

1. 安装和调试前准备工作

（1）防静电措施

为防止手部操作时,将静电引入到元器件或者电路板上,对电路功能造成影响,按照安装规范要求,必须佩戴防静电手环,防静电手环佩戴方式如图 2-153 所示。鳄鱼夹夹到焊接台的连接大地的金属线上。条件允许的情况下,可以穿戴防静电服、防静电帽和防静电鞋。

注意:对于女生而言,不要披发,以免焊接时误烧头发。

（2）准备好安装与调试所需元件、工具和材料

光伏灯项目功能电路所需材料和工具见表 2-23。

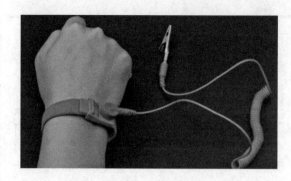

图 2-153　防静电手环佩戴

表 2-23　光伏灯功能电路所需材料和工具

序　号	名称	型号与规格	单　位	数　量	备　注
1	电子元件	光伏灯功能电路所需元器件	套	1	
2	电烙铁	25～35 W	个	1	
3	烙铁架(含海绵)	任意品牌	个	1	
4	焊锡丝	ϕ0.8 mm 低熔点	卷	1	
5	电路板	自制 PCB 电路板	块	1	
6	细导线	红黑双色 0.5 mm^2		若干	
7	剥线钳	任意品牌	把	1	
8	斜口钳	任意品牌	把	1	
9	万用表	优利德 UT30A	块	1	

●视　频

单面PCB安装
与调试

2. 电路安装和调试

该项目使用的元器件均为通孔元件,则电路安装与调试的方法是清、测、整、插、焊、调。若使用的是贴片元件,则不需要进行整和插的操作。

（1）清

"清"的目的在于避免电路安装与调试操作时,因缺少图纸、部分工具、仪表、元件材料等,影响正常电路操作。"清"是清点三个方面,分别是电路图纸、元件材料、工具设备。若任何一项有遗漏,均应立即进行补齐。

（2）测

检测元器件质量。用万用表对电路所需元件进行逐一检测,对不符合质量要求的元器件剔除并更换,填写测试表 2-24。

表 2-24　光伏灯功能电路元器件质量测试表

序号	元件名称	型号规格	数量	质量好坏	备注
1				□好□坏	
2				□好□坏	
3				□好□坏	

序号	元件名称	型号规格	数量	质量好坏	备注
4				□好□坏	
5				□好□坏	
6				□好□坏	
7				□好□坏	
8				□好□坏	
9				□好□坏	

（3）整

整是对元件的引脚进行整形,该步操作可以和第四步和第五步同步操作。

（4）插

插即安装,就是将整好型的元件,按照安装工艺规范插装在万能板对应的位置上。小功率电阻、二极管采用水平贴板安装方式,色标电阻的色环标志顺序方向一致。发光二极管和小功率三极管采用垂直安装方式,管底离单面 PCB 为 3~5 mm。

（5）焊

对元器件进行引脚焊接。所有焊点均采用直脚焊,焊接完成后用剪切工具(如斜口钳)紧贴焊点剪去多余引脚,且不能损伤焊接面。焊接完成后,对电路板进行焊接质量检查,观测焊点是否存在虚焊、假焊、漏焊、搭焊及空隙、毛刺等。

（6）调

对电路进行调试。电路安装好之后,要对电路进行通电前检查,检查接线是否正确,尤其是电源线不要接错或接反,可按实际线路,对照电路原理图进行对照检查。接着查看电源、地线、信号线、元器件接线端之间是否有短路,有极性器件极性有无接错。

将调试的最终结果填写于表 2-25 中。

表 2-25　光伏灯 PCBA 电路板调试记录表

序　号	调试步骤	内　容	结　果	备　注
1	通电前检查	接线是否正确	□正确 □不正确	
		电源、地线、信号线、元器件接线端之间是否有短路	□有短路 □无短路	说明短路处 ＿＿＿＿＿＿＿
		有极性器件极性有无接错	□极性未接错 □极性接错	说明极性接错元件 ＿＿＿＿＿＿＿
2	通电检查	电路有无异常现象,如冒烟、异常气味等	□有异常现象 □无异常现象	说明异常现象 ＿＿＿＿＿＿＿
		是否实现电路功能	□实现 □未实现	说明故障现象 ＿＿＿＿＿＿＿
最终结论:光伏灯功能是否符合要求			□符合要求 □不符合要求	

三、外形制作

各位同学分组进行光伏灯主题外形设计,配合功能电路板,最终制作出独一无二的光伏照明产品。

项目评估

该项目采用全过程评估方式,从技术知识、职业能力、职业素养三方面进行考核评估。参考评估表见表2-26。

表 2-26　光伏灯评估表

评估项目	评估类别	评估内容	评估形式	自评	互评	总评	
						档次	备注
项目描述	职业能力	能根据客户需求知道光伏灯产品需要达到的功能	"说"功能视频	□很准确 □较准确 □不准确	□表达准确 □表达较准确 □表达不准确	□很准确 □较准确 □不准确	总评 = 30%自评 + 70%互评
项目准备	技术知识	1. 了解光伏灯产品的功能 2. 熟悉蓄电池、二极管、三极管等基础元器件的识别和检测方法	知识测验	□都知道 □大部分知道 □少部分知道 □都不知道	无	□都知道 □大部分知道 □少部分知道 □都不知道	根据知识测验成绩判定总评成绩档次
	职业能力	能正确识别、读取蓄电池、二极管及三极管的类别及技术参数,且能规范操作仪表完成元器件检测工作	现场操作 + 检测表格	□熟练准确 □较熟练准确 □不熟练准确 □不准确	□熟练准确 □较熟练准确 □不熟练准确 □不准确	□熟练准确 □较熟练准确 □不熟练准确 □不准确	总评 = 30%自评 + 70%互评
		能灵活设计一个三极管开关电路	设计图纸 + 实验检测	□设计合理 □设计较合理 □设计不合理	□设计合理 □设计较合理 □设计不合理	□设计合理 □设计较合理 □设计不合理	总评 = 30%自评 + 70%互评
项目设计	技术知识	1. 熟悉光伏灯产品功能电路系统框图组成及各单元电路设计方法 2. 熟悉 Altium Designer 软件绘制 PCB 图方法	知识测验	□都知道 □大部分知道 □少部分知道 □都不知道	无	□都知道 □大部分知道 □少部分知道 □都不知道	根据测验成绩判定总评成绩档次
	职业能力	能按照光伏产品电路设计流程进行光伏灯功能电路设计	"绘"流程图	□很准确 □较准确 □不准确	□很准确 □较准确 □不准确	□很准确 □较准确 □不准确	总评 = 30%自评 + 70%互评
		能利用 Altium Designer 软件绘制光伏灯产品功能电路原理图和 PCB 图	"绘"PCB 图	□很准确 □较准确 □不准确	□很准确 □较准确 □不准确	□很准确 □较准确 □不准确	总评 = 30%自评 + 70%互评
		能够正确调试作为验证作用的光伏灯面包板	"做"实验验证	□很准确规范 □较准确规范 □选择元件错误	□很准确规范 □较准确规范 □选择元件错误	□很准确规范 □较准确规范 □选择元件错误	总评 = 30%自评 + 70%互评

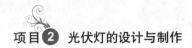

续表

评估项目	评估类别	评估内容	评估形式	自评	互评	总评	
						档次	备注
	技术知识	1.熟悉单面 PCB 的制作工艺 2.熟悉单面 PCB 电路的安装与调试方法	知识测验	□都熟悉 □大部分熟悉 □少部分熟悉 □都不熟悉	无	□都熟悉 □大部分熟悉 □少部分熟悉 □都不熟悉	根据测验成绩判定总评成绩档次
项目制作	职业能力	能按照工艺规范制作出符合要求的光伏灯功能电路单面 PCB	"做"光伏灯单面 PCB	□规范准确 □较规范准确 □不规范准确 □不准确	□规范准确 □较规范准确 □不规范准确 □不准确	□规范准确 □较规范准确 □不规范准确 □不准确	总评 = 30%自评 + 70%互评
		能按照工艺规范对光伏灯功能电路的 PCB 进行元件的安装与调试	"装调"光伏灯 PCB 电路	□规范准确 □较规范准确 □不规范准确 □不准确	□规范准确 □较规范准确 □不规范准确 □不准确	□规范准确 □较规范准确 □不规范准确 □不准确	总评 = 30%自评 + 70%互评
		能创新设计产品外形,最终制作出符合要求的光伏灯产品	"独一无二"光伏灯产品	□创新且功能符合要求 □无创新且功能符合要求 □无创新无功能	□创新且功能符合要求 □无创新且功能符合要求 □无创新无功能	□创新且功能符合要求 □无创新且功能符合要求 □无创新无功能	总评 = 30%自评 + 70%互评
项目展示		团队能分工介绍该产品设计理念、思路,成功展示需求功能	分组展示	(可多选) □设计理念合理 □表达清晰 □有创新 □功能展示成功 □团队合作好	(可多选) □设计理念合理 □表达清晰 □有创新 □功能展示成功 □团队合作好	(可多选) □设计理念合理 □表达清晰 □有创新 □功能展示成功 □团队合作好	总评 = 30%自评 + 70%互评
整体项目	职业素养	树立节能降碳理念;培养学生具有勤俭节约、精益求精、团结奋斗的优秀品质	问卷调查	□达到目标 □达到部分目标 □未达到目标	无	□达到目标 □达到部分目标 □未达到目标	总评依据为问卷调查结果

创客舞台:光伏照明的那些创意

一、各种不同的光伏照明产品

党的二十大报告指出"我们要推进美丽中国建设,坚持山水林田湖草沙一体化保护和系统治理,统筹产业结构调整、污染治理、生态保护、应对气候变化,协同推进降碳、减污、扩绿、增长,推进生态优先、节约集约、绿色低碳发展。"

光伏照明产品作为绿色低碳产品,不消耗传统能源,保护生态环境,实现可持续发展。在"双碳"目标背景下,我国现今市场上对光伏照明产品的需求日趋增长,且对产品的质量要求也越来越高,在此就给大家介绍市场上应用较多的八类光伏照明产品。

1. 光伏手电筒

太阳能技术与节能 LED 完美结合的产物,可以在野外活动或紧急情况时使用。外观精致,功能方便实用;白天放到太阳底下晒晒,晚上就可以用几个小时,不需要更换电池,不会造成环境污染,是真正的低碳环保绿色产品,实物图如图 2-154 所示。

2. 光伏草坪灯

光伏草坪灯产品因常应用于草坪而得名,造型各异,可用于住宅、社区、公园等绿草地美化、照明、点缀。其高度一般不高,大概在 50 cm 左右,使用光伏组件功率一般为 0.5 W 和 1 W,其优点主要为安全、节能、方便、环保等,实物图如图 2-155 所示。

图 2-154 光伏手电筒

图 2-155 光伏草坪灯

3. 光伏信号灯

航海、航空和陆上交通信号灯的作用至关重要,许多地方电网不能供电,而光伏信号灯可解决供电问题,取得了良好的经济效益和社会效益,实物图如图 2-156 所示。

4. 光伏景观灯

光伏景观灯常应用于广场、公园、绿地等场所,采用各种造型的小功率 LED 点光源、线光源,也有冷阴极造型灯来美化环境,其高度一般为 3 ~ 4 m,光伏景观灯可以不破坏绿地而得到较好的景观照明效果,实物图如图 2-157 所示。

图 2-156 光伏信号灯

图 2-157 光伏景观灯

5. 光伏标识灯

该产品主要用于夜晚导向指示、门牌、路口标识的照明。对光源的光通量要求不高,系统的配置要求较低,使用量较大。标识灯的光源一般可采用小功率 LED 或冷阴极灯,产品实物图如图 2-158 所示。

6. 光伏路灯

该产品应用于村镇道路和乡村公路,是光伏照明装置主要应用之一。采用的光源有小功率高压气体放电(HID)灯、荧光灯、低压钠灯、大功率 LED。由于其整体功率的限制,应用于城市主干道上的案例不多。随着与市政线路的互补,光伏路灯在主干道上的应用将越来越多,如图 2-159 所示。

图 2-158　光伏标识灯

图 2-159　光伏路灯

7. 光伏杀虫灯

该产品应用于果园、种植园、公园、草坪等场所。一般采用具有特定光谱的荧光灯,比较先进的使用 LED 紫光灯,通过其特定谱线辐射诱杀害虫,实物图如图 2-160 所示。

8. 光伏灯箱

该产品用于广告灯箱,有待于进一步开发。随着太阳能技术和光源技术的不断提高,光伏照明还会有更多的使用场合和功能,光伏广告牌如图 2-161 所示。

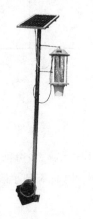

图 2-160　光伏杀虫灯

图 2-161　光伏广告牌

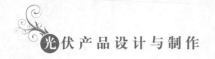

二、光伏手电筒

图 2-162 所示为一种光伏手电筒,其内部组成一般为光伏组件、蓄电池和 LED 灯。

图 2-162　光伏手电筒

此处给出一个参考的光伏手电筒的电路图(见图 2-163),通过光伏组件给 BT1 蓄电池充电,同时此处有备用电源给 BT1 充电,D₄ 为充电指示电路。中间的自制线圈、R2 和 Q1 共同构成升压电路,将 1.2 V 的电压升压为 5 V 电压,D5 和 R3 构成负载工作的指示电路。J1 端直接接负载。

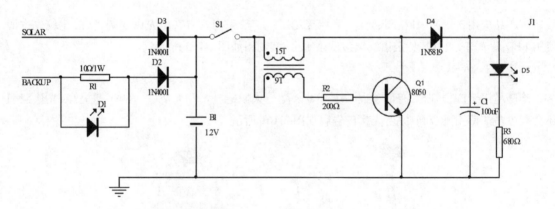

图 2-163　光伏手电筒电路原理图

三、光伏草坪灯

光伏草坪灯如图 2-164 所示。它主要由光伏组件、超高 LED 光源、蓄电池、自动控制电路及灯具等组成,将白天收集到的太阳辐射能转变为电能并存储于蓄电池内,等到了晚上再由蓄电池为草坪灯的 LED 光源提供电能。

图 2-164　光伏草坪灯实物图

此处给出一个参考的光伏草坪灯的电路图,如图 2-165 所示。当有太阳光时,光伏组件通过的 D1 给 2.4 V 蓄电池充电。光敏电阻 R1 呈现低阻值,使 Q2 基极为低电平截止。当晚上无光时,光伏组件停止给蓄电池充电,D1 起到防反充作用。同时,光敏电阻 R1 由低阻值变成高阻值,Q2 导通,Q1 基极为低电平也导通,由 Q3、Q4、C2、R5、L 等组成直流升压电路。当 Q1 导通时,电源通过 L、R5、Q2 向 C2 充电,由于 C2 两端电压不能突变,使 Q3 基极为高电平,Q3 不导通,随着 C2 充电压降越来越高,Q3 基极电位愈来愈低,当低至 Q3 导通电压时,Q3 导通,Q4 也随着导通,C2 通过 Q4 放电,放电完毕后 Q3 和 Q4 再次截止,电源再次向 C2 充电,周而复始,电路形成振荡。在振荡过程中,Q4 导通时电源经 L 到地,电流经 L 储能。当 Q4 截止时,L 两端产生感应电动势和电源电压叠加后驱动 LED 发光。

为防止蓄电池过度放电,电路中增加了 R4 和 Q2 构成过放电保护。当蓄电池电压低于 2 V 时,由于 R4 的分压使得 Q2 不能导通,电路停止工作,蓄电池得到保护。

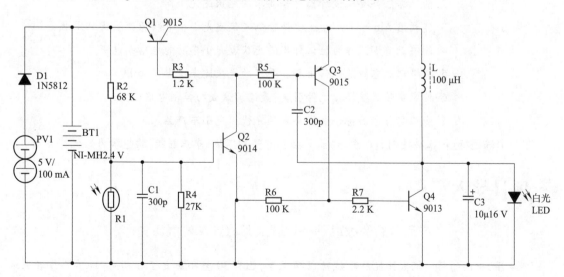

图 2-165　光伏草坪灯充放电控制图

项目③

➡ 光伏小车的设计与制作

📒 学习目标

通过该项目学习,掌握光伏小车设计思路和制作方法;熟知直流电动机、电解电容、开关等元器件的基本性能和检测方法;能熟练使用工具、设备和软件完成该产品的整个设计及制作。通过了解国产太阳能汽车的发展历史,树立科技创新理念,培养学生具有坚韧不拔、守正创新、敢想敢为的优秀品质。

技术知识目标: 1. 知道光伏逐光小车的功能。

2. 熟悉直流电动机、电解电容、开关等基础元器件的识别和检测方法。

3. 了解光伏逐光小车电路设计的思路。

4. 了解光伏逐光小车电路工作原理。

5. 熟悉光伏逐光小车支架设计思路及制作方法。

6. 熟悉光伏逐光小车产品的制作方法。

职业能力目标: 1. 能正确识别、读取直流电动机、电解电容、开关的类别及技术参数,且能规范操作仪表完成元器件检测工作。

2. 能根据任务要求设计出符合要求的光伏逐光小车。

3. 能利用 Altium Designer 软件绘制光伏逐光小车电路原理图及 PCB 图。

4. 能够正确调试作为验证作用的光伏逐光小车功能电路面包板。

5. 能根据工艺规范制作出符合要求的光伏逐光小车单面 PCB。

6. 按照安装规范焊接元件引脚,最终调试成功控制电路。

7. 能够制作成功符合功能要求的光伏逐光小车产品。

职业素养目标: 树立科技创新理念;培养学生具有坚韧不拔、守正创新、敢想敢为的优秀品质。

📒 项目导入

产品背后的故事——中国太阳能汽车发展历史

1984 年,中国的第一辆太阳能汽车试验成功至今,已有 30 多年历史了。期间,科学工作者从未停止研发的步伐,更新了一代又一代的太阳能汽车。现在我们就一起来看看我国研制的具有代表性的太阳能汽车。

1."太阳号"太阳能汽车

早在1978年,世界上第一辆太阳能汽车便在英国研制成功,时速达到13 km。1984年9月,我国首次研制的"太阳号"太阳能汽车试验成功,并开进了北京中南海的勤政殿,向中央领导汇报。太阳号由湖北省金属学会新技术开发公司的黄绳溥等六位中青年科技人员,仅用了56天时间研制成功。太阳能汽车车顶上安装了2 808块单晶硅片,组成10 m² 的硅板,装有三个车轮,自重159 kg,操纵灵活,转向和变速方便,车速20 km/h,遇阴雨天或晚上,靠两个高效蓄电池供电,可连续行驶100 km。

2.清华大学"追日号"

1996年,清华大学参照日本能登竞赛规范,研制了"追日号"太阳能汽车。它重800 kg左右,最高车速达80 km/h,造价为7.8万美元。其采用的电池板是我国第五代产品,太阳能转化率只能达到14%。

3.上海交通大学"思源号"

2001年,全国高校首辆可载人的太阳能电动车"思源号"在上海交通大学诞生。无须任何助动燃料,只要在阳光下晒3~4 h,便能轻松跑上10多千米。"思源号"的外形小巧但粗糙,更像公园里的卡丁车。上海交通大学机械动力学院硕士生王建飞告诉记者,五位师生花了足足四个月,手工打造了这辆长2.1 m、高0.8 m的小车。好在驾驶座十分宽敞,可以容纳两个中等身材的成年人。马力相当于一辆大功率摩托车,最高时速50 km 。不过,"思源号"的缺点也不少,如蓄电池容量偏小、续航能力有限、敞开式车体设计使迎风阻力较大,因此,目前还无法成为真正的代步车。

4.中山大学太阳能电动汽车

中山大学太阳能系统研究所的一辆太阳能电动车,外观上跟公园的电瓶车一样,可以搭乘六名乘客,但是国产的时速最高却只有48 km,持续行驶时间也就1 h。

图3-1　中山大学研制的太阳能电动汽车

中山大学太阳能系统研究所的徐华毕老师介绍,行驶时间主要是与蓄电池的容量有关,而帕尔马的"太阳能的士"在操控系统以及动力系统上用了最先进的技术,所以造价也高了很多,中山大学的这辆试验车造价不过5万元左右,如图3-1所示。

5."天津号"纯太阳能智能网联汽车

2022年4月11日,"天津号"在天津市科学技术奖励大会上正式发布亮相,如图3-2所示。"天津号"是天津市推进"双碳"目标、推行重大科技攻关"揭榜挂帅"的产物,是中国第一辆纯太阳能高等级智能网联汽车,完全依靠纯太阳能驱动,不使用任何化石燃料和外部电源,实现了"零排放"。

"天津号"的研发由我国37家企业以及3家高校联合攻克,历经五个多月时间成功研制,该车攻克了太阳能高效转化、高密度储能、轻量化材料等多领域前沿技术,集成了镁合金、钙钛矿、碳纤维、高阻燃降噪材料等47项先进技术,其中16项达到了国际或国内领先水平,促成了12项高校科研成果落地示范应用,通过需求牵引促进创新链产业链融合,实现了多学科、多领域和不同产业间的交叉

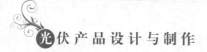

融合,核心部件100%国产研发制造。

"天津号"车长4.08 m、宽1.77 m、高1.81 m,车上的光伏组件模块共计8.1m²,车顶的光伏组件可以像双翼一样打开,轻质、可伸缩和折叠。"天津号"上光伏组件采用了"空间砷化镓太阳电池技术",使用了与我国"神舟十二号"载人飞船以及"天和"核心舱相同的光伏组件;同时还采用了钙钛矿太阳能电池负责为"天津号"LED 内饰灯等部件供电,钙钛矿太阳能电池光电转化效率达28.59%。晴天,光伏组件的最大发电量为7.6 kW·h,续航74.8 km;阴雨天,可续航50 km,该车辆的最高速度为79.2 km/h,每百千米可减少25 kg碳排放。

除了"零碳"、"轻质","天津号"还立足于运用最前沿的汽车驾驶技术——智能驾驶,实现了国内领先的L4+级自动驾驶。车辆上没有明显方向盘,驾驶员的区域仅有一个大型触摸屏显示器和其下方的三个按钮,通过摄像头、毫米波雷达、激光雷达以及超声波雷达等多种感应探测设备来实现更精准的道路识别。

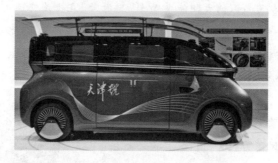

图3-2 "天津号"纯太阳能智能网联汽车

项目描述

各国越来越重视太阳能在汽车上的应用,太阳能作为直接驱动或辅助能源驱动,均能有效降低全球的环境污染,创造洁净的生活环境。光伏逐光小车作为光伏小车的一种应用,其能量来源完全来自太阳,能够自动追逐太阳前进,该产品简单有趣,节能环保,是探秘光伏小车的入门级产品。

一、项目要求

某企业承接了一批光伏逐光小车的设计及制作订单。客户要求企业提供200辆光伏逐光小车,其功能要求如下:

(1)仅靠光伏组件供电。

(2)可在顺光或其他光线情况下调节光伏组件的角度,能自动顺着太阳的方向前进,实现自动逐光功能。

二、涉及的活动

(1)根据项目要求,提前做好相关的技术准备,包括直流电动机、电解电容、开关的识别和检测。

(2)根据光伏逐光小车项目要求,进行光伏逐光小车功能电路原理图设计,并利用 Altium

Designer 软件设计该功能电路 PCB 图。

（3）根据设计出的 PCB 图纸，按照工艺规范流程制作出符合要求的单面 PCB，并对该 PCB 进行元件的安装和调试，最终实现要求的功能。

（4）项目评价。针对每个活动，从技术知识、职业能力、职业素养三方面组织自评、互评等评价。

（5）视野拓宽。了解各种不同的外太空行走的光伏小车；了解市场上常见的两种光伏玩具小车并解析其内部结构；了解太阳能循迹小车功能，并介绍另一种实现循迹功能的参考电路及原理分析。

项目准备

项目要求设计并制作一批光伏逐光小车产品，并提出了具体的要求。小车驱动必须具备直流电动机、一些辅助元件电解电容、开关等，接下来将一一进行介绍。

一、直流电动机的识别及检测

视 频

直流电动机
基础知识

1. 直流电动机的识别

直流电动机（又称直流马达）是指能将直流电能转换成机械能的旋转电机，并可再使用机械能产生动能，用来驱动其他装置的电气设备。它基于电磁感应原理，使得转轴受到一个力的作用旋转起来。直流电动机在控速方面比较简单，只需要控制电压大小即可控制转速。其电路原理图符号是 M，图 3-3 所示为直流电动机电路原理图符号的画法。

图 3-3   直流电动机原理图符号

直流电动机实物到底是什么样子呢？我们先来做个小测验。

小测验

（单选题）图 3-4 所示的三种元器件，哪种为直流电动机元器件？（   ）

（a）   （b）   （c）

图 3-4   三种电子元器件

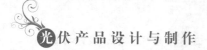

到底哪个是我们需要找出来的直流电动机元器件呢？我们先来了解下直流电动机元器件的分类,认识更多的直流电动机元器件,自然就能揭晓其答案。

（1）直流电动机的分类

直流电动机可以依据励磁和有无刷方式进行分类。

①按照励磁方式分类

a. 永磁直流电动机。利用永磁体建立励磁磁场的直流电动机,如图3-5所示。这种电动机因没有另设的励磁系统,因而体积小,重量轻,结构简单且效率高。绝大多数微型直流电动机都是永磁的。根据永磁体的材料不同,永磁直流电动机又分为稀土、铁氧体和铝镍钴永磁直流电动机。

b. 励磁式直流电动机。励磁式直流电动机是将磁极上绕上线圈,线圈中通过直流电,从而产生磁通的电动机,如图3-6所示。

图3-5　永磁直流电动机

图3-6　励磁式直流电动机

励磁式直流电动机根据励磁绕组和电源的连接方式不同,分为他励和自励两种。自励又分为串励、并励、复励三种。他励直流电动机是励磁绕组与电枢没有电的联系,励磁电路是由另外的直流电源供给,如图3-7(a)所示。自励是利用电磁铁在线圈中通电流来产生磁场。励磁绕组与电枢绕组相并联为并励直流电动机,如图3-7(b)所示;励磁绕组与电枢绕组相串联为串励直流电动机,如图3-7(c)所示;复励直流电动机有并励和串励两个励磁绕组,如图3-7(d)所示。

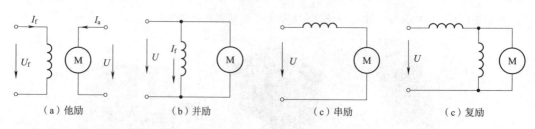

（a）他励　　　　　（b）并励　　　　　（c）串励　　　　　（c）复励

图3-7　励磁式直流电动机

②按照有无刷方式分类

a. 有刷直流电动机。有刷电动机中包含了永磁直流电动机和励磁直流电动机,如图3-8所示。对于永磁电动机,通常把永磁体作为电动机的定子,而转子是通过电刷和换向器连接的线圈;对于励磁电动机,转子和定子都是电磁线圈,两者之间的连接也是通过电刷和换向器。无论是永磁有刷电动机还是励磁有刷电动机,它们的磁场方向是通过转子的位置和角度,通过电刷和换向器自动改变的。所以这类电动机不需要控制器驱动,通入合适的电压就可以转动。

b. 无刷直流电动机。无刷电动机的转子一般采用永磁材料,而定子采用电磁线圈。由于没有换向器和电刷的存在,相比有刷电动机,使用寿命会有所提高,并且在噪声及工作效率等方面都优于有刷电动机。无刷直流电动机如图3-9所示。

图 3-8　有刷直流电动机

图 3-9　无刷直流电动机

由于无刷直流电动机没有换向器,电磁换向就需要电路来控制,并且需要检测当前转子的位置。根据检测转子位置方式,无刷直流电动机分为有霍尔和无霍尔两种无刷直流电动机。无霍尔无刷直流电动机常见用于机械硬盘和航模上。

(2)直流电动机的极性和参数

直流电动机的极性判定根据类别和型号不同而有所区别。此处仅介绍与光伏小产品有关的小功率直流电动机,其直流电动机的极性会标识在外壳上,"＋"接电源正极;"－"接电源负极。若外壳没有进行标识,则可以根据直流电动机引出线来判断极性,若为红色的引出线,则该端接电源正极;若为黑色或蓝色的引出线,则该端接电源负极,如图3-10所示。

红正

黑负

图 3-10　直流电动机极性判断

直流电动机参数值一般都是在室温 25 ℃下测量得出结论,常见参数描述如下:

①额定功率

它是指直流电动机在长期使用时,轴上允许输出的机械功率。

②额定工作电压

它是电动机上加载的直流电压。直流电动机允许高于或者低于额定电压使用,但是高于额定电压,会降低电动机的寿命,低于额定电压是没有问题的。

③额定电流

直流电动机在额定电压下输出额定功率时,长期运转允许输入的工作电流。

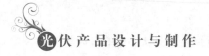

④额定转速

当直流电动机在额定状况下(额定功率、额定电压、额定电流)运转时,转子的转速为额定转速,单位为 r/min(转/分)。

⑤额定转矩

它是直流电动机在额定电压和额定转速下的扭矩。这是电动机连续运行时的最大电流,在持续运行中超过这个电流,会导致电动机绕组烧毁。

⑥空载转速

电动机在额定电压下的空载转速。空载转速理论上与电动机上施加的电压成正比。

⑦空载电流

在额定电压下空载电动机的电流。如果是有刷电动机,取决于换向系统摩擦力的大小,对于其他直流电动机,一般取决于转子的动平衡以及轴承质量的好坏,空载电流是一个综合性的指标,可以反映直流电动机的质量高低。

⑧堵转电流

它是额定电压与直流电动机引线端电阻的比值,堵转电流对应堵转扭矩。对于大型直流电动机,电动机由于受到驱动器的限制,一般达不到堵转电流。

⑨堵转扭矩

它是直流电动机在堵转条件下的扭矩。直流电动机绕组温度的上升会导致堵转扭矩下降,堵转扭矩其实表现为电动机的过载能力,一般在核算负载时,需要和负载的惯量以及加速度一起考虑。

⑩最大效率

它是在额定电压下输入的电功率和输出的机械功率的比值。直流电动机一般并不是都工作在最大效率点。

2. 直流电动机的检测

因该项目光伏逐光小车功率较小,在此仅介绍常用于光伏产品中的太阳能直流电动机的检测方法。在检测之前,需要准备好测量工具和测量对象;接着在外观检查判断无损伤情况下,按照操作规范对直流电动机进行检测,最终判断该直流电动机器件是否能够用于该光伏产品;最后按照企业 7S 管理要求,对实验现场进行整理清洁。

(1)检测前准备

需准备的工具和材料见表 3-1。

表 3-1　直流电动机测量工具和材料清单

序号	准备用具	参考型号	数量
1	直流电动机	RF300	1 台
2	电池盒	3.6 V/700 mA · h	1 个

(2)外观检查

我们要对已经准备好的直流电动机进行外观检查,观察直流电动机外表面及转轴有没有断裂、烧焦和破损情况,待测直流电动机如图 3-11 所示。检查情况记录于表 3-2 中。

图 3-11　待测直流电动机

（3）直流电动机检测

将直流电动机红黑两根引出线短时间分别与给定蓄电池的电源正负极相连，若直流电动机旋转，则表明该直流电动机正常。

表 3-2　直流电动机检测记录表

序号	检测形式	检测类别	检测内容	检测结果		结　　论
1	外观检查	外观完整性	直流电动机外壳和转轴是否有断裂、烧焦、破损痕迹	□外壳正常　□外壳不正常 □转轴完整　□转轴断裂		外观完整性 □好　□损坏
2	仪器测试	直流电动机质量好坏	通电状态下，观测直流电动机是否可以转动	□能转动　□不能转动		直流电动机质量 □好　□损坏
最终结论：该直流电动机是否可以使用				□可以使用　□不能使用		

（4）7S 管理

按照企业 7S 管理要求，实验结束后，需要关闭实验仪表，对实验工具和材料进行整理，对实验环境进行清洁、清扫工作。

二、电解电容的识别及检测

1. 电解电容的识别

在各种电子设备中，经常会看到电解电容器（简称电解电容）。电解电容是电容的一种，是一种容纳电荷的器件，一般情况下是一种有极性的元件。该元件阴极由导电材料、电解质（液体或固体）和其他材料共同组成，因而得名电解电容；其正极为金属箔（铝或钽），与正极紧贴金属的氧化膜（氧化铝或五氧化二钽）是电介质。电解电容通常在电源电路或者中频、低频电路中起电源滤波、退耦、信号耦合及时间常数设定、隔直流等作用。一般不能用于交流电源电路。电解电容广泛应用于家用电器和各种电子产品中。其电路原理图符号是 C，图 3-12 所示为电解电容原理图符号画法。

图 3-12　电解电容原理图符号

电解电容实物到底是什么样子呢？我们先来做个小测验。

 小测验

（单选题）图 3-13 所示的三种元器件,哪种为电解电容元器件？（　　　）

（a）　　　　　　　　　（b）　　　　　　　　　（c）

图 3-13　三种元器件

（1）电解电容的分类

电解电容可根据阳极金属材料、电解质状态、正负极呈现状态进行分类。

①按阳极金属材料划分

这是最常见的一种电解电容的分类方式,可以分为铝电解电容、钽电解电容、钽铌合金电解电容。铝金属生活中最常见,钽是一种非常坚硬、密度很大的灰色金属元素,在 150 ℃ 以下能抗化学物质的强腐蚀。因市场上应用最广泛的是铝电解电容和钽电解电容,所以在此仅介绍该两种类型电解电容。

a. 铝电解电容。铝电解电容的产量与其他两类电解电容相比较,是最大的,也是使用最广泛的一种通用型电解电容。其实物图如图 3-14 所示,其特点见表 3-3。

（a）直插元件　　　　　　　　　　（b）贴片元件

图 3-14　铝电解电容

表 3-3　铝电解电容特点

优　点	缺　点	作　用
1. 容量大,可达 4F 2. 价格便宜 3. 寿命有限,易受温度影响	1. 漏电大 2. 误差大 3. 稳定性差	常用作交流旁路和滤波,在要求不高时也用于信号耦合

b. 钽电解电容。钽电解电容是所有电容器中体积小而又能达到较大电容量的产品。其外形多样,易制成适用表面贴装的小型和片型元件,适应目前电子技术自动化和小型化发展的需要。因钽

原料稀缺,钽电解电容的价格比铝电解电容贵。其实物图如图 3-15 所示,其特点见表 3-4。

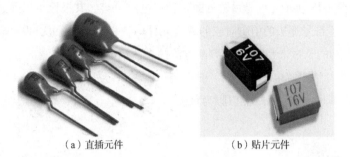

（a）直插元件　　　　　　（b）贴片元件

图 3-15　钽电解电容

表 3-4　钽电解电容特点

优　点	缺　点	作　用
1. 体积小 2. 使用温度范围宽,耐高温 3. 寿命长、绝缘电阻高、漏电流小 4. 容量误差小 5. 高频特性好	1. 价格高 2. 耐压一般低于 50 V 或者更低,容量为 500 μ 或更低 3. 电流小	电源滤波、交流旁路、能量储存与转换,信号耦合与退耦及时间常数设定

②按电解质状态划分

电解电容按照电解质状态划分,可分为固体电解电容器、液体(湿式)电解电容两种。

③按正负极呈现状态划分

电解电容按照正负极呈现状态划分,可分为箔式卷绕型电解电容、烧结型电解电容两种。烧结型固体钽电解电容占目前生产总量的 95% 以上。其实物图如图 3-15(a)所示。

（2）电解电容的极性和参数

①极性判断

电解电容的极性不能接错,若接反可能会发生故障。其极性的识别可通过外观来判断,不同类型的电解电容其判别的方式会有所区别。

a. 铝电解电容。

➤ 直插元件。铝电解电容外壳上标出了负极,用"－"表示;若为新元件或引脚未剪过的旧元件,还可以根据引脚的长短进行判断,引脚长的对应的是正极,引脚短的对应的是负极。具体如图 3-16 所示。

➤ 贴片元件。贴片铝电解电容,颜色较深的那端对应的是元件的负极,如图 3-17 所示。

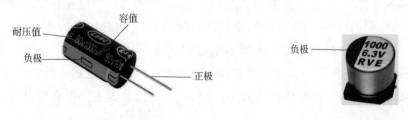

图 3-16　直立铝电解电容　　　　　图 3-17　贴片铝电解电容

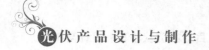

b. 钽电解电容。

➤ 直插元件。图 3-18 所示元件是最常见的一种钽电解电容。其极性可以通过元件外观上的标识来识别,标识有"+"符号那边的引脚对应的就是元件的正极,另外一边引脚对应的则为元件的负极;或者通过元件引脚的长短来判断极性,判断方法同直插铝电解电容。

➤ 贴片元件。贴片钽电解电容的极性一般直接标注在封装外壳上,如图 3-19 所示,外壳上带有深色竖线的那一侧引脚为正极,另一侧引脚为负极。

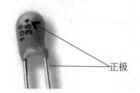

图 3-18 直立钽电解电容

图 3-19 贴片钽电解电容

②电解电容参数

电解电容的最基本参数为容值和耐压值,除此之外,电解电容选型时,还需要关注 ESR(等效串联电阻)、纹波电流、纹波电压、寿命等参数。

a. 容值。容量即电容加上电荷后储存电荷的能力。电解电容的容量单位一般为 μF。电容的基本单位为"法拉"(F),最小的单位为 pF(常见于无极性电容),pF、μF 和 F 的关系请见式(3-1)。

$$1 \text{ pF} = 10^{-6} \text{ } \mu F = 10^{-12} \text{ F} \tag{3-1}$$

➤ 直插元件。一般直插的铝电解电容,其容值带上单位以直接标识的方式印在其外壳封装上,如图 3-16 所示直立铝电解电容,其容值为 1 000 μF。图 3-18 所示直立钽电解电容,其容值对应的数字为 105,前两位数字为有效数字,第三位为 10 的倍数,单位为 pF,该直插钽电容的容值 C 经过计算,见式(3-2),为 1 μF。

$$C = 10 \times 10^5 \text{ pF} = 1 \text{ } \mu F \tag{3-2}$$

➤ 贴片元件。贴片铝电解电容上标识在最上面一行的数字代表该元件的容值,一般情况下其容值大小就是标识数值,单位为 μF。图 3-16 所示电解电容,其容值为 1 000 μF。贴片钽电解电容其封装上的第一行三位数字代表该电解电容的容值,计算方法同直插钽电解电容读数,单位为 pF。图 3-19 所示贴片钽电解电容,显示三位数为 107,参考式(3-2),则容值为 $10 \times 10^7 \text{ pF} = 100 \text{ } \mu F$。

b. 耐压值。耐压值是指该电解电容在电路中能够长期可靠工作而不被击穿所能承受的最大直流电压(又称额定电压)。它与电容器的结构、介质材料和介质的厚度有关,一般来说,容量相等、结构、介质相同的电解电容,其耐压值越高,体积越大。电解电容的耐压值,一般情况下可以直接见元件的外壳封装。如图 3-16 所示铝电解电容,其耐压值为 80 V;图 3-17 所示贴片铝电解电容,其耐压值为 6.3 V;对于部分钽电解电容而言,除了直接标注耐压值外,还有部分元件采用字母标识的形式表征耐压值的大小,如图 3-19 所示。钽电解电容字母对应耐压值信息表见表 3-5。

表 3-5　钽电解电容字母对应耐压值信息表

标识字母	代表电压值/V	标识字母	代表电压值/V
F	2.5	C	16
G	4	D	20
L	6.3	E	25
J	6.3	V	35
A	10	T	50

学习了电解电容的类别及最基本的两个参数——容值和耐压值,看能否正确识读不同类型电解电容的类型、容值和耐压值,并将答案填写于表 3-6。

表 3-6　电解电容容值和耐压值识读考核表

元件实物图	元件类型	容　值	耐压值
	□铝直插电解电容 □钽直插电解电容 □铝贴片电解电容 □钽贴片电解电容		
	□铝直插电解电容 □钽直插电解电容 □铝贴片电解电容 □钽贴片电解电容		
	□铝直插电解电容 □钽直插电解电容 □铝贴片电解电容 □钽贴片电解电容		
	□铝直插电解电容 □钽直插电解电容 □铝贴片电解电容 □钽贴片电解电容		

c. ESR(等效串联电阻)。实际的电容产品由于材料、结构的原因,会存在各种阻抗和感抗。其中等效串联电阻称为 ESF,电容的 ESR 越小,越是可以很好地吸收快速转换时的纹波电流。

d. 纹波电流和纹波电压。纹波电流表征的是流过电解电容的交流电流大小,纹波电压等于纹波电流与 ESR 的乘积。在 ESR 不变,而纹波电流增大的情况下,纹波电压会成比例提高。ESR 越小,其纹波电压越小。

e. 电容寿命。电解电容的寿命会因为过电压、高温、急剧充放电等因素而减短。影响寿命最大的因素是温度。正常情况下,电解电容的温度每升高 10 ℃,电解电容的寿命就会减半。因此在选型电解电容时,一是让元件远离热源,另一个是选择标称寿命更长的电解电容。

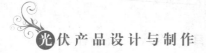

2. 电解电容的检测

在检测之前,需要准备好测量工具和测量对象;接着在外观检查判断无损伤情况下,按照操作规范对电解电容进行检测,最终判断该电解电容器件是否能够用于该光伏产品;最后按照企业 7S 管理要求,对实验现场进行整理清洁。

(1)检测前准备

需准备的工具和材料见表 3-7。本次检测选择的万用表要有电容容值测量功能。

表 3-7　电解电容测量工具和材料清单

序号	准备用具	参考型号	数量
1	铝电解电容	10 μF/25 V	1 个
2	万用表	胜利 VC 890D	1 块

(2)外观检查

要对已经准备好的电解电容进行外观检查,观察电解电容外壳有没有烧焦、裂痕情况出现;电解电容的引脚是否完整,有无缺失情况;电解电容外壳标识上参数和给定元件是否一致;检查情况记录于表 3-8。

(3)参数检测

电解电容参数的测试主要是对电解电容的容值进行测量,电解电容质量好坏的检测除了对比电容容值外,还可以通过万用表电阻挡判断其质量好坏。

【安全检测小知识】

在进行电解电容正式检测工作前,必须将电解电容内已有电荷进行放电操作,以保护测量人员。因光伏产品电压一般较低,所以使用的电解电容为低压电容器。容量较大的电解电容,可以采用串联小的放电电阻的方式放电,容量较小的电解电容可以考虑采用导线短路快速放电方式。

电解电容容值检测方法具体如下:

Step1:极性判断。通过观察外观,判断出电解电容的正负极。

Step2:选择功能挡位。将万用表的挡位调至电解电容挡,如图 3-20 所示。

Step3:测量并记录。将万用表的红表笔接电解电容的正极,黑表笔接电解电容的负极,此时,万用表的液晶显示屏将会出现一个读数,将该值记录于表 3-8。

Step4:比较得出结论。将实际测量得出的电解电容的容值与标称容值进行对比,因实验器具可能会存在误差,若偏差很大,则可以判断该电解电容不能使用。

万用表电阻挡检测质量方法具体如下:

图 3-20　万用表的电解电容挡

Step1:调挡。将数字万用表的挡位调至 1M 电阻挡。

Step2:检测并记录。将万用表的红表笔接电解电容的正极,黑表笔接电解电容的负极,观察万用表液晶显示屏的数值变化情况,并记录于表 3-8。

Step3:根据记录结果得出结论。若显示数值从"000"逐渐增加到显示溢出符号"1",则说明该电解电容是正常的;若显示数值一直停留在"000",说明电解电容内部短路;若显示数值始终为 1,则说明电解电容内部开路。

表 3-8 电解电容检测记录表

序号	检测形式	检测类别	检测内容	检测结果	结 论
1	外观检查	电解电容参数	实物参数是否与要求参数一致	标称容值:_____μF 耐压值:_____V	□一致 □不一致
2		外观完整性	电解电容外壳是否有烧焦、破裂痕迹;引脚是否完整	□外壳完整 □外壳不完整 □引脚完整 □引脚不完整	外观完整性 □好 □损坏
3	仪器测试	电解电容质量好坏	标称容值检测并比较	实测值:_____μF	□与标称容值相差不大 □与标称容值相差较大
			万用表电阻挡检测	□显示数值从"000"逐渐增加到显示溢出符号"1" □显示数值一直停留在"000" □显示数值一直停留在"1"	□电解电容质量好 □电解电容内部开路 □电解电容内部短路
最终结论:该电解电容是否可以使用					□可以使用 □不能使用

(4)7S 管理

按照企业 7S 管理要求,实验结束后,需要关闭实验仪表,对实验工具和材料进行整理,对实验环境进行清洁、清扫工作。

视 频

开关的识别及使用

三、开关的识别及检测

1. 开关的识别

开关是一种控制器件,它通过一定的动作完成电气连接和断开,一般串接在电路中,实现信号和电能的传输和控制,在家用电气、仪器仪表设备等领域得到了广泛的应用。它的主要作用就是接通、断开和转换电路。开关的英文名为 Switch,其文字符号是 S。不同类型的开关对应的文字符号不一样。此处仅展示光伏产品中常用的几种类型开关的电路原理图符号,如图 3-21 所示。

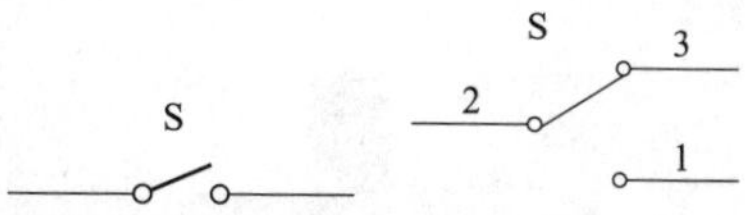

（a）单刀单掷开关　　（b）单刀双掷开关

图 3-21 常见开关的电路原理图符号

开关实物到底是什么样子呢?我们先来做个小测验。

 小测验

(单选题)图 3-22 所示的三种元器件,哪种为开关元器件?(　　)

(a)　　　　　　　　　　　(b)　　　　　　　　　　　(c)

图 3-22　三种电子元器件

到底哪个是我们需要找出来的开关元器件呢？我们先来了解开关元器件的分类，认识下更多的开关元器件，自然就能揭晓其答案。

（1）开关的分类

开关可以根据刀掷数、结构形式等进行分类。

①根据刀掷数划分

开关根据刀掷数可以划分为单刀单掷开关、单刀双掷开关、单刀多位开关、双刀单掷开关、多刀多掷开关。其部分开关电路原理图符号如图 3-21 所示。

②根据结构形式划分

开关根据结构形式可以划分为拨动开关、扭子开关、船型开关、按键开关、按钮开关、琴键开关、波段开关。

a. 拨动开关。拨动开关是通过拨动开关手柄使电路接通或断开，从而达到切换电路的目的。拨动开关常用的品种有单极双位、单极三位、双极双位以及双极三位等，它一般用于低压电路，具有滑块动作灵活、性能稳定可靠的特点，拨动开关主要广泛用于各种仪器仪表设备、各种电动玩具、传真机、音响设备、医疗设备、美容设备等其他电子产品领域。实物图如图 3-23 所示。

b. 扭子开关

扭子开关又称摇头开关，常作为设备挡的开关元器件。它是一种手动控制的微型开关，大部分扭子开关在交直流电源电路的通断控制中广泛应用，较少应用于几千赫或高达 1 MHz 的电路中。实物图如图 3-24 所示。

图 3-23　拨动开关　　　　　　　　　　　　　图 3-24　扭子开关

c. 船型开关。船型开关也称波形开关、跷板开关、翘板开关、IO 开关、电源开关，因为其样子如船，所以称船形开关。它是一种适用于家电和办公设备的小型高容量电源开关，相对其他开关来说，使用力度较大。实物图如图 3-25 所示。

d. 按键开关。按键开关主要是指轻触式按键开关,也称轻触开关。使用时以满足操作力的条件向开关操作方向施压,开关按下闭合接通,当撤销压力时开关即断开,其内部结构是靠金属弹片受力变化来实现通断。按键开关有接触电阻荷小、精确的操作力误差、规格多样化等方面的优势,在电子设备及白色家电等方面得到广泛的应用。实物图如图 3-26 所示。

e. 按钮开关。按钮开关是指利用按钮推动传动机构,使动触点与静触点接通或断开并实现电路换接的开关。按钮开关是一种结构简单,应用十分广泛的主令电器。在电气自动控制电路中,用于手动发出控制信号以控制接触器、继电器、电磁起动器等,如图 3-27 所示。

图 3-25　船型开关

图 3-26　按键开关

图 3-27　按钮开关

在小功率光伏产品中,常见的按钮开关是自锁开关。在开关按钮第一次按时,开关接通并保持,即自锁,在开关按钮第二次按时,开关断开,同时开关按钮弹出来。实物图如图 3-28 所示。

（a）六脚自锁开关　　　　　　　　　（b）二脚自锁开关

图 3-28　自锁开关

f. 琴键开关。琴键开关是一种便于使用的组合开关,通常有 4 个、6 个、8 个、12 个、16 个为一组。但也有只有一个的单个琴键开关。它是用按键的方式接通或断开一组或几组电器触点,通常多是成组出现的联动结构。它的每个开关上联动的触点多是一组以上的"多刀"开关,多组开关中按动其中任何一组开关时,原来的所有开关会复位到原始状态(自锁及无锁的结构例外);有互锁、自锁及无锁三种使用状态的结构供用户选用,非常实用、方便。典型的琴键开关实物图如图 3-29 所示。

g. 波段开关。波段开关是电路中的一种接插元件,主要用来转换波段或选接不同电路,作用是改变接入振荡电路的线圈圈数。主要用在收音机、收录机、电视机和各种仪器仪表中,一般为多极多位开关。实物图如图 3-30 所示。

图 3-29　琴键开关　　　　　　　　　图 3-30　波段开关

（2）开关参数

开关的主要参数有六个，分别是额定电压、额定电流、绝缘电阻、接触电阻、耐压、寿命。

①额定电压。它是指开关在正常工作时所允许的安全电压，加在开关两端的电压大于此值，会造成两个触点之间打火击穿。

②额定电流。它是指开关接通时允许通过的最大安全电流，当超过此值时，开关的触点会因电流过大而烧毁。

③绝缘电阻。它是指开关导体部分与绝缘部分的电阻值，绝缘电阻值应在 100 MΩ 以上。

④接触电阻。它是指开关在开通状态下，每对触点之间的电阻值。一般要求在 0.1 ~ 0.5 Ω 以下，此值越小越好。

⑤耐压。它是指开关对导体及地之间所能承受的最高电压。

⑥寿命。它是指开关在正常工作条件下能操作的次数。一般要求在 5 000 ~ 35 000 次。

2. 开关的检测

在检测之前，需要准备好测量工具和测量对象；接着在外观检查判断无损伤情况下，按照操作规范对开关进行检测，最终判断该开关器件是否能够用于该光伏产品；最后按照企业 7S 管理要求，对实验现场进行整理清洁。

（1）检测前准备

需准备的工具和材料见表 3-9。准备的开关器件是光伏小产品中用得比较多的两脚自锁开关。

表 3-9　开关测量工具和材料清单

序号	准备用具	参考型号	数量
1	自锁开关	KAN-28 2 脚 1.5 A 250 V	1 个
2	万用表	优利德 UT33A	1 块

准备的开关器件实物图如图 3-31 所示。其型号和额定电压、电流值可见开关外壳封装。

（2）外观检查

要对已经准备好的开关进行外观检查，观察开关外壳有没有烧焦、裂痕情况出现；开关的引脚是否完整，有无缺失情况；开关外壳标识上参数和给定元件是否一致；检查情况记录于表 3-11。

（3）开关质量好坏检测

开关的质量好坏检测主要是通过万用表检测给定开关元器件是否能够实现自锁功能。具体检测方法如下：

Step1：选挡。将万用表的挡位调至蜂鸣挡。

Step2：测试。未按下开关时，将万用表的红黑表笔分别接触开关的两个引脚，听是否有蜂鸣音；红黑表笔不动，按下开关，听是否有蜂鸣音，并做好记录，将两种不同状态对应声音情况记录于表 3-11 中。

图 3-31　待测两脚开关

Step3：根据记录结果得出结论。开关假设实验现象与对应故障状态情况表见表 3-10。通过表 3-11 填写的信息，得出给定的开关元件是否能够适用于光伏产品。

表 3-10　开关假设实验现象与对应故障情况表

序号	开关检测现象	对应故障
1	未按下开关，蜂鸣挡不发声 按下开关，蜂鸣挡不发声	开关断路
2	未按下开关，蜂鸣挡发声 按下开关，蜂鸣挡发声	开关短路
3	未按下开关，蜂鸣挡不发声 按下开关，蜂鸣挡发声	正常

表 3-11　开关检测记录表

序号	检测形式	检测类别	检测内容	检测结果	结　论
1	外观检查	开关参数	实物参数是否与要求参数一致	额定电压：_____ V 额定电流：_____ A	□一致　□不一致
		外观完整性	开关外壳是否有烧焦、破裂痕迹；引脚是否完整	□外壳完整　□外壳不完整 □引脚完整　□引脚不完整	外观完整性 □好　□损坏
2	仪器测试	开关质量好坏	万用表蜂鸣挡检测	□未按下开关，蜂鸣挡发声 □未按下开关，蜂鸣挡不发声 □按下开关，蜂鸣挡发声 □按下开关，蜂鸣挡不发声	□开关质量好 □开关短路 □开关断路
	最终结论：该开关是否可以使用			□可以使用　□不能使用	

（4）7S 管理

按照企业 7S 管理要求，实验结束后，需要关闭实验仪表，对实验工具和材料进行整理，对实验环境进行清洁、清扫工作。

项目设计

一、功能设计

光伏逐光小车产品功能设计包含车体结构的设计及电路设计。根据光伏逐光小车提出的任务要求,进行该产品电路功能的开发。

1. 车体结构设计

(1)机械结构设计

该产品的机械结构配合电路模块共同实现所需功能,在此介绍一种小车的机械结构作为参考。这种机械结构就是三轮传动结构,前面左右两边的两个轮子是主动轮,各接一个电动机作为动力;后轮是从动轮,起到平衡的作用。控制前面两个轮子的转动方向就可以控制整个小车行进的方向。控制车轮转动方向和小车行进路线信息表见表3-12。根据信息表描述,结合车轮转动方向示意图,如图3-32所示,将小车行进方向手绘箭头进行标识。

表3-12 车轮转动方向和小车行进路线信息表

序号	车轮转动方向	小车行进方向
1	左右两个前轮都向前转	小车向"正前方"直线前进
2	左右两个前轮都向后转	小车向"正后方"直线倒退
3	左前轮向后转,右前轮向前转	小车将以后轮为轴心逆时针转动,即实现向"右后方"转弯倒退
4	左前轮向前转,右前轮向后转	小车将以后轮为轴心顺时针转动,即实现向"左后方"转弯倒退

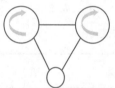 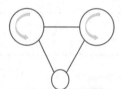 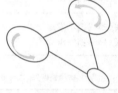 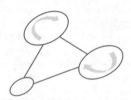

(a)两个前轮都向前转　(b)两个前轮都向后转　(c)左前轮后转,右前轮前转　(d)左前轮前转,右前轮后转

图3-32 小车运行机理示意图

(2)支架结构设计

根据技术指标要求,通过手动调整光伏组件的角度来实现自动逐光功能,因此需要对光伏组件的支架进行设计。

为确保光伏组件可以任意调整角度,因此支架需要做成多自由度支架。图3-33所示为多自由度凹凸关节件结构图。

2. 电路设计

(1)需求(功能)规划

根据企业提出的技术指标,具体能对每一条指标进行分析:

仅靠光伏组件供电;可在顺光或其他光线情况下调节光伏组件的角度,能自动顺着太阳的方向前进,实现自动逐光功能。

第一个技术指标可以看出该产品无须蓄电池供电。第二个技术指标可以看出在不同光线状况下,需要自动逐光。

(2)系统框图设计

光伏逐光小车根据分析出的结论,可以划分为三个单元模块,分别是电源模块、控制模块、负载模块。系统框图如图 3-34 所示。

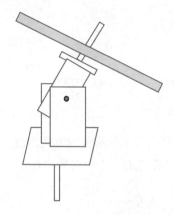

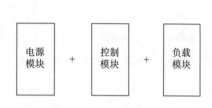

图 3-33　多自由度凹凸关节件结构图　　　　图 3-34　光伏逐光小车系统框图

（3）单元电路设计

单元电路设计即对各单元模块电路进行详细的设计，包括对各单元电路元件组成和元件的选型设计。该项目设计的重点和难点均为控制电路设计。

①电源模块、负载模块设计

根据项目要求，该项目仅由光伏组件供电，产品电路的电源是直流电，因小车需要前进行驶，选用直流电动机作为负载使用。光伏组件和直流电动机靠控制电路控制，因此对光伏组件和直流电动机的选型设计参考控制模块设计。

②控制模块设计

在此给大家提供一个让小车逐光的设计思路。若小车采用三轮传动结构，前面左右两个主动轮分别采用一个直流电动机控制，即每个主动轮由一个直流电动机控制，并配单独光伏组件为其供电，为保证小车基本上是按照光源的方向近乎直线前进，将各边光伏组件控制交叉位置左右两边的直流电动机以驱动小车前进。即左边的光伏组件控制右边的直流电动机转动，而右边的光伏组件控制左边的直流电动机转动。当左边受光，光伏组件有电，右侧直流电动机旋转，则会把右边的车身摆过来，若右边受光，左侧的直流电动机受光，左边的车身摆过来，如此往复，小车就会左右摇摆车身前进，从大方向看，小车是向光源方向直线前进。

a. 顺光前进。因光伏组件有光才有电，通过调节光伏组件支架，使两组光伏组件正对小车前进方向。光伏组件正对阳光，左右两边的太阳能控制电路会轮流启动，分别带动对应侧"右左"两边的直流电动机。直流电动机之所以会轮流启动，其原因主要是两个，一个是太阳能控制电路元器件存在差异；另一个是两边太阳能控制电路所受光线的差异，这两点均会造成直流电动机启动存在一个时间差。

因直流电动机启动存在一个时间差，假设左边太阳能控制电路先触发，带动右边直流电动机转动，小车向左倾斜前进；稍作延时后，右边的太阳能控制电路触发，带动左边直流电动机转动，小车向右倾斜前进，交替往复，则小车从大方向看，是朝直线方向前进，越来越接近光源。顺光驱动的行进路线图如图 3-35 所示。

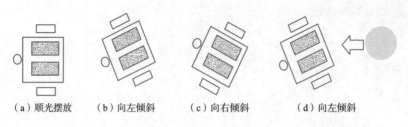

（a）顺光摆放　　（b）向左倾斜　　（c）向右倾斜　　（d）向左倾斜

图 3-35　顺光前进路线图

b. 逐光转弯。此种情况非小车正对着阳光的情况,将两组光伏组件的方位角进行调整,调整光伏组件位置如图 3-36 所示,使得两组光伏组件接收到的太阳能有一个较明显的差异即可。

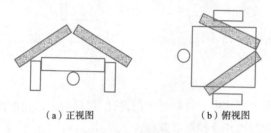

（a）正视图　　　　　　　（b）俯视图

图 3-36　逐光转弯时光伏组件摆放位置图

若小车不是直接面向太阳方向时,更多面对太阳方向的一侧光伏组件获得太阳能辐射量高,则电压会高,电压增加会使与该光伏组件控制的另一侧的直流电动机的转速增加,即可使小车车身往另一侧倾斜,实现转弯,小车整体前进方向会逐步调整正对太阳方向,实现对太阳能的逐光转弯功能。图 3-37 所示为逐光转弯行进路线图。

当两侧光伏组件收到同量的太阳能辐射量时,小车的方向两侧直流电动机都受到相当的阳光照射时,也就是小车的方向基本对准太阳的方向时,两侧直流电动机转动的转速会一样,类似顺光前进的情况,则小车会基本以"大摇大摆"走直线的方式向太阳方向前进。

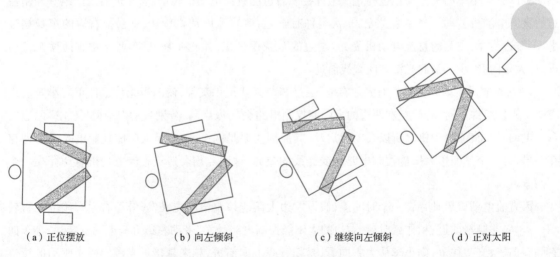

（a）正位摆放　　　　（b）向左倾斜　　　　（c）继续向左倾斜　　　　（d）正对太阳

图 3-37　逐光转弯行进路线图

现在光伏小车逐光的思路有了,那控制电路能否直接将光伏组件与直流电动机相连,实现预定的逐光功能呢? 是否可以直接将光伏组件和直流电动机相连? 考虑到光伏小车车身重量,选取的光伏组件一般功率都比较小,输出电流小,无法驱动功率大的直流电动机。即便在小车选材方面,可以安装大功率的光伏组件并选择功率大的直流电动机,但受太阳能资源的影响,可能要太阳直射或者太阳辐射量大时直流电动机才能正常运转。

有没有好的解决方案呢? 在此给大家提供一个参考电路,典型的太阳能脉动充放电控制电路,它可以实现"长时间充电蓄能,瞬间大电流放电",可以利用小功率光伏组件,在太阳光不是很足的情况下,也能驱动较大的直流电动机转动。该电路图如图 3-38 所示。

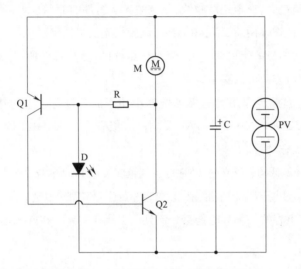

图 3-38 太阳能脉动充放电控制电路图

其工作原理是:

➤ 当有光时,光伏组件给电解电容充电,因光伏组件电流小,电解电容充电时间长,随着充电,电解电容两端的电压逐渐升高,当达到 LED 的导通电压时(2 V),LED 导通。

➤ LED 导通后,可以给 PNP 三极管的基极提供足够大的电压,促使 Q1 三极管导通。Q1 三极管导通后,Q2 基极的电压升高,使得 Q2 三极管也导通。

➤ Q2 三极管导通,与其串联的直流电动机得电,直流电动机旋转。电阻用于给 Q1 三极管基极保持足够的导通电压,同时降低电流,保护 LED 和 Q1 三极管,降低功耗,让更多的电能作用在直流电动机上。

➤ 直流电动机启动后,会迅速消耗电解电容中存储的电能,整体电路电压下降,无法保持 LED 导通,LED 截止。

➤ 由于 Q2 三极管导通后会通过电阻分一定的电流给 Q1 三极管的基极,使得即使 LED 截止之后仍然有足够的电压在 Q1 基极使其保持导通。

➤ 当直流电动机转动继续消耗电解电容中储存的电能,整体电路电压进一步下降,即便 Q2 三极管导通后通过电阻分给 Q1 三极管基极电压,但也会因为该电压降到低于其导通的电压,则 Q1 三极管截止,同时 Q2 三极管也截止。

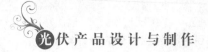
➤ 光伏组件重新给电解电容充电,电路重复以上工作过程。

③选型设计

直流电动机可以选择低启动电压,宽电压范围的直流电动机,此处可参考选择 K30 的微型直流电动机,其工作电压范围为 1.5~6 V,3 V 时,电流 0.02 A,转速 12 000;6 V 时,电流 0.03 A,转速 25 000。

光伏组件给电解电容供电,而电解电容最终会将电能提供给直流电动机,因此光伏组件提供的电压在直流电动机工作电压范围内即可,最大不要超过直流电动机最高电压和 Q2 的 $V_{CE(sat)}$(三极管集电极和发射极饱和压降,硅管一般为 0.2~0.3 V)。光伏组件电压越高,直流电动机的转速越快,对应 K30 直流电动机,光伏组件可选电压范围为 1.5~6 V。光伏组件电流的大小,决定电解电容充电的速度。光伏组件电流越大,充电速度越快,相应的光伏组件的面积也大,重量也会增加。考虑负重和太阳能辐照强度,在此选择两块 2 V、40 mA 的滴胶板光伏组件串联。

电解电容可以选择大容量的铝电解电容,因光伏组件的电压不高,所以选择容值为 10 000 μF,耐压值为 16 V 的铝电解电容即可以满足要求。

因产品电路功率小,起控制作用的三极管选择小功率的三极管。它的选型范围很广,常见的NPN 类型的三极管有 8050、9013、9014 等;PNP 类型的三极管有 8550、9012 等。在此可以选择 Q1 型号为 8550,Q2 型号为 8050。

LED 灯选择导通压降最低的普通单色 LED 灯。红色和黄色 LED 的导通电压范围都在 1.8~2.2 V之间,其他颜色的 LED 灯导通电压都高于该值,因此,红色和黄色 LED 都可以选。在此选择红色的 LED 灯。

电阻选得过小,电解电容的一部分电能会分流到电阻所在支路。在此选择 2 kΩ 的电阻。

3. 系统原理图设计

将已经设计好的各单元模块电路组合在一起,即形成了完整的系统电路原理图。光伏逐光小车有两个直流电动机,每个直流电动机都需要配一个太阳能脉动充放电控制电路,图 3-39 所示为光伏逐光小车单边功能电路原理图,图中光伏组件 PV1 参数对应的是两块 2 V、40 mA 的滴胶板光伏组件串联后参数。

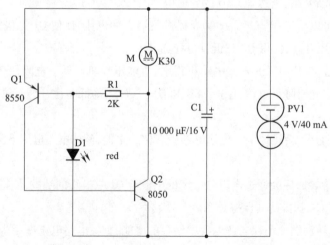

图 3-39　光伏逐光小车单边功能电路原理图

4. 系统电路图验证

因两边电路为同一个电路,仅对单边功能电路进行验证即可,且该电路简单,利用面包板搭建该电路即可。经过实验验证,该电路能够实现预期功能。

二、电路 PCB 图设计

1. 原理图绘制

参考 Altium Designer 软件电路原理图绘制流程绘制光伏逐光小车电路原理图。Altium Designer软件中,该电路各类元器件对应库中名称可参考表 3-13,对应原理图如图 3-39 所示。

表 3-13　光伏逐光小车电路原理图元件信息表

元件类型	元件名称
光伏组件	自制
直流电动机	MOTOR/自制
电解电容	Cap-Pol2
NPN 三极管	2N3904/NPN
PNP 三极管	2N3906
电阻	RES2
LED	LED0

2. PCB 图设计

该项目控制电路设计成单面 PCB 图。参考单面 PCB 图绘制流程进行该项目 PCB 图设计绘制。该电路各类元器件对应封装可以查阅选定元器件数据表,封装参考表见表 3-14,PCB 图如图 3-40 所示。

表 3-14　光伏逐光小车电路元器件对应封装信息表

元件类型	封装名称
光伏组件	BAT-2
直流电动机	BAT-2
电解电容	自制/RB7.6-15(焊盘需加大)
8550/8050 三极管	TO-92A
电阻	AXIAL-0.4
LED	LED0/LED1/R38

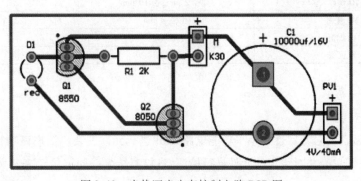

图 3-40　光伏逐光小车控制电路 PCB 图

🧪 项目制作

该项目产品制作包含光伏逐光小车单面 PCB 的制作、光伏逐光小车单面 PCB 元件的安装与调试、产品总体安装与调试三部分。在制作的过程中,严格遵守 7S 管理要求,注意项目安全规范。具体为:注意用电安全,规范操作设备,预防触电及避免损坏;切割 PVC 材料时,勿伤手,注意安全;操作完毕后,关闭实验仪器设备和仪表,对实验工具和材料进行整理,对实验环境进行清洁、清扫工作。

一、光伏逐光小车单面 PCB 的制作

该项目功能电路是双驱动功能电路,因此需要制作两块同样功能的单面 PCB。按照单片 PCB 制作工艺流程,利用热转印法制作光伏逐光小车单面 PCB。

二、光伏逐光小车单面 PCB 的安装与调试

1. 安装和调试前准备

提前准备好光伏逐光小车产品安装和调试所需用的元件和工具,如表 3-15 所示。

表 3-15　光伏逐光小车所需材料和工具

序号	名　称	型号与规格	单　位	数　量	备　注
1	电子元件	光伏逐光小车电路所需元器件	套	1	
2	电烙铁	25 ~ 35 W	把	1	
3	烙铁架(含海绵)	任意品牌	个	1	
4	焊锡丝	ϕ0.8 mm 低熔点	卷	1	
5	电路板	自制 PCB 电路板	块	2	
6	细导线	红黑双色 0.5 mm²		若干	
7	剥线钳	任意品牌	把	1	
8	斜口钳	任意品牌	把	1	
9	万用表	优利德 UT30 A	块	1	
10	螺丝刀	十字螺丝刀	把	1	
11	剪刀	任意品牌	把	1	
12	尖嘴钳	任意品牌	把	1	
13	PVC 线槽	横截面 2.4 cm × 1.4 cm	厘米	15	
14	M2×6 螺丝/螺母	直径 2 mm,长 6 mm,平头	对	5	固定 PVC 材料
15	M2×10 螺丝/螺母	直径 2 mm,长 10 mm	对	2	固定 PVC 材料
16	M2 垫片	孔径 2 mm	对	2	固定 PVC 材料
17	白炽灯	100 W	个	1	
18	双面胶	3 cm	个	卷	

2. 电路安装与调试

（1）电子元件安装

按照电路安装流程,对光伏逐光小车功能电路 PCB 进行元件安装。根据该项目电路图,填写该光伏控制器的元件清单表并对给定的元件进行检测,将检测结果一同记录于表 3-16 中,若给定元器件损坏,应及时更换。

表 3-16　光伏逐光小车功能电路元件清单及质量判断表

序号	元件名称	型号规格	数 量	质量好坏	备 注
1				□好　□坏	
2				□好　□坏	
3				□好　□坏	
4				□好　□坏	
5				□好　□坏	
6				□好　□坏	
7				□好　□坏	

（2）电路调试

安装好元器件后，对该项目光伏逐光小车功能电路进行调试，观察能否实现启动电动机的操作，并填写该项目调试信息表 3-17。

表 3-17　光伏逐光小车功能电路调试记录表

序号	调试步骤	内　　容	结　　果		备　注
1	通电前检查	接线是否正确	□正确　　□不正确		
		电源、地线、信号线、元器件接线端之间是否有短路	□有短路　□无短路		
		有极性器件极性有无接错	□极性未接错　□极性接错		
2	通电检查	打开 100 W 白炽灯，将其靠近各个电路对应的光伏组件，观察交叉侧直流电动机工作情况	直流电动机	左侧直流电动机　□动　□不动	
				右侧直流电动机　□动　□不动	
	最终结论：光伏逐光小车功能电路是否符合要求		□符合要求 □不符合要求		

三、光伏逐光小车产品整体安装与调试

视 频 •

光伏逐光小车的整体安装与调试

车体所用选材均为 PVC 材料，支架的选材也采用 PVC 材料。将车身整体、支架、光伏组件、直流电动机与电路连接在一起则实现了整车的组装。

（1）支架制作

支架根据设计图纸需要制作出一个多自由度凹凸关节件。此处仅介绍光伏逐光小车一侧支架制作方法，另一侧制作方法一致。其支架制作步骤如下：

Step1：用剪刀剪裁一块 PVC 方条并用尖嘴钳钳成图 3-41 所示尺寸和形状的支架 A，并装上 M2×6 的螺钉和螺母。

Step2：采用同样的方法，制作第二个支架 B，安装 M2×10 的螺钉和螺母和 M2 的垫片固定，如图 3-42 所示。支架 B 通过螺钉固定在车身的底板上。

（2）车身的制作

小车的车体使用 PVC 材料，将直流电动机粘在 PVC 材料制作的车轮身上，并在车身的顶部制作安装一块 4 cm×1.5 cm 的 PVC 方板，用于固定光伏组件支架 B。

（3）整车的组装

将光伏组件和直流电动机、控制电路均连接起来，即实现了整车的组装。最终产品成品图如图 3-43 所示。

图 3-41　制作好的支架 A

图 3-42　安装好的支架 B

图 3-43　光伏逐光小车整体图

项目评估

该项目采用全过程评估方式,从技术知识、职业能力、职业素养三方面进行考核评估。参考评估表见表 3-18。

表 3-18　光伏逐光小车评估表

评估项目	评估类别	评估内容	评估形式	自评	互评	总评	
						档次	备注
项目描述	职业能力	能根据客户需求知道光伏逐光小车产品需要达到的功能	"说"功能视频	□很准确 □较准确 □不准确	□表达准确 □表达较准确 □表达不准确	□很准确 □较准确 □不准确	总评 = 30% 自评 + 70% 互评
项目准备	技术知识	熟悉直流电动机、电解电容、开关等基础元器件的识别和检测方法	知识测验	□都知道 □大部分知道 □少部分知道 □都不知道	无	□都知道 □大部分知道 □少部分知道 □都不知道	根据知识测验成绩判定总评成绩档次
	职业能力	能正确识别、读取直流电动机、电解电容、开关的类别及技术参数,且能规范操作仪表完成元器件检测工作	现场操作 + 检测表格	□熟练准确 □较熟练准确 □不熟练准确 □不准确	□熟练准确 □较熟练准确 □不熟练准确 □不准确	□熟练准确 □较熟练准确 □不熟练准确 □不准确	总评 = 30% 自评 + 70% 互评

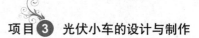

续表

评估项目	评估类别	评估内容	评估形式	自评	互评	总评	
						档次	备注
项目设计	技术知识	1. 了解光伏逐光小车电路设计的思路 2. 了解光伏逐光小车电路工作原理	知识测验	□都知道 □大部分知道 □少部分知道 □都不知道	无	□都知道 □大部分知道 □少部分知道 □都不知道	根据测验成绩判定总评成绩档次
	职业能力	能根据任务要求设计出符合要求的光伏逐光小车	"绘"流程图	□很准确 □较准确 □不准确	□很准确 □较准确 □不准确	□很准确 □较准确 □不准确	总评 = 30% 自评 + 70% 互评
		能利用 Altium Designer 软件绘制光伏逐光小车电路原理图及 PCB 图	"绘" PCB 图	□很准确 □较准确 □不准确	□很准确 □较准确 □不准确	□很准确 □较准确 □不准确	总评 = 30% 自评 + 70% 互评
		能够正确调试作为验证作用的光伏逐光小车功能电路面包板	"做"实验验证	□很准确规范 □较准确规范 □选择元件错误	□很准确规范 □较准确规范 □选择元件错误	□很准确规范 □较准确规范 □选择元件错误	总评 = 30% 自评 + 70% 互评
项目制作	技术知识	1. 熟悉光伏逐光小车支架制作方法 2. 熟悉光伏逐光小车产品的制作方法	知识测验	□都熟悉 □大部分熟悉 □少部分熟悉 □都不熟悉	无	□都熟悉 □大部分熟悉 □少部分熟悉 □都不熟悉	根据测验成绩判定总评成绩档次
	职业能力	能根据工艺规范制作出符合要求的光伏逐光单面 PCB	"做"光伏逐光单面 PCB	□规范准确 □较规范准确 □不规范准确 □不准确	□规范准确 □较规范准确 □不规范准确 □不准确	□规范准确 □较规范准确 □不规范准确 □不准确	总评 = 30% 自评 + 70% 互评
		能正确识别和检测光伏逐光小车控制电路所需元器件;按照安装规范焊接元件引脚,最终调试成功控制电路	"装调"光伏逐光小车 PCB 电路	□规范准确 □较规范准确 □不规范准确 □不准确	□规范准确 □较规范准确 □不规范准确 □不准确	□规范准确 □较规范准确 □不规范准确 □不准确	总评 = 30% 自评 + 70% 互评
		制作光伏逐光小车车身和支架,并和光伏组件、直流电动机、控制电路组装调试成功	"装调"光伏逐光小车产品	□规范准确 □较规范准确 □不规范准确 □不准确	□规范准确 □较规范准确 □不规范准确 □不准确	□规范准确 □较规范准确 □不规范准确 □不准确	总评 = 30% 自评 + 70% 互评
项目展示		团队能分工介绍该产品设计理念、思路、成功展示需求功能	分组展示	(可多选) □设计理念合理 □表达清晰 □有创新 □功能展示成功 □团队合作好	(可多选) □设计理念合理 □表达清晰 □有创新 □功能展示成功 □团队合作好	(可多选) □设计理念合理 □表达清晰 □有创新 □功能展示成功 □团队合作好	总评 = 30% 自评 + 70% 互评
整体项目	职业素养	树立科技创新理念;培养学生具有坚韧不拔、守正创新、敢想敢为的优秀品质	问卷调查	□达到目标 □达到部分目标 □未达到目标	无	□达到目标 □达到部分目标 □未达到目标	总评依据为问卷调查结果

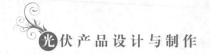

创客舞台：那些不一样的小车

一、外太空行走的光伏小车

2022 年 10 月 16 日，习近平总书记在党的二十大报告中阐述过去五年的工作和新时代十年的伟大变革时指出，"基础研究和原始创新不断加强，一些关键核心技术实现突破，战略性新兴产业发展壮大，载人航天、探月探火、深海深地探测、超级计算机、卫星导航、量子信息、核电技术、新能源技术、大飞机制造、生物医药等取得重大成果，进入创新型国家行列。"

取得辉煌成就的探月探火工程中，负责巡视探测的小车均是采用太阳能供电。在此就给大家介绍下为我国探索外太空做出卓越贡献的几款光伏小车功臣。

1. 探月行走的光伏小车

中国首辆在月球行驶的小车叫做玉兔号，和着陆器共同组成嫦娥三号探测器，以太阳能为能源，能够耐受月表真空、强辐射和高温差等极端环境。"嫦娥三号"月球车原车设计质量为 140 kg，由移动、结构与机构、导航控制、综合电子、电源、热控、测控数传和有效载荷共八个分系统组成。月球车具备 20° 爬坡、20 cm 越障能力，并配备有全景相机、红外成像光谱仪、测月雷达、粒子激发 X 射线谱仪等科学探测仪器。

玉兔号这个名称是经过多轮投票，评审专家从文化内涵、航天事业、民族特征、创意等角度进行评审评选而出。在中华民族神话传说中，嫦娥怀抱玉兔奔月。玉兔善良、纯洁、敏捷的形象与月球车的构造、使命既形似又神似，反映了我国和平利用太空的立场。

2013 年 12 月 2 日 1 时 30 分，中国在西昌卫星发射中心成功将嫦娥三号探测器送入轨道。2013 年 12 月 15 日 4 时 35 分，嫦娥三号着陆器与巡视器分离，"玉兔号"巡视器顺利驶抵月球表面。2013 年 12 月 15 日 23 时 45 分完成玉兔号围绕嫦娥三号旋转拍照，并传回照片。2016 年 7 月 31 日晚，"玉兔号"月球车超额完成任务，停止工作，着陆器状态良好。玉兔号是中国在月球上留下的第一个足迹，意义深远。它一共在月球上工作了 972 天。嫦娥三号着陆器和玉兔号月球车如图 3-44 所示。

2018 年 12 月 8 日 2 时 23 分，探月工程嫦娥四号任务着陆器和巡视器（玉兔二号月球车）组合体发射升空，实现月球背面软着陆和巡视勘察。玉兔二号月球车基本继承了玉兔号的状态，但针对月球背面复杂的地形条件、中继通信新的需求和科学目标的实际需要，也做了适应性更改和有效载荷配置调整。2019 年 1 月 3 日 10 时 26 分成功着陆月球背面，随即着陆器与巡视器分离，开始就位探测和巡视探测。月球背面比正面更为古老，玉兔二号成为中国航天事业发展的又一座里程碑，开启了中国人走向深空探索宇宙奥秘的时代，标志着中国进入具有深空探测能力的国家行列，玉兔二号月球车如图 3-45 所示。

图 3-44　嫦娥三号着陆器和玉兔号月球车

图 3-45　玉兔二号月球车

2. 探火行走的光伏小车

2021 年 5 月,我国"天问一号"探测器成功着陆在火星预选着陆区,在火星表面开展巡视探测,实现一次任务环绕、着陆和巡视探测,成功实现火星"绕、着、巡"目标。我国成为第二个在火星成功着陆探测的国家,开启了行星探测的新征程。

祝融号,为天问一号任务火星车,高度有 1.85 m,重量达到 240 kg 左右,其设计寿命为 3 个火星月,相当于约 92 个地球日,如图 3-46。祝融在中国传统文化中被尊为最早的火神,象征着我们的祖先用火照耀大地,带来光明。首辆火星车命名为"祝融",寓意点燃我国星际探测的火种,指引人类对浩瀚星空、宇宙未知的接续探索和自我超越。

2021 年 5 月 17 日,祝融号火星车首次通过环绕器传回遥测数据。5 月 22 日 10 时 40 分,"祝融号"火星车已安全驶离着陆平台,到达火星表面,开始巡视探测。6 月 11 日,天问一号探测器着陆火星首批科学影像图公布,图 3-47 所示为天问一号探测器。

探月探火为中华民族带来更多自信与力量,面向未来、面向星辰大海,中国人会有更多成果值得期待!

图 3-46　祝融号火星车

图 3-47　天问一号探测器

二、光伏玩具小车

小朋友小的时候,总会有几个电动玩具,常用电源是碱性电池或者镍氢、镍镉蓄电池。随着新能源的加入,越来越多的玩具产品加入了太阳能或者风能,节约了能源,也可以从小培养小朋友的科技探索精神。小男孩最喜欢的小车,也加上了太阳能,变身成了光伏玩具小车,驰骋在太阳光下。在这里给大家介绍市场上常见的两类光伏玩具小车,一种是受光线限制的迷你光伏玩具小车,一种是不受光线控制的光伏玩具小车。

1. 迷你光伏玩具小车

图 3-48 所示的两种迷你光伏玩具小车是功能最简单的两款小车。太阳强光照射时可以行驶,当没有光线或者光线减弱时,停止行驶。

一般情况下,这类产品体积小,功率小,电路结构简单,参考电路图如图 3-49 所示。有兴趣的同学可以自己购买电路材料,或使用身边的环保材料制作该类产品,根据自己的需求,添加或者不添加开关器件。

图 3-48　外形各异的迷你光伏玩具小车

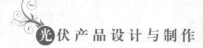
·视 频
光伏玩具小车

2. 不受光线限制的光伏玩具小车

图 3-50 所示的光伏玩具小车在有光和无光的环境下都可以行驶,采用开关器件实现光伏玩具小车的启停。

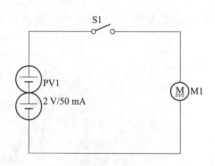

图 3-49　迷你光伏玩具小车参考电路图　　图 3-50　不受光线限制的光伏玩具小车

这类光伏玩具小车体积大,动力足,光伏组件功率大。它之所以能够实现无光时,小车也能够行驶,主要原因在于采用了蓄电池,光伏组件在这里的目的主要是给蓄电池充电。参考电路图如图 3-51 所示。二极管起到防反充的目的,防止蓄电池在没有光线时反向给光伏组件供电,浪费能源。

三、太阳能循迹小车

太阳能循迹小车采用太阳能供电,可以沿着预设的轨迹路线行驶,图 3-52 所示为传统采用红外反射方式,利用单片机控制的太阳能循迹小车。

此处给大家提供另一个方案,采用 LM393 为核心的电路设计方式实现特定跑道轨迹自动行驶的功能,不需要使用单片机电路,结构简单,控制精度高,起停快。

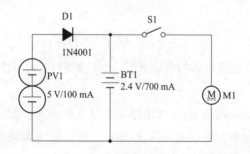

图 3-51　不受光线限制的光伏玩具小车电路图　　图 3-52　光伏循迹小车

该电路包含电源模块和循迹控制模块两部分。其工作原理是采用 LM393 电压比较器作为循迹小车的主控芯片。利用光敏电阻在光线强弱条件下的阻值变化和 LM393 电压比较器对小车的左右驱动轮的控制来实现小车的循迹驱动。

1. 电源模块

电源模块由太阳能给蓄电池进行充电,蓄电池采用大容量的锂电池供电。此处选择 1 节 3.7 V 的锂电池供电,除 5 V 光伏组件供电外,还可用外接 USB 电源的方式供电,外接电源和光伏组件充电模块电路图如图 3-53 所示,图中 VCC 表示光伏组件供电,VCC2 表示单节 3.7 V 锂电池供电。

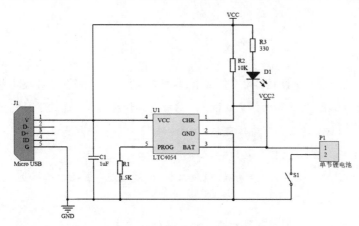

图 3-53　USB 电源接入和太阳能充电输入

2. 循迹控制模块

本小车选用红色 LED 灯做光源,光源照射到白色物体和黑色(本处设定小车运行轨迹路线为黑色)物体上时的反光率是不同的。因反光率不同,光线投射到光敏电阻的阻值会发生明显区别;通过检测光敏电阻阻值变化能判断小车是否行驶在黑色轨迹线上。若光敏电阻阻值发生变化,则说明检测到白色区域,小车跑偏,会通过控制小车的左轮或右轮电动机采取减速或者停止动作,以使其回到原轨迹。本循迹小车左右轮驱动采用带减速齿轮的直流电动机,未带减速功能的直流电动机根本来不及控制且会因为转矩太小甚至跑不起来。循迹控制模块的电路图如图 3-54 所示。

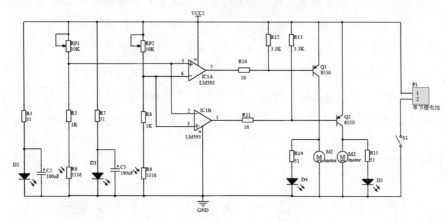

图 3-54　循迹控制模块电路图

项目 4

➡ 光伏控制器的设计与制作

⏱ 学习目标

通过该项目学习,熟知光伏控制器的功能需求;掌握光伏控制器产品所需各类元器件的基本性能和检测方法;能熟练使用工具、设备和软件完成该产品的整个设计及制作。通过了解光伏控制器技术发展史,树立技能报国理念,培养学生具有自信自立、专业专注、善作善成的优秀品质。

技术知识目标:
1. 了解光伏控制器功能、分类和参数。
2. 熟悉保险丝、继电器、稳压二极管、电位器、集成电路等基础元件的识别和检测方法。
3. 掌握光伏控制器产品功能电路设计方法。
4. 掌握电压比较电路和可调直流稳压电源的组成。
5. 掌握光伏控制器产品功能电路调试方法。
6. 掌握 Altium Designer 软件绘制含有子件原理图元件符号的方法。
7. 掌握 Altium Designer 软件绘制新的 PCB 元件封装的方法。
8. 熟悉 PCB 元件安装工艺规范和调试步骤。

职业能力目标:
1. 能正确识别、读取保险丝、继电器、稳压二极管、电位器、集成电路的类别及技术参数,且能规范操作仪表完成元器件检测工作。
2. 能根据技术要求设计出符合要求的光伏控制器功能电路图。
3. 能利用 Altium Designer 软件设计出符合要求的 PCB 图纸。
4. 能够正确调试作为验证作用的光伏控制器电路板。
5. 能根据工艺规范制作出符合要求的光伏控制器 PCB。
6. 能按照安装规范焊接元件,最终调试成功电路。

职业素养目标:树立技能报国理念;培养学生具有自信自立、专业专注、善作善成的优秀品质。

⚙ 项目导入

产品背后的故事——光伏控制器技术发展史

科技是第一生产力、人才是第一资源、创新是第一动力,未来通过不断创新光伏控制器技术,提高光伏发电系统效率,助力"双碳"目标实现。

　　光伏控制器发展至今,总的来说,已经经历了三代的技术历史,其效率越来越高,对能源的转换效率越来越高,对能源的利用率越来越高。

　　第一代光伏控制器,它直接将光伏组件与蓄电池相连,当蓄电池充足电后会自动断开充电电路。因为蓄电池内阻的原因,很难将蓄电池充满,且光伏组件未充分利用,充电转换效率只有70%~76%,该代产品已经被市场淘汰。

　　第二代技术是脉冲宽度调制(Pulse Width Modulation,PWM)技术,是光伏控制器市场上应用最广泛的技术,它的工作方式是PWM充电控制方式,可以完全解决蓄电池充不满电的问题,充电转换效率为75%~80%,但光伏组件未完全利用,如图4-1所示。

图 4-1　PWM 光伏控制器

　　第三代技术是最大功率点跟踪(Maximum Power Point Tracking,MPPT)技术,是最高端的光伏控制器。MPPT光伏控制器(见图4-2),是指具备"最大功率点跟踪"功能的光伏控制器,是PWM光伏控制器的升级版,它能实时检测光伏组件电压和电流,还能不断地追踪最大功率,使系统始终以最大功率对蓄电池进行充电,MPPT跟踪效率可以达到99%,使整个系统发电效率高达97%,并对蓄电池充电起到很好的管理功能,分为MPPT充电、恒压均充电和恒压浮充电。

图 4-2　MPPT 光伏控制器

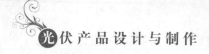

项目描述

　　光伏控制器在小功率离网发电系统中应用,主要用来保护蓄电池,如常见的光伏路灯产品;它在一些大中型离网发电系统中,它还担负着平衡光伏系统能量,保护蓄电池及整个系统正常工作并显示系统工作状态等重要作用。该项目就是设计一款简易光伏控制器,主要实现保护蓄电池,避免过充电和过放电的功能。

一、项目要求

　　某企业承接了一批小功率光伏控制器的设计及制作订单。客户要求企业提供 200 个光伏控制器,其功能要求如下:

　　(1)单路光伏组件输入。

　　(2)光伏控制器最大输入电流 4 A、最大输出电流为 2 A。

　　(3)能够对 12 V 蓄电池进行过充电和过放电保护。

　　(4)蓄电池电压高于 14.5 V 时,自动断开太阳能充电电路,同时进行停充指示。

　　(5)蓄电池电压低于 11.5 V 时,电路自动利用太阳能进行充电,同时进行过放电和充电指示。

　　(6)电路正常工作时,能进行正常工作指示。

二、涉及的活动

　　(1)根据项目要求,提前做好相关的技术准备,包括保险丝、继电器、稳压二极管、电位器、集成电路的识别和检测。

　　(2)根据光伏控制器项目要求,进行光伏控制器功能电路原理图设计,并利用 Altium Designer 软件设计该功能电路 PCB 图。

　　(3)根据设计出的 PCB 图纸,按照工艺规范流程制作出符合要求的单面 PCB,并对该 PCB 进行元件的安装与调试,最终实现要求的功能。

　　(4)项目评价。针对每个活动,从技术知识、职业能力、职业素养三方面组织自评、互评等评价。

　　(5)视野拓宽。了解专利的基础知识;介绍一种风光互补控制器和一种太阳能市电互补控制器的参考电路及电路分析。

项目准备

视 频

光伏控制器介绍

　　项目要求设计并制作一批光伏控制器产品,并提出了具体的技术参数要求。那么光伏控制器有哪些功能、结构、种类及参数呢? 保险丝、继电器等元器件有哪些我们不知道的东西呢? 接下来将一一进行介绍。

一、光伏控制器的介绍

　　为了更全面地了解和认识光伏控制器,我们从光伏控制器的功能、分类、参数三个方面一一进行介绍。

1. 功能

光伏控制器的主要作用是保护蓄电池。具体来说,有七大功能,分别是:

图4-3 太阳能专用储能蓄电池

(1)防止蓄电池过充电和过放电,延长蓄电池寿命

当蓄电池充满电量达到 100% 时,若继续对其进行充电,称为过充电。若蓄电池已经达到放电最低值,继续对其进行放电,称为过放电。过充电和过放电对蓄电池的寿命都有影响,蓄电池长时间存在过充电、过放电现象,将会大大缩短蓄电池使用寿命。太阳能专用储能蓄电池如图 4-3 所示。

(2)防止光伏组件(方阵)、蓄电池极性接反

光伏组件和蓄电池是有极性的,光伏发电系统安装时,极性可能会接反,从而造成对系统的损伤,为了保护整个系统,设置其具有防光伏组件(方阵)、蓄电池极性接反的功能。光伏控制器构成的光伏发电系统图如图 4-4 所示。

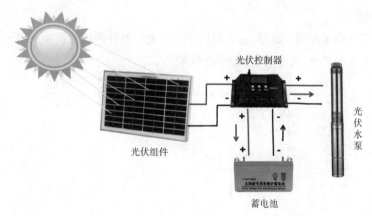

图4-4 光伏控制器构成的光伏发电系统

(3)防止负载、逆变器和其他设备内部短路

负载、逆变器和其他电子设备,使用时间长之后,内部可能会发生短路,产生故障,为了不对整个光伏发电系统产生影响,就需要设置防负载设备内部短路功能。

(4)具有防雷击功能

所有的电子电气设备都需要具备防雷击功能,防止直击雷和感应雷对设备的影响。

(5)温度补偿

蓄电池有个特点,其系统电压典型值参考的温度是 25 ℃,该电压值会随着温度的变化而变化。当温度升高时,系统电压会降低,当温度降低时,低于 25 ℃,则系统电压会升高。具体来说,就是当温度升高时,系统电压会降低,当蓄电池已经达到降低后的系统电压时,实际此时已经充满电了,但若还是参考 25 ℃时系统电压,则还需继续充电,就会出现过充电现象;当温度降低时,系统电压升高,当蓄电池充电达到 25 ℃时系统电压时,停止充电,则可能会出现充不满电的情况。依靠温度传

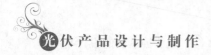

感器对蓄电池的温度进行采集,然后根据温度值自动调整均充和浮充电压,实现温度补偿功能。

（6）显示光伏发电系统各种工作状态

光伏控制器可以通过指示灯状态显示光伏组件(方阵)状态、负载状态、蓄电池状态、辅助电源状态、环境温度状态、故障报警等。

（7）耐冲击电压和冲击电流保护

光伏组件的输出电压会跟随照射到光伏组件上的太阳能资源的好坏而变化,那就可能会出现,某天太阳能资源特别好,使得光伏组件的工作电压和电流会大于标称电压值,而光伏组件直接作为输入端接入控制器,那么电压和电流就比平时高一些,对于控制器而言,这时输入的电压和电流就是冲击电压和冲击电流,如果不作任何处理,则会损坏控制器。因此,设置在控制器的光伏组件输入端,加入 1.25 倍的标称电压或 1.25 倍的标称电流,持续 1 h,控制器不损坏,则其具备了耐冲击电压和冲击电流保护功能。

2. 分类

光伏控制器按照结构划分,可以分为并联型光伏控制器、串联型光伏控制器、脉宽调制型光伏控制器、多路控制型光伏控制器、智能型光伏控制器和最大功率点跟踪型光伏控制器。

（1）并联型控制器

并联型控制器又称旁路型控制器,它是利用并联在光伏组件两端的机械或电子开关器件控制充电过程。一般用于小型系统,其结构图如图 4-5 所示。

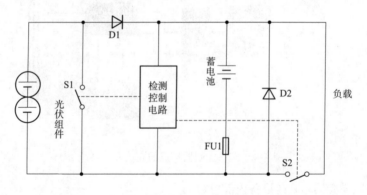

图 4-5　并联型控制器结构框图

电路中的元器件,每一个都有其作用,缺一不可。

➤ S1 为充电控制开关。当开关断开时,光伏组件正常对蓄电池供电。当开关闭合时,则光伏组件短路,从而断开对蓄电池的充电。

➤ S2 为放电控制开关。当开关断开,则负载连接未形成一个电路回路,不工作,实现放电控制功能。

➤ D1 为防反充电二极管。当无光时,光伏组件没有电压,则蓄电池电压高于光伏组件电压,会反向放电,因此根据二极管的单向导电性,从而实现防反充功能。

➤ D2 为蓄电池反接保护二极管。它和蓄电池的连接为并联方式,正常情况下,它不起作用,而当蓄电池反接时,它会形成一个回路,短接蓄电池,大电流瞬间熔断,则起到保护作用。

➤ FU1 为保险丝,它和蓄电池串联,实现了反接保护功能。

（2）串联型控制器

利用串联在充电回路中的机械或电子开关器件控制充电过程,其结构图如图4-6所示。

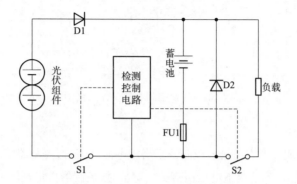

图4-6 串联型控制器结构框图

其元件数量和类型与并联型控制器类似,区别在于充电开关的位置换了,所以其各部分元器件的功能和并联型电路一致。

其内部的检测控制电路单元可以采用图4-7所示的蓄电池电压的检测控制电路,主要是对蓄电池的电压随时进行取样检测,并根据检测结果向过充电、过放电开关器件发出接通或关断的控制信号。

①过电压检测

蓄电池充满时,电压升高 IC1 负端电压大于正端电压 G1 输出低电平。

②欠电压检测

蓄电池放电至一定深度（如 50%）,电压下降 IC2 正端电压小于负端电压 G2 输出低电平。

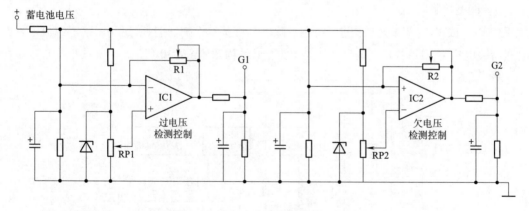

图4-7 蓄电池电压检测控制电路图

（3）脉宽调制型控制器

该种控制器是市面上使用比较广泛的一种控制器。它是以脉冲方式开关光伏组件的输入,充电过程能形成较完整的充电状态,其平均充电电流的瞬时变化更符合蓄电池当前的充电状况,能够增加光伏系统的充电效率并延长蓄电池的总循环寿命,其脉宽调制型控制器结构图如图4-8所示。

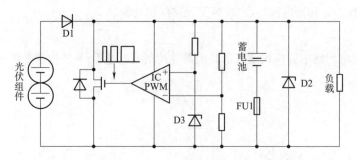

图 4-8　脉宽调制型控制器结构图

（4）多路控制型控制器

将光伏组件方阵分成多个支路接入控制器。当蓄电池充满时，控制器将光伏组件方阵各支路逐路断开，S1 到 Sn 开关断开；当蓄电池电压回落到一定值时，控制器再将光伏组件方阵逐路接通，实现对蓄电池组充电电压和电流的调节。其多路控制器原理图如图 4-9 所示。

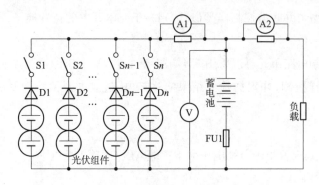

图 4-9　多路控制器原理图

（5）智能型控制器

采用 CPU 或 MCU 等微处理器进行控制。除了具有基本保护功能外，还利用蓄电池放电率高准确地进行放电控制，具有高精度的温度补偿功能。其结构图如图 4-10 所示。

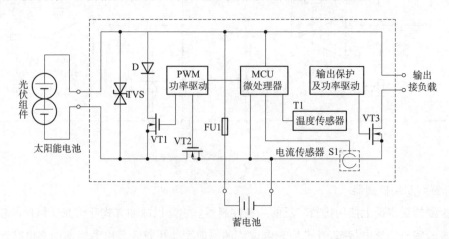

图 4-10　智能型控制器结构图

（6）最大功率点跟踪型控制器

最大功率点跟踪型控制器（Maxam PowerPoint Track，MPPT），它是控制器中工作效率最高的产品。通过检测光伏组件方阵的电压和电流，并相乘得到功率，判断此时功率是否达到最大，若不在最大点，则调整脉冲宽度，增大充电电流，延长充电时间，来获取最大充电功率。其结构图如图 4-11 所示。

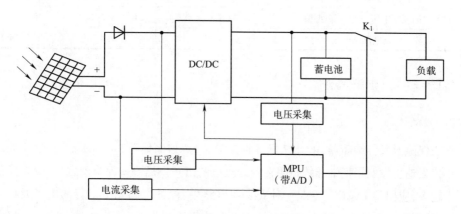

图 4-11　智能型控制器结构图

3. 参数

（1）系统电压

它是光伏发电系统直流工作电压。小功率一般为 12 V 和 24 V；中、大功率为 48 V、110 V 和 220 V。常见的太阳能路灯系统其系统电压一般为 12 V。

（2）最大充电电流

它是电池组件（方阵）输出最大电流（5 A、6 A、8 A、10 A、12 A、15 A 等）。

（3）太阳能电池方阵输入路数

小功率系统一般为单路输入，大功率光伏控制器都是采用多路输入，以降低单路电流强度。一般为 6 路、12 路和 18 路。

（4）电路自身损耗（空载损耗）

一般不能超过额定充电电流的 1% 或 0.4 W，一般为 5 ~ 20 mA。

（5）蓄电池过充电保护电压（HVD）与蓄电池过放电保护电压（LVD）

其过充电和过放电保护电压一览表见表 4-1。

（6）温度补偿

一般为 -20 ~ -40 mV/℃。

（7）工作环境温度

一般在 -20 ~ +50 ℃之间。

表 4-1　蓄电池过充、过放电保护电压一览表

电压类别	电压值/V		
系统电压	12	24	48
过充保护电压(HVD)(过压关断电压)/典型值	14.1-14.5/14.4	28.2-29/28.8	56.4-58/57.6
过充关断恢复电压(HVR)/典型值	13.1-13.4/13.2	26.2-26.8/26.4	52.4-53.6/52.8
过放保护电压(LVD)/典型值	10.8-11.4/11.1	21.6-22.8/22.2	43.2-45.6/44.4
过放关断恢复电压(LVR)/典型值	12.1-12.6/12.4	24.2-25.2/24.8	48.4-50.4/49.6
蓄电池充电浮充电压	13.7	27.4	54.8

二、保险丝的识别及检测

1. 保险丝的识别

视频

保险丝的识别及检测

　　保险丝又称熔断器,IEC127 标准将其定义为"熔断体"(fuse-link)。自从十九世纪九十年代爱迪生发明了把细导线封闭在台灯座里的第一个插塞式保险丝之后,保险丝的种类越来越多,应用越来越广。它是一种安装在电路中,保证电路安全运行的电子元件。正常情况下,保险丝元件在电路中起到连接到电路的作用。非正常(超负荷)情况下,保险丝元件作为电路中的安全保护元件,通过自身熔断安全切断并保护电路。其电路原理图符号是FU,图 4-12 所示为保险丝电路原理图符号的画法。

图 4-12　保险丝电路原理图符号

保险丝实物到底是什么样子呢? 我们先来做个小测验。

小测验

(单选题)图 4-13 所示的三种元器件,哪种为保险丝元器件?(　　)

(a)　　　　　　　　　(b)　　　　　　　　　(c)

图 4-13　三种电子元器件

　　到底哪个是需要找出来的保险丝元器件呢? 我们先来了解保险丝元器件的分类,认识更多的保险元器件,自然就能揭晓其答案。

（1）保险丝的分类

保险丝可以按照保护形式、使用范围、形状、熔断速度、类型进行分类。此处介绍常见的几种保险丝。

①电流保险丝

通常所说的保险丝就是电流保险丝，主要用于过电流保护。其电流保险丝如图 4-14 所示。最常用的电流保险丝主要有玻璃管和陶瓷管两种，在光伏电子产品中电源电路中大量采用。陶瓷管保险丝是一种使用陶瓷管作为保险丝外壳的一种保险丝装置，其防爆等性能比玻璃管保险更好一些。两者外形基本相同，但不能互换使用。

②温度保险丝

温度保险丝又称热熔断体（GB 9816.1—2013），主要用于过热保护，它是温度感应回路切断装置。温度保险丝能感应电器电子产品非正常运作中产生的过热，从而切断回路以避免火灾的发生。常用于电

（a）玻璃管　　（b）陶瓷管

图 4-14　电流保险丝

吹风、电熨斗、电饭锅、电炉、变压器、电动机、饮水机、咖啡壶等，温度保险丝运用后无法再次使用，只在熔断温度下动作一次。

温度保险丝最通用的三种是有机物型温度保险丝、瓷管型温度保险丝和方壳型温度保险丝。图 4-15 所示为这三类保险丝实物图。

（a）有机物型温度保险丝　　　　（b）瓷管型温度保险丝　　　　（c）方壳型温度保险丝

图 4-15　三种常见温度保险丝

③自恢复保险丝

自恢复保险丝是一种过流电子保护元件，采用高分子有机聚合物在高压、高温，硫化反应的条件下，掺加导电粒子材料后，经过特殊的工艺加工而成。传统保险丝过流保护，仅能保护一次，烧断了需更换，而自恢复保险丝具有过流过热保护，自动恢复双重功能。例如镇流器中自恢复保险丝，可提供日光灯在达到使用期限时的保护和晶体管的故障保护，如图 4-16 所示。

（2）保险丝的参数

①电压额定值

保险丝的电压额定值必须大于或者等于断开电路的最大电压。由于保险丝的阻值非常低，只有当保险丝试图熔断时，保险丝的电压额定值才变得重要。当熔丝元件融化后，保险丝必须能迅速断开，熄灭电弧，并且阻止开路电压通过断开的熔丝元件再次触发电弧。一般贴片保险丝的标准电压额定值系列为 24 V、32 V、48 V、63 V、125 V,贴片保险丝如图 4-17 所示。

图 4-16　自恢复保险丝　　　　　　　　图 4-17　贴片保险丝

②电流额定值

电流额定值表明了保险丝在一套测试条件下的电流承载能力。正常工作电流在 25 ℃下工作，保险丝的额定电流通常减少25%以避免有害的熔断。每只保险丝都会注明电流额定值，这个值可以为数字、字母或者颜色标记，可以通过产品数据表找到每种标记的意义。

③分断能力

保险丝必须能在不破坏周围电路情况下断开故障电路。分断能力是指在额定电压下，保险丝能够安全断开电路并不发生破损时的最大电流值。保险丝的分断能力必须等于或者大于电路中可能发生的最大故障电流。

④环境温度

环境温度是直接接触在保险丝周围的空气温度，指的不是室温。保险丝的电特性在 25 ℃环境温度中是额定的标准值。无论高于还是低于 25 ℃都会影响保险丝的断开时间和电流承载特性。

⑤快断保险丝和慢断保险丝

快断保险丝在过载和短路时断开非常迅速。IEC 对快断保险丝规定有两种，一种是快断，一种是超快断。当 10 倍额定电流时，快断保险丝在 0.001 ~ 0.1 s 内断开；超快断保险丝会小于 0.001 s 断开。慢断保险丝可以允许暂时、无害的浪涌电流通过而不断开，但当持续过载或短路时，它就会断开。同样 IEC 对慢断保险丝的规定也有两种，分别是慢断和超慢断。当 10 倍额定电流时，慢断保险丝在 0.01 ~ 0.1 s 内断开；超慢断在 0.1 ~ 1 s 内断开。

⑥浪涌和脉冲电流特性

有些使用场合会产生浪涌电流，保险丝能够使其通过而不发生误断。

（3）保险丝的检测

在检测之前，需要准备好测量工具和测量对象；接着在外观检查判断无损伤情况下，按照操作规范对保险丝进行检测，最终判断该保险丝器件是否能够用于该光伏产品；最后按照企业 7S 管理要求，对实验现场进行整理清洁。

①检测前准备

需准备的保险丝测量工具和材料见表 4-2。

表 4-2　保险丝测量工具和材料清单

序号	准备用具	参考型号	数量
1	数字万用表	优利德 UT30A	1 块
2	玻璃管保险丝	250 V/8 A	1 个

②外观检查

要对已经准备好的保险丝进行外观检查,主要是检查保险丝上外观表征参数是否与给定保险丝参数相符合;外表面有没有破损,内部熔丝是否已经断开。保险丝实物图如图 4-18 所示。

保险丝上外观表征参数有两类参数,分别是额定电压和额定电流。其数值一般位于保险丝的外壳上,如图 4-18 所示,外观检测情况请记录于表 4-3 中。

③保险丝检测

此处的保险丝检测,主要是测试保险丝的通断。若显示阻值,说明该保险丝是好的,若无,说明该保险丝已经损坏。

保险丝检测操作步骤具体如下:

Step1:调挡。将万用表挡位调至蜂鸣挡。

Step2:检测。将万用表红黑表笔接在待测保险丝的两端,此处不需要考虑极性连接。

Step3:判断。若万用表蜂鸣音响起,且液晶显示屏有数值,说明该保险丝可以使用;若万用表蜂鸣音未响,且液晶显示屏无具体数值,说明该保险丝不能使用。请将结论记录于表 4-3 中,实测图如图 4-19 所示。

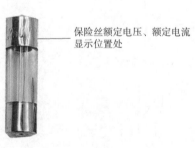
保险丝额定电压、额定电流显示位置处

图 4-18　玻璃管保险丝　　　　图 4-19　万用表检测保险丝图

表 4-3　玻璃管保险丝检测记录表

序号	检测形式	检测类别	检测内容	检测结果	结　论
1	外观检查	保险丝参数	实物参数是否与给定保险丝参数一致	_____ V,　_____ A	□一致　□不一致
		熔丝完整度	保险丝管内熔丝是否完整;无断裂现象	□熔丝完整　□熔丝断裂	熔丝内部检查 □好　□损坏
2	仪器测试	保险丝质量好坏	保险丝蜂鸣挡测试	□蜂鸣挡响　□蜂鸣挡不响	熔丝测试检查 □好　□损坏
最终结论:该保险丝是否可以使用				□可以使用　□不能使用	

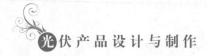

④7S 管理

按照企业 7S 管理要求,实验结束后,需要关闭实验仪表,对实验工具和材料进行整理,对实验环境进行清洁、清扫工作。

●视 频

继电器的识别及检测

三、继电器的识别及检测

1. 继电器的识别

继电器是一种电子控制器件,它具有控制系统(又称输入回路)和被控制系统(又称输出回路),通常应用于自动控制电路中,它实际上是用较小的电流去控制较大电流的一种"自动开关"。故在电路中起着自动调节、安全保护、转换电路等作用。

继电器由线圈和触点组两部分组成,因此继电器在电路图中的图形符号包含两个部分,线圈用一个长方框表示,触点组合用触点符号表示,如图 4-20 所示。其电子继电器的文字符号为 J。继电器的触点有三种基本形式:

①动合型。线圈不通电时,两触点是断开的,通电后,两触点就闭合。

②动断型。线圈不通电时,两触点是闭合的,通电后,两触点就断开。

③转换型。这种触点组共有三个触点,即中间是动触点,上下各一个静触点。线圈不通电时,动触点与其中一个静触点断开和另一个闭合,线圈通电后,动触点就移动,使原来断开的成闭合,原来闭合的成断开状况,达到转换的目的。

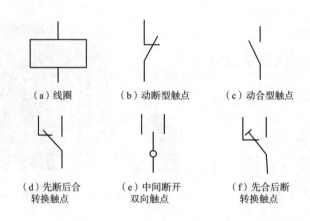

(a)线圈　　　　(b)动断型触点　　　(c)动合型触点

(d)先断后合　　　(e)中间断开　　　(f)先合后断
　转换触点　　　　双向触点　　　　转换触点

图 4-20　电子继电器原理图符号图

继电器实物到底是什么样子呢? 我们先来做个小测验。

 小测验

(单选题)图 4-21 所示的三种元器件,哪种为继电器? (　　　)

到底哪个是需要找出来的电子继电器元器件呢? 我们先来了解电子继电器元器件的分类,认识更多的电子继电器元器件,自然就能揭晓其答案。

(1)继电器的分类

继电器常分为电磁继电器、热敏干簧继电器和固态继电器(SSR)三类。

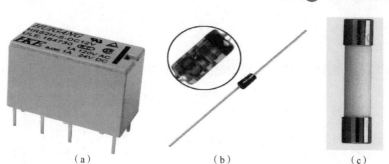

(a) (b) (c)

图 4-21　三种电子元器件

①电磁继电器

电磁式继电器一般由铁芯、线圈、衔铁、触点簧片等组成的。只要在线圈两端加上一定的电压，线圈中就会流过一定的电流，从而产生电磁效应，衔铁就会在电磁力吸引的作用下克服返回弹簧的拉力吸向铁芯，从而带动衔铁的动触点与静触点（常开触点）吸合。当线圈断电后，电磁的吸力也随之消失，衔铁就会在弹簧的反作用力返回原来的位置，使动触点与原来的静触点（常闭触点）吸合。这样吸合、释放，从而达到了在电路中的导通、切断的目的。对于继电器的"常开、常闭"触点，可以这样来区分：继电器线圈未通电时处于断开状态的静触点，称为"常开触点"；处于接通状态的静触点称为"常闭触点"。小功率的电磁继电器如图 4-22 所示。

②热敏干簧继电器

热敏干簧继电器是一种利用热敏磁性材料检测和控制温度的新型热敏开关。它由感温磁环、恒磁环、干簧管、导热安装片、塑料衬底及其他一些附件组成。它具有结构简单、体积小、制造方便和价格低廉等优点，广泛用于电动机过负载保护、过热报警装置、复印机、自动售货机以及电饭锅等家用电器中。实物图如图 4-23 所示。

③固态继电器

固态继电器是一种没有机械运动、不含运动零件的继电器；与电磁继电器相比，其具有零噪声、寿命长、切换速度神速、抗干扰、耐腐蚀等优点。该继电器广泛应用于一般家用电器；煤矿、石油等工矿行业；计算机、工业自动化、数控机械、遥控设备、医疗器械等领域。

它是一种两个接线端为输入端，另两个接线端为输出端的四端器件，中间采用隔离器件实现输入输出的电隔离。固态继电器按负载电源类型可分为交流型和直流型。按开关型式可分为常开型和常闭型。按隔离型式可分为混合型、变压器隔离型和光电隔离型，以光电隔离型为最多。实物图如图 4-24 所示。

图 4-22　电磁继电器　　　　　图 4-23　热敏干簧继电器　　　　　图 4-24　固态继电器

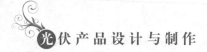

（2）继电器的参数

①额定工作电压

它是指继电器正常工作时线圈所需要的电压。根据继电器的型号不同，可以是交流电压，也可以是直流电压。

②直流电阻

它是指继电器中线圈的直流电阻，可以通过万用表测量。

③吸合电流

它是指继电器能够产生吸合动作的最小电流。在正常使用时，给定的电流必须略大于吸合电流，这样继电器才能稳定地工作。而对于线圈所加的工作电压，一般不要超过额定工作电压的 1.5 倍，否则会产生较大的电流而把线圈烧毁。

④释放电流

它是指继电器产生释放动作的最大电流。当继电器吸合状态的电流减小到一定程度时，继电器就会恢复到未通电的释放状态。此时电流远远小于吸合电流。

⑤触点切换电压和电流

它是指继电器允许加载的电压和电流。它决定了继电器能控制电压和电流的大小，使用时不能超过此值，否则很容易损坏继电器的触点。

（3）继电器的检测

在检测之前，需要准备好测量工具和测量对象；接着在外观检查判断无损伤情况下，按照操作规范对继电器进行检测，最终判断该继电器器件是否能够用于该光伏产品；最后按照企业 7S 管理要求，对实验现场进行整理清洁。这里检测的继电器是光伏产品中常用的电磁继电器。

①检测前准备

需准备的工具和材料见表4-4。

表4-4　继电器测量工具和材料清单

序号	准备用具	参考型号	数量
1	继电器	JQC-3F(T73)	1 个
2	发光二极管	3 mm 红/蓝	颜色各 1 个
3	电阻	1/4 W，100 Ω	2 个
4	镍氢蓄电池	3.6 V/700 mA·h	1 组
5	导线	0.35 mm² 红/黑	4 根
6	面包板	SYB-120	1 个
7	直流稳压电源	ETM-305 A	1 个
8	数字万用表	优利德 UT30A	1 块

②外观检查

要对已经准备好的继电器进行外观检查,主要是检查给定检测继电器上型号是否与要求型号相符合;外表面及引脚有没有破损,继电器外壳上有继电器型号及电性能参数,如图4-25所示。

③继电器检测

根据给定继电器型号,通过网络查询该元器件各触点情况。接着在未通电状态下,通过万用表检测各引脚间状态是否与元件相符合。搭建电路,在通电状态下,观测触点开关是否能够实现状态转换。

Step1:根据给定继电器型号,通过网络查询该元器件各触点情况。此处检测的元器件型号是JQC-3F(T73),是一个五脚器件,其引脚对应的关系如图4-26所示。

图 4-25　待检测继电器实物图

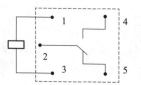

图 4-26　JQC-3F(T73)元件内部触点情况图

Step2:在未通电状态下,通过万用表检测各引脚间状态是否与元件相符合。

a. 打开万用表,调节挡位至欧姆挡。

b. 根据参考引脚触点情况,万用表用红黑表笔分别接触继电器的1脚和3脚,此时有数值出现,表示这两个引脚所接是线圈,没有问题。

c. 用红黑表笔测量2脚和4脚,若两脚电阻阻值显示为无穷大,说明这两个触点为常开开关。

d. 用红黑表笔测量2脚和5脚,若两脚电阻阻值显示为零,说明这两个触点为常闭开关。

Step3:搭建通电检测电路。为使实验效果显著,使用面包板搭建图4-27所示电路图,使用不同颜色的发光二极管作为状态指示。

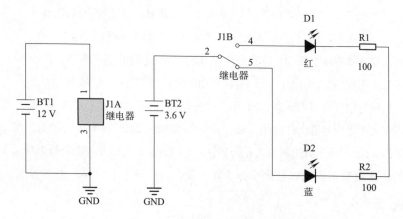

图 4-27　继电器通电检测电路连接图

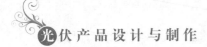

Step4：在通电状态下，观测触点开关是否能够实现状态转换。当线圈未通电，两对触点开关给予3.6 V的电源供电，正常情况下，2-5脚常闭开关对应的蓝色灯亮；2-4脚常开开关对应的红色灯不亮。当添加12 V直流电源，给线圈通电，2-5脚常闭开关变成常开状态，蓝色灯灭；2-4脚常开开关变成常闭状态，对应的红色灯亮。

Step5：判断元件的好坏。继电器能够在线圈通电状态下，实现开关状态转换功能，此继电器能够正常使用；若不能，则该继电器不能用于光伏产品使用，将结果填写至表4-5中。

表4-5　继电器检测记录表

序号	检测形式	检测类别	检测内容	检测结果	结　论
1	外观检查	继电器型号	实物型号是否与要求型号一致	要求型号：_____ 给定型号：_____	□一致　□不一致
		外观完整性	继电器外壳是否有烧焦、破裂痕迹；引脚是否完整	□外壳完整　□外壳不完整 □引脚完整　□引脚不完整	外观完整性 □好　□损坏
2	仪器测试	继电器质量好坏	未通电时，各引脚间状态是否与元件相符合	□线圈有阻值 □线圈无阻值 □常闭开关正常 □常闭开关不正常 □常开开关正常 □常开开关不正常	未通电检测元件质量 □好　□损坏
			通电状态下，观测触点开关是否能够实现功能状态转换	□能实现功能状态转换 □不能实现功能状态转换	通电检测元件质量 □好　□损坏
最终结论：该继电器是否可以使用				□可以使用　□不能使用	

④7S管理

按照企业7S管理要求，实验结束后，需要关闭实验仪表，对实验工具和材料进行整理，对实验环境进行清洁、清扫工作。

四、稳压二极管的识别及检测

● 视频

稳压二极管的
识别及检测

1. 稳压二极管的识别

稳压二极管又称齐纳二极管，英文名称Zener Diode。它是利用PN结反向击穿状态，其电流可在很大范围内变化而电压基本不变的现象，制成的起稳压作用的二极管。它在反向导通时，在一定的电流范围内，端电压几乎不变，表现出稳压特性，因此常用于稳压电路、限幅电路中。稳压二极管是根据击穿电压来分挡，因为这种特性，稳压二极管主要作为稳压器或者电压基准元件使用。依据GB/T 4728.5—2018，图4-28所示为稳压二极管电路原理图符号的画法，三角形宽边对应为正极，另一端为负极，其电路原理图符号名称是VD。

图4-28　稳压二极管电路原理图符号

稳压二极管实物到底是什么样子呢？我们先来做个小测验。

 小测验

（单选题）图4-29所示的三种元器件，哪种为稳压二极管元器件？（　　　）

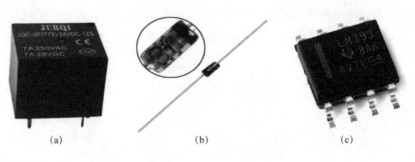

图 4-29　三种电子元器件

到底哪个是需要找出来的稳压二极管元器件呢? 我们先来了解稳压二极管元器件的分类,认识更多的稳压二极管元器件,自然就能揭晓其答案。

(1)稳压二极管的分类

稳压二极管可以根据外壳封装材料、内部结构和功率进行分类。

①根据外壳封装材料划分

稳压二极管根据外壳封装材料可以划分为金属封装、玻璃封装、塑料封装,其实物图如图 4-30 所示。

（a）金属封装　　　　　　　（b）玻璃封装　　　　　　　（c）塑料封装

图 4-30　根据外壳封装材料划分的稳压二极管

②根据内部结构划分

根据内部结构可分为普通稳压二极管(两根引脚)和温度补偿型稳压二极管(三根引脚)。因稳压二极管的稳定电压值会随着温度的变化而变化,会影响稳压的精准度,因此在一些要求电压温度特性较高的场合下,使用温度补偿型稳压二极管。温度补偿型稳压二极管实物图及电路图符号如图 4-31 所示。

③根据功率划分

根据电流容量可分为大功率稳压二极管(2 A 以上)和小功率稳压二极管(1.5 A 以下)。一般小功率稳压二极管采用玻璃或塑料封装,大功率稳压二极管采用散热良好的金属外壳封装。其大功率稳压二极管实物图如图 4-32 所示。

(2)稳压二极管的极性判断和参数

①极性判断

a. 外观判断极性。一般的稳压二极管,其管身上标有" + "、" − "或标有稳压二极管的图形符

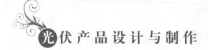

号,据此可以判断出元件的极性,如图4-33(a)所示。若未标注,则查看外形。塑封和玻璃封装稳压二极管管体上印有色环的一端为负极,另一端为正极,如图4-33(b)、(c)所示。

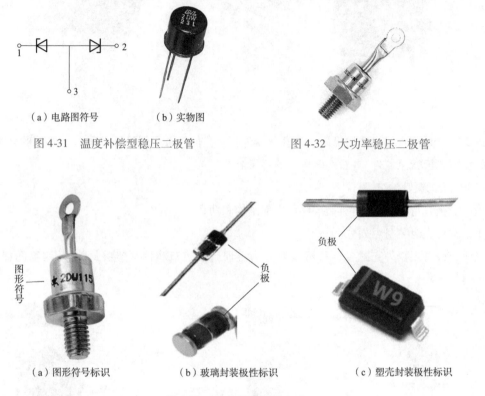

（a）电路图符号　　　（b）实物图

图4-31　温度补偿型稳压二极管　　　　　　图4-32　大功率稳压二极管

（a）图形符号标识　　　（b）玻璃封装极性标识　　　（c）塑壳封装极性标识

图4-33　外观判断极性方法

b. 万用表判断极性。测量的方法与普通二极管相同,万用表调至电阻挡,将两表笔分别接稳压二极管的两个电极,测出一个结果后,再对调两表笔进行测量。在两次测量结果中,阻值较小那一次,红表笔接的是稳压二极管的正极,黑表笔接的是稳压二极管的负极。

②参数

稳压二极管的主要技术参数有稳定电压、工作电流、最大工作电流、最大允许耗散功率和动态电阻。

a. 稳定电压(V_z)。这是指稳压二极管在起稳压作用的范围内,其两端的反向电压值,通常简称"稳压值"。稳压二极管的稳定电压值随其工作电流和温度的变化而略有变化。不同型号的稳压二极管一般具有不同的稳定电压U_z,即使是同一型号的稳压二极管,稳定电压值也不可能完全相同,使用时应根据需要选取。在要求较严的情况下,稳压二极管的具体稳定电压应由实测确定。

b. 工作电流(I_z)。这是指稳压二极管正常工作时,通过管子的反向击穿电流。稳压二极管的工作电流偏小,稳压效果就会变差;而电流过大,则会使稳压二极管过热损坏。一般在允许的工作电流范围内,电流大些,稳压效果相对更好些,只是稳压二极管要多消耗一部分电能。与普通二极管不同的是,稳压二极管的工作电流是从其负极流向正极的。

c. 最大工作电流(I_{ZM})。这是指稳压二极管长期正常工作时,所允许通过的最大反向电流值。

例如,常用 2CW51 型稳压二极管的最大工作电流为 71 mA,1N4619 硅稳压二极管的最大工作电流为 85 mA,1N4728 型稳压二极管的最大工作电流为 270 mA。使用中应控制通过稳压二极管的工作电流,使其不超过最大工作电流 I_{ZM},否则会烧毁稳压二极管。

d. 最大允许耗散功率(P_M)。这是指当反向电流通过稳压二极管时,其本身消耗功率的最大允许值,也称额定功耗。例如,常用 2CW51、1N4619 型稳压二极管的最大耗散功率为 250 mW,1N4728 型稳压二极管的最大耗散功率为 1 W。实际使用时,不允许稳压二极管消耗的功率(稳定电压 V_Z 与工作电流 I_Z 的乘积)超过这个极限值。

e. 动态电阻(R_Z)。稳压二极管工作时,希望在电流变化范围很大时,所稳定电压变化尽量小些。为准确反映这一性能,规定把电压变化量 ΔV_Z 与电流变化量 ΔI_Z 的比值,叫做稳压二极管的动态电阻,即 $R_Z = \Delta V_Z / \Delta I_Z$。可见,稳压二极管的动态电阻越小,说明稳压二极管的稳压性能越好。实践证明,同一稳压二极管的动态电阻随工作电流大小而改变,工作电流较大时,其动态电阻较小;工作电流偏小时,动态电阻会明显增大。

常用 1 W 稳压二极管部分型号参数见表 4-6。

表 4-6 常见稳压二极管参数

型号	最大耗散功率/W	额定电压/V	最大工作电流/mA	可替换型号
1N4240A	1	10	100	2CW108-10 V、2CW109、2DW5
1N4742A	1	12	76	2DW6A、2CW110-12 V
1N4728	1	3.3	270	2CW101-3V3
1N4729	1	3.6	252	2CW101-3V6
1N4730A	1	3.9	234	2CW102-3V9
1N4731	1	4.3	217	2CW102-4V3
1N4732/A	1	4.7	193	2CW102-4V7
1N4733/A	1	5.1	179	2CW103-5V1
1N4734/A	1	5.6	162	2CW103-5V6
1N4735/A	1	6.2	146	1W6V2、2CW104-6V2
1N4736/A	1	6.8	138	1W6V8、2CW104-6V8

2. 稳压二极管的检测

在检测之前,需要准备好测量工具和测量对象;接着在外观检查判断无损伤情况下,按照操作规范对稳压二极管进行检测,最终判断该稳压二极管器件是否能够用于该光伏产品;最后按照企业 7S 管理要求,对实验现场进行整理清洁。

①检测前准备

需准备的工具和材料见表 4-7。

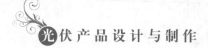
表 4-7　稳压二极管测量工具和材料清单

序号	准备用具	参考型号	数量
1	稳压二极管	1N4735	1 个
2	电阻	1/4 W,100 Ω	1 个
3	直流稳压电源	ETM-305A	1 个
4	数字万用表	优利德 UT30A	1 块

②外观检查

要对已经准备好的稳压二极管进行外观检查,稳压二极管外壳上有稳压二极管型号,外表面及引脚有没有破损,检查情况记录于表 4-8 中。

表 4-8　稳压二极管检测记录表

序号	检测形式	检测类别	检测内容		检测结果	结　论
1	外观检查	稳压二极管型号	实物型号是否与要求型号一致		要求型号:＿＿＿＿＿ 给定型号:＿＿＿＿＿	□一致　□不一致
1	外观检查	外观完整性	稳压二极管外壳是否有烧焦、破裂痕迹;引脚是否完整		□外壳完整　□外壳不完整 □引脚完整　□引脚不完整	外观完整性 □好　□损坏
2	仪器测试	稳压二极管质量好坏	正向特性检测		正向阻值测量:＿＿＿＿＿Ω 反向阻值测量:＿＿＿＿＿Ω	□好　□损坏
			稳压性能检测	电压稳定性	□电压数值不稳定 □电压数值稳定	□好　□损坏
				稳压值检测	元件规定稳压值＿＿＿＿＿V 测量元件稳压值＿＿＿＿＿V	
最终结论:该稳压二极管是否可以使用					□可以使用　□不能使用	

③稳压二极管检测

Step1:正向特性检测。

根据色环判断正负极。打开万用表,将万用表挡位调至电阻挡,将红表笔接稳压二极管正极,黑表笔接稳压二极管负极,测量阻值,记录。对调两表笔,测量反向电阻阻值,并记录。若正反向电阻没有差别,或者反向电阻小于正向电阻,则可判断该稳压二极管已经损坏。

测量值均记录于表 4-8 中。若此阶段检测判断元件已损坏,则不进行下一步稳压特性测试。

Step2:稳压特性检测。

搭建电路,检测稳压二极管的稳压特性是否正常。其搭建电路图如图 4-34 所示。

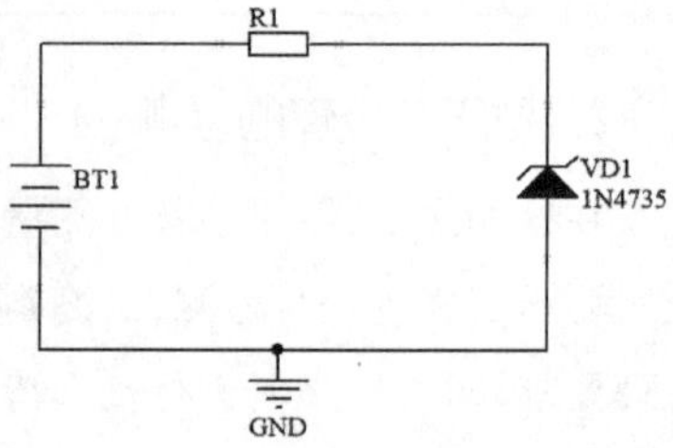

根据表 4-6 或者网络查询,可获得 1N4735 元件参数,根据 1N4735 最大工作电流和稳定电压值,可以得出 BT1 最小和最大电压值,其最大电压值可以通过式(4-1)计算可得。

$$V_{BT1} = I_Z \times R_1 + V_Z \qquad (4-1)$$

$$V_{BT1max} = 100 \text{ Ω} \times 0.146 \text{ A} + 6.2 \text{ V} = 20.8 \text{ V}$$

图 4-34　稳压特性检测搭建电路图

为安全起见,BT1 的最小值可以根据 1N4735 数据表中信息"当测试电流为 41 mA 时,其典型稳压值为 6.2 V"计算得出,计算公式采用式(4-1)。

$$V_{\text{BT1min}} = 100\ \Omega \times 0.041\ \text{A} + 6.2\ \text{V} = 10.3\ \text{V}$$

在搭建好图 4-33 所示的电路后,给定电源的电压范围为 10.3 ~ 20.8 V 之间。BT1 通过直流稳压电源提供,当直流稳压电源电压值设定好之后,打开万用表,将挡位开关调至万用表的直流电压挡位,红表笔接稳压二极管的负极,黑表笔接稳压二极管的正极,查看此时万用表读数,记录下万用表读数情况,记录于表 4-8 中。若测量电压数值不稳定,则可以直接判定该元件已损坏;若稳定,则记录稳定电压值,再与元件规定稳压值对比,判断是否能够实现稳压功能。

考虑环境和温度的影响,测量的稳压值和规定值存在一定误差属于正常情况。

④7S 管理

按照企业 7S 管理要求,实验结束后,需要关闭实验仪表,对实验工具和材料进行整理,对实验环境进行清洁、清扫工作。

五、电位器的识别及检测

视 频

电位器的识别及检测

1. 电位器的识别

电位器是阻值可按某种变化规律调节的电阻元件。电位器通常由电阻体和可移动的电刷组成。一般情况下,在结构上有三个引出端,其中两个为固定端,一个为滑动端(中间抽头),滑动端在两个固定端之间的电阻体上做接触滑动,使其与固定端之间的电阻发生改变。

电位器常用于阻值经常调整且要求阻值稳定可靠的场合,在电路中主要通过改变阻值来调节电压和电流的大小,常用于各类需调整工作点、频率点的电子产品中。依据 GB/T 4728.4—2018,电位器电路原理图符号是 RP,图 4-35 所示为电位器电路原理图符号的画法。

图 4-35 电位器电路原理图符号

电位器实物到底是什么样子呢? 我们先来做个小测验。

 小测验

(单选题)图 4-36 所示的三种元器件,哪种为电位器元器件? ( )

(a)

(b)

(c)

图 4-36 三种电子元器件

到底哪个是需要找出来的电位器元器件呢？我们先来了解电位器元器件的分类,认识更多的电位器元器件,自然就能揭晓其答案。

（1）电位器的分类

电位器可以根据电阻体的材料、调节方式、阻值变化规律、结构特点、驱动方式等进行分类。这里主要介绍几种常见的电位器。

①合成碳膜电位器

合成碳膜电位器是目前使用最多的一种电位器,常见于各类消费电子产品中。其电阻体是用碳黑、石墨、石英粉、有机粘合剂等配制的混合物,涂在胶木板或玻璃纤维板上制成的。优点是具有分辨率高、阻值范围宽、工艺简单、价格低廉等特点;缺点是滑动噪声大、耐热耐湿性不好。其实物图如图 4-37 所示。

②线绕电位器

线绕电位器是由电阻丝绕在涂有绝缘材料的金属或非金属板上制成的,如图 4-38 所示。优点:功率大、噪声低、耐热性能好、精度高、稳定性好;缺点:阻值范围小、高频特性较差。通常用于电流电路中。

图 4-37　合成碳膜电位器

图 4-38　线绕电位器

③金属膜电位器

其电阻体是用金属合金膜、金属氧化膜、金属复合膜、氧化钽膜材料通过真空技术沉积在陶瓷基体上制成的,如图 4-39 所示。优点:分辨率高、耐热、接触电阻小、分布电容和电感小、滑动噪声较合成碳膜电位器小;缺点:阻值范围小、耐磨性不好。

④直滑式电位器

其电阻体为长方条形,它是通过与滑座相连的滑柄作直线运动来改变电阻值的。用途:一般用于电视机、音响中作音量控制或均衡控制。实物图如图 4-40 所示。

⑤单圈电位器与多圈电位器

单圈电位器的滑动臂只能在小于 360° 的范围内旋转,一般用于音量控制。多圈电位器的转轴每转一圈,滑动臂触点在电阻体上仅改变很小一段距离,其滑动臂从一个极端位置到另一个极端位置时,转轴需要转动多圈,一般用于精密调节电路中。实物图如图 4-41 所示。

图 4-39 金属膜电位器

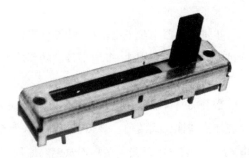

图 4-40 直滑式电位器

⑥有机实心电位器

该电位器是用碳黑、石墨、石英粉、有机粘合剂等配制的材料混合加热后,压在塑料基体上,再经加热聚合而成。优点:分辨率高、耐磨性好、阻值范围宽、可靠性高、体积小;缺点:噪声大、耐高温性差。实物图如图 4-42 所示。

(a)单圈精密电位

(b)多圈精密电位

图 4-41 单圈和多圈电位器

图 4-42 有机实心电位器

⑦单联电位器与双联电位器

单联电位器由一个独立的转轴控制一组电位器;双联电位器通常是将两个规格相同的电位器装在同一转轴上,调节转轴时,两个电位器的滑动触点同步转动,适用于双声道立体声放大电路的音量调节。也有部分双联电位器为异步异轴。图 4-43 所示为音响专用双联同轴电位器实物图和其对应的电路原理图符号。

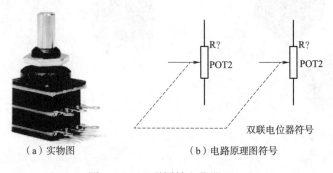

(a)实物图 (b)电路原理图符号

图 4- 43 双联同轴电位器

⑧步进电位器

步进电位器由步进电动机、转轴电阻体、动触点等组成。动触点可以通过转轴手动调节,也可由步进电动机驱动。用途:多用于音频功率放大器中作音量控制。其实物图如图4-44所示。

⑨带开关电位器

带开关电位器是在电位器上附加有开关装置。根据开关的运动与控制方式,带开关电位器可分为旋转式和推拉式两种。该类电位器开关与电位器同轴,一般用于电子产品中作音量控制(或电流、电压调节)兼电源开关。实物图及电路原理图符号如图4-45所示。

图4-44 步进电位器

(a)旋转式

(b)推拉式

(c)电路原理图符号

图4-45 带开关电位器

⑩贴片电位器

贴片电位器又称片状电位器,是一种无手动旋转轴的超小型直线式电位器,调节时需使用螺钉旋具等工具。贴片电位器的应用主要在开关电源、家电产品、通信产品等方面。实物图如图4-46所示。

(2)电位器引脚的识别和参数

①电位器引脚的识别

电位器一般有三个引脚。若三个引脚在一侧,则滑动端一般位于中间;若三个引脚分位于两侧,引脚数少的那一侧为滑动端,如图4-47所示。

图4-46 贴片电位器

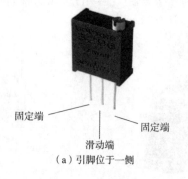

(a)引脚位于一侧

(b)引脚位于两侧

图4-47 电位器引脚识别

②电位器的参数

电位器的参数有标称阻值、额定功率、分辨率、滑动噪声、阻值变化特性、耐磨性、零位电阻及温度系数等,这里介绍设计常用的几个参数。

a. 额定功率。电位器的两个固定端上允许耗散的最大功率为电位器的额定功率。电位器的额定功率是指在直流或交流电路中,当大气压为 87 ~ 107 kPa,在规定的额定温度下长期连续负荷所允许消耗的最大功率。使用中应注意额定功率不等于滑动端与固定端间的功率。线绕和非线绕电位器的额定功率系列见表4-9。

表4-9 线绕和非线绕电位器的额定功率系列(单位:W)

额定功率系列	线绕电位器	非线绕电位器	额定功率系列	线绕电位器	非线绕电位器
0.025		0.025	3	3	3
0.05		0.05	5	5	
0.1		0.1	10	10	
0.25	0.25	0.25	16	16	
0.5	0.5	0.5	25	25	
1	1	1	40	40	
1.6	1.6		63	63	
2	2	2	100	100	

b. 标称阻值。电位器上标注的阻值叫做标称阻值,也就是电位器两固定端间的阻值。其标称阻值系列与电阻的系列类似,其阻值读数也与电阻类似。一些小型电位器上只标出标称阻值。如图4-48 所示,其中(a)图对应标称阻值为 1.5 kΩ,(b)图对应电位器其标称阻值为 105,前两位代表有效数字,第三位代表 10 的倍率,即标称阻值为 $10 \times 10^5 = 1$ MΩ。

（a）直接读数

（b）数字标识

图 4-48 标称阻值读数

c. 允许误差等级。电位器允许偏差与精度等级对应关系见表4-10。一般线绕电位器的允许偏差有 ±1%、±2%、±5% 及 ±10% 四种,而非线绕电位器的允许偏差有 ±5%、±10% 及 ±20% 三种。

表 4-10　电位器精度等级与允许偏差关系表

精度等级	005	01 或 00	02 或 0	I	II	III
允许偏差	±0.5%	±1%	±2%	±5%	±10%	±20%

2. 电位器的检测

在检测之前,需要准备好测量工具和测量对象;接着在外观检查判断无损伤情况下,按照操作规范对电位器进行检测,最终判断该电位器是否能够用于该光伏产品;最后按照企业 7S 管理要求,对实验现场进行整理清洁。

①检测前准备

需准备的工具和材料见表 4-11。

表 4-11　电位器测量工具和材料清单

序号	准备用具	参考型号	数量
1	电位器	碳膜电位器 2 kΩ/0.1 W	1 个
2	数字万用表	优利德 UT30A +	1 块

②外观检查

通过观察法进行外观检查。检查该电位器外壳有没有烧焦、裂痕情况出现;电位器的引脚是否完整,有无缺失情况;电位器外壳标识上参数和给定元件一致;转动旋柄或使用工具调节元件可调部分,其转动是否平滑。若为带开关电位器,则需要增加检查开关是否灵活、开关通、断时"咔嗒"声是否清脆。将检查情况记录于表 4-12,待检测电位器实物图如图 4-49 所示。

图 4-49　待检测电位器

③电位器检测

电位器在使用过程中,由于旋转频繁而容易发生故障。电位器的质量要求有两点,分别是:标称阻值符合要求;中心滑动端与电阻体之间接触良好,转动平滑。

a. 标称阻值检测。具体步骤如下:

Step1:调挡。将万用表的挡位调至电阻挡。

Step2:读数。将万用表的红黑表笔分别接电位器两个固定端,进行读数并记录。

Step3:比较。将实测值与标称阻值比较,看两者是否一致。同时使用螺丝刀调节电位器,该值应固定不变。若测得的阻值为无穷大,则说明该电位器已开路。

b. 中心滑动端与电阻体之间接触情况检测。万用表挡位不变,将红黑表笔分别与电位器一固定端和滑动端相连,慢慢旋转转轴,使其从一个极端位置旋转至另一个极端位置,观察万用表读数,读数应从标称阻值(或 0 Ω)连续变化至 0 Ω(或标称阻值)。若读数连续变大或变小,则正常;若读数出现跳动、跌落或不通等现象,说明活动触点有接触不良的故障。最终将检测情况记录于表 4-12。

表 4-12 电位器检测记录表

序号	检测形式	检测类别	检测内容	检测结果	结　论
1	外观检查	电位器参数	实物参数是否与要求参数一致	标称阻值：_____Ω	□一致　□不一致
2		外观完整性	电位器外壳是否有烧焦、破裂痕迹；引脚是否完整	□外壳完整　□外壳不完整 □引脚完整　□引脚不完整	外观完整性 □好　□损坏
3		转动平滑性	其可调部件转动是否平滑	□转动平滑　□转动不平滑	转动平滑性 □好　□损坏
4	仪器测试	电位器质量好坏	标称阻值检测并比较	实测阻值：_____Ω	□与标称阻值一致 □与标称阻值相差较大
			滑动端接触情况检测	□阻值变化连续 □阻值变化不连续	□好 □活动触点接触不良
最终结论：该电位器是否可以使用				□可以使用　□不能使用	

④7S 管理

按照企业 7S 管理要求，实验结束后，需要关闭实验仪表，对实验工具和材料进行整理，对实验环境进行清洁、清扫工作。

六、集成电路的识别及检测

1. 集成电路的识别

集成电路(Integrated Circuit,IC)是一种采用特殊工艺,将晶体管、电阻、电容等元件集成在硅片上而形成的具体特定功能的器件,俗称芯片。它能执行一些特定功能,如放大信号或者存储信息。集成电路体积小、功耗低、稳定性好,它是衡量一个电子产品是否先进的主要标志。其参考电路符号图如图 4-50 所示。

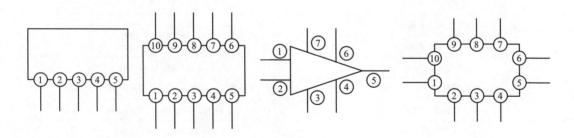

图 4-50 集成电路常见几种原理图元件符号

集成电路实物到底是什么样子呢？我们先来做个小测验。

小测验

(单选题)图 4-51 所示的三种元器件,哪种为集成电路?(　　)

若要识别到底什么元件是集成电路,具体要识读其元件外观上的型号,通过搜索查询,获取该元件的身份信息。

（a）

（b）

（c）

图 4-51　三种元器件

（1）集成电路的分类

集成电路的分类可以按照功能结构、制作工艺、集成度高低、导电类型、用途、应用领域、外形等方面进行划分。

a. 按照功能结构分类。集成电路按照功能、结构的不同，可以分为模拟集成电路、数字集成电路和数/模混合集成电路三大类。模拟集成电路又称线性电路，用来产生、放大和处理各种模拟信号（指幅度随时间变化的信号。例如半导体收音机的音频信号、录放机的磁带信号等），其输入信号和输出信号成比例关系。数字集成电路用来产生、放大和处理各种数字信号（指在时间上和幅度上离散取值的信号。例如 5G 手机、数码照相机、计算机 CPU、数字电视的逻辑控制和重放的音频信号和视频信号）。

b. 按照制作工艺分类。集成电路按制作工艺可分为半导体集成电路和膜集成电路。膜集成电路又分为厚膜集成电路和薄膜集成电路。

c. 按照集成度高低分类。集成电路按集成度高低的不同可分为小、中、大、超大、特大、巨大规模集成电路，其对应名称见表 4-13。

表 4-13　集成电路按照集成度分类信息表

集成电路分类	英文缩写及全称
小规模集成电路	SSIC = Small Scale Integrated circuits
中规模集成电路	MSIC = Medium Scale Integrated circuits
大规模集成电路	LSIC = Large Scale Integrated circuits
超大规模集成电路	VLSIC = Very Large Scale Integrated circuits
特大规模集成电路	ULSIC = Ultra Large Scale Integrated circuits
巨大规模集成电路	GSIC = Giga Scale Integrated circuits

d. 按照导电类型分类。主要是对数字集成电路进行该类型划分，可以分为双极型集成电路和单极型集成电路。双极型集成电路的制作工艺复杂，功耗较大，代表集成电路有 TTL、ECL、HTL、LST-TL、STTL 等类型。单极型集成电路的制作工艺简单，功耗也较低，易于制成大规模集成电路，代表集成电路有 CMOS、NMOS、PMOS 等类型。

e. 按照用途分类。按用途可分为电视机用集成电路、音响用集成电路、影碟机用集成电路、录像机用集成电路、电脑（微机）用集成电路、电子琴用集成电路、通信用集成电路、照相机用集成电路、遥控集成电路、语言集成电路、报警器用集成电路及各种专用集成电路。

f. 按照应用领域分类。集成电路按应用领域可分为标准通用集成电路和专用集成电路。

g. 按照外形分类。集成电路可分为圆形(金属外壳晶体管封装型,一般适合用于大功率)、扁平型(稳定性好,体积小)和双列直插型,如图 4-52 所示。

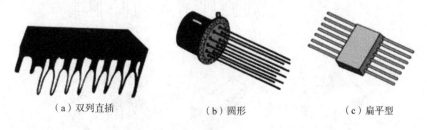

（a）双列直插　　　　　　（b）圆形　　　　　　（c）扁平型

图 4-52　集成电路三种不同外形

（2）集成电路的封装

集成电路常见的封装形式有 DIP(双列直插式封装)、QFP(塑料方形扁平式封装)、PFP(塑料扁平组件式封装)、PGA(插针网格阵列封装)、BGA(球栅阵列封装)、LGA(栅格阵列封装)。其封装外形图如图 4-53 所示。

（a）DIP　　　　　　　　（b）QFP　　　　　　　　（c）PFP

（d）PGA　　　　　　　　（e）BGA　　　　　　　　（f）LGA

图 4-53　集成电路封装

（3）集成电路的引脚识别及主要参数

①集成电路引脚识别

集成元件的引脚数量较多,不同封装类型的集成电路其引脚识读的方法有所区别。各种不同类型集成电路引脚识别方法如图 4-54 所示。

➤ 圆形结构的集成电路和金属壳封装的半导体三极管差不多,只不过体积大、电极引脚多。这种集成电路引脚排列方式为:从识别标记开始,沿顺时针方向依次为 1、2、3…如图 4-54(a)所示。

➤ 单列直插型集成电路的识别标记,有的是切角,有的是凹坑。这类集成电路引脚排列方式也是从标记开始,从左往右依次为 1、2、3…如图 4-54(b)、(c)所示。

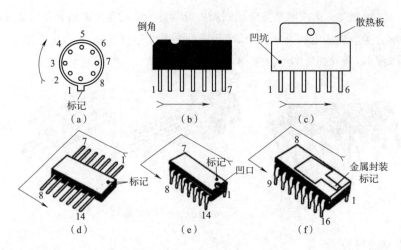

图 4-54　不同集成电路引脚识读方法

➢ 扁平型封装的集成电路多为双列型,为便于识别引脚,一般在端面一侧有一个类似引脚的小金属片,或在封装表面上有一色标或凹口作为标记。其引脚排列方式为:从标记开始,沿逆时针方向依次为 1、2、3…如图 4-54(d)所示。应注意,有少量的扁平封装集成电路的引脚是顺时针排列。

➢ 双列直插式集成电路的识别标记多为半圆形凹口,有的用金属封装标记或者凹坑标记。这类集成电路引脚排列方式也是从标记开始,沿逆时针方向,依次为 1、2、3…如图 4-54(e)、(f)所示。

②集成电路主要参数

集成电路的种类很多,其不同用途的集成电路都有不同的参数。在此介绍主要参数和极限参数。

(a)主要参数。

➢ 最大输出功率。最大输出功率是指有功率输出要求的集成电路。当信号失真度为一定值时(通常为 10%)集成电路输出脚输出的电信号功率。

➢ 静态工作电流。静态工作电流是指集成电路信号输入引脚不加输入信号的情况下,电源引脚回路中直流电流的大小。这个参数对于判断集成电路的好坏有一定的作用。一般而言,集成电路的静态工作电流均给出典型值、最小值和最大值。

➢ 增益。增益是指集成电路内部放大器的放大能力大小,通常标出开环增益和闭环增益两项,也分别给出典型值、最小值和最大值三项指标,用常规检修手段(只用万用表)无法测量集成电路的增益,只有使用专门仪器才能测量。

(b)极限参数。

极限参数是生产厂家规定的不能超过的值,在使用中如有超过极限值中的任何一个,集成电路电源都可能损坏,或性能下降,寿命缩短。

➢ 电源电压。它是指可以加在集成电路电源引脚和接地引脚之间直流工作电压的极限值,使用中不允许超过此值,否则将永久损坏集成电路。

➢ 功耗。功耗指集成电路所能承受的最大耗散功率,主要用于各类大功率集成电路。

➢ 工作环境温度。工作环境温度指集成电路在工作时,不能超过的最高温度和所需的最低温度。

2. 集成电路的检测

在检测之前,需要准备好测量工具和测量对象;接着在外观检查判断无损伤情况下,按照操作规范对集成电路进行检测,最终判断该集成电路是否能够用于该光伏产品;最后按照企业 7S 管理要求,对实验现场进行整理清洁。

①检测前准备

需准备的工具和材料见表 4-14。

表 4-14 集成电路测量工具和材料清单

序号	准备用具	参考型号	数量	备注
1	集成电路	LM393/DIP8	2 个	1 个确定正常的集成电路
2	数字万用表	优利德 UT30A	1 块	

②外观检查

通过观察法进行外观检查。主要是检查给定检测集成电路上型号是否与要求型号相符合;外表是否有烧黑、裂开的痕迹;观察各个引脚是否断裂,脱焊。如果有这些问题,说明该集成电路有故障。将检查情况记录于表 4-15 中,待检测集成电路实物图如图 4-55 所示。

图 4-55 待检测集成电路

表 4-15 集成电路检测外观记录表

序号	检测类别	检测内容	检测结果	结论
1	集成电路型号	实物型号是否与要求参数一致	指定检测型号:_____ 实际 IC 型号:_____	□一致 □不一致
2	外观完整性	外壳是否有烧黑、裂开的痕迹;引脚是否完整	□外壳完整　□外壳不完整 □引脚完整　□引脚不完整	外观完整性 □好　□损坏

③集成电路检测

集成电路质量好坏的检测方法有很多种,有开路检测法、在路检测法,同时也有专门的仪器可以用于检测集成电路的好坏。对于单个集成电路元件好坏的检测,适用于开路测量电阻法;对于产品电路,判断是否存在故障,适用于在路检测法,这也是电路故障检修最常用的一种方法。此处重点介绍开路电阻测量法。

开路电阻测量法是指在集成电路未与其他电路连接时,通过测量集成电路各引脚与接地引脚之间的电阻来判断好坏的方法。

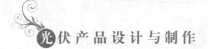

因集成电路总有一个接地引脚,其他各引脚与接地引脚之间都有一定的电阻,由于同型号的集成电路内部电路相同,因此同型号正常集成电路各引脚和接地引脚间的电阻均是相同的,将正常引脚对地测量的电阻值称为标称值,若集成电路的某个引脚的直流电阻与标称值不相符,则该块集成电路内部已经损坏。

具体检测方法如下:

Step1:集成电路接地引脚判断。根据集成电路 datasheet(数据手册表),得出该集成电路的接地引脚。

Step2:测量正常集成电路引脚对地直流电阻。取出正常同型号集成电路,使用万用表测量各引脚对"地"引脚间的正、反向直流电阻,记录于表 4-16 中。

Step3:测量待测集成电路引脚对地直流电阻。取出需要检测的集成电路,使用万用表测量各引脚对"地"引脚间的正、反向直流电阻,记录于表 4-16 中。

Step4:比较得出结论。比较测量值和标称值,若测量值和标称值相符,判断可以用于光伏产品电路;若不相符,则该集成电路已损坏,不能用于光伏产品电路。

注意:测量各引脚电阻最好用同一个挡位,若因某引脚电阻过大或过小难以观察而需要更换挡位时,则测量正常集成电路的引脚电阻也需要更换到该挡位。

表 4-16　集成电路正、反向直流电阻记录表

引　　脚	正常集成电路标称测量值		待测集成电路标称测量值	
	正　　向	反　　向	正　　向	反　　向
1				
2				
3				
4				
5				
6				
7				
8				
最终结论:该集成电路是否可以使用			□可以使用　□不能使用	

④7S 管理

按照企业 7S 管理要求,实验结束后,需要关闭实验仪表,对实验工具和材料进行整理,对实验环境进行清洁、清扫工作。

🔷 项目设计

一、功能设计

光伏控制器产品的设计,最难的部分在于功能的设计,而功能的实现离不开电路的支持,该部分按照光伏产品电路设计的流程来开发光伏控制器功能电路。现在就企业对光伏控制器提出的任务要求,进行该产品电路功能的开发。

1. 需求(功能)规划

根据企业提出的技术指标,具体能对每一条指标进行分析。具体指标为:

单路光伏组件输入;光伏控制器最大输入电流 4 A、最大输出电流为 2 A;能够对 12 V 蓄电池进行过充电和过放电保护;蓄电池电压高于 14.5 V 时,自动断开太阳能充电电路,同时进行停充指示;蓄电池电压低于 11.5 V 时,电路自动利用太阳能进行充电,同时进行过放电和充电指示;电路正常工作时,能进行正常工作指示。

通过分析第一个技术指标,得出该光伏控制器连接的光伏组件数量为一块;分析第二个技术指标,可以得出光伏组件的最大输入电流不能超过 4 A;控制器连接到负载的电流最大不能超过 2 A;分析第三个技术指标"需对 12 V 蓄电池进行保护",可以得出该光伏控制器的系统工作电压为 12 V;分析第四个和第五个技术指标,得出该控制器应该具备蓄电池电压比较功能,且蓄电池过充电电压为 14.5 V,过放电电压为 11.5 V,且有充电、断电自动切换控制功能;结合第六条技术指标,该电路具备四种功能状态的指示功能,分别是停充指示、过放电指示、过充电指示和正常工作指示。

将上面分析的信息进行整理,填写该项目技术指标分析结论表 4-17。

表 4-17 项目技术指标分析结论表

序号	分析得出结论

2. 系统框图设计

光伏控制器功能根据分析出的结论,可以划分为四个单元模块,分别是电源模块、电压比较模块、功能控制模块和状态指示模块。其系统框图如图 4-56 所示。

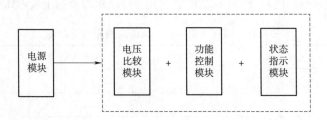

图 4-56 光伏控制器系统框图

3. 单元电路设计

单元电路设计即对各单元模块电路进行详细的设计,包括对各单元电路元件组成和元件的选型设计。

(1)电源模块设计

根据项目技术参数描述,该光伏控制器连接中,蓄电池由光伏组件供电,蓄电池会因为太阳能资源和负载的使用,其电压值会变化,而内部功能模块需要稳定电源的供电,经过以上分析,该光伏控制器电源模块设计包含稳压电源和外部电源接口电路设计两部分。

①稳压电源设计

因该产品未使用交流电,故采用直流稳压电源进行供电。采用何种类型的直流稳压电源,大家可以参考各个模块电路所需的电压值。可调直流稳压电源较固定直流稳压电源而言,其电压值可调节,使用更加灵活,应用很广泛,在此,选用可调直流稳压电源作为稳定的电源给各个模块供电。图4-57所示为典型的LM317可调直流稳压电源电路图。

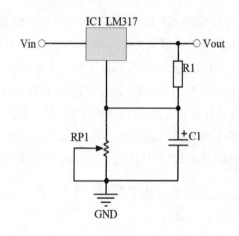

图 4-57　LM317 可调直流稳压电源电路图

该光伏控制器系统工作电压为12 V,考虑其他模块电路电压的要求,参考后续模块分析,拟定输出电压范围为1.25～10 V,选取2 kΩ的可调电阻,10 μF的电解电容,则固定电阻R1的值可通过式(4-1)计算所得,此时可调电阻RP1取最大值2 kΩ。

$$V_{\text{out}} = 1.25 \times (1 + R_{\text{P1}}/R_1) \tag{4-1}$$

$$R_1 = R_{\text{P1}}/(V_{\text{out}}/1.25 - 1) = [2\,000/(10/1.25 - 1)]\ \Omega = 285\ \Omega$$

考虑固定电阻的电阻阻值序列,最终选取固定电阻R1的值为300 Ω。

根据稳压电源设计分析内容,将图4-57中对应元器件清单表罗列于表4-18中。

表 4-18　可调直流稳压电源电路图元件清单表

序号	元件名称	元件标识	型号规格	数量

②外部电源接口电路设计

光伏组件和蓄电池作为外部电源与光伏控制器相连,根据第一条技术要求分析得出的结论"光伏组件的最大输入电流不能超过4 A;蓄电池输出到负载的电流最大不能超过2 A",参考串联型控制器结构框图,设计的外部电源接口电路如图4-58所示。

该电路图中,S1 为充电控制开关,当 S1 开关闭合时,光伏组件正常对蓄电池供电;当 S1 开关断开时,光伏组件断开对蓄电池的充电。D1 为防反充电二极管,有光时,它不起作用;无光时,光伏组件无输出电压,蓄电池会反向给光伏组件放电,根据二极管的单向导向性,串联该二极管可以断开电路,保护光伏组件。D2 为蓄电池反接保护二极管,蓄电池连接正常情况下,它不起作用;而当蓄电池反接时,它会形成一个回路,短接蓄电池,大电流瞬间熔断保险丝,则起到保护作用。F1 为保险丝,它和蓄电池串联,实现了反接保护功能。

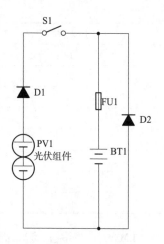

图 4-58 光伏控制器外部电源接口电路图(含外部电源)

D1 防反充二极管选型主要考虑最大正向电流、最高反向工作电压。额定电流根据两个技术要求,分别是光伏组件的最大输入电流不能超过 4 A 和耐冲击电流功能要求(输入控制器光伏组件输入端1. 25 倍的标称电流,持续 1 h,不损坏光伏控制器),可以选择 D1 的最大正向电流为 5 A。当无光时,光伏组件没有电,接在 D1 两端最高反向工作电压为蓄电池电压,该项目蓄电池电压超过 14.5 V 时,S1 开关断开,因此与光伏组件直接串联的 D1,反向电压 >14.5 V 即可。根据参数分析,该项目可以选择 1N5824,符合设计要求。

S1 器件选择见功能控制模块设计。FU1 保险丝和蓄电池串联,其主要作用是反接保护,且根据光伏控制器输出最大电流为 2 A 的要求,FU1 的熔断电流可选择常见的 3 A,5 mm×20 mm 的玻璃保险丝,配对应保座。D2 作为蓄电池反接保护二极管,为减小其工作电流,可与 J1 和 J2 的线圈并联,可选型号 1N4001,具体连接图如图 4-58 所示。

(2)电压比较模块设计

实现电压比较功能的电路模块最常见的就是电压比较器。它能对两个输入电压的大小进行比较,并根据比较结果输出高、低两个电平。由于高电平相当于逻辑"1",低电平相当于逻辑"0",所以电压比较器还可以作为模拟与数字电路之间的接口电路。

除了 LM324,LM358 等集成运算放大器作为电压比较器之外;LM339,LM393 作为专业的电压比较器,切换速度快,延迟时间少,可在专门的电压比较场合使用。LM339 集成块内部装有四个独立的电压比较器,LM393 集成块内部装有两个独立的电压比较器,分析该项目技术指标,有过充电和过放电两种电压比较功能,仅两个电压比较器即可实现指定功能,因此最终选定 LM393 作为电压比较器芯片,LM393 引脚图及引脚对应功能表格分别如图 4-59 和表 4-19 所示。

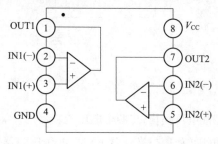

图 4-59 LM393 引脚图

表4-19　LM393引脚对应功能表

引脚名称	符　　号	功　　能
1	OUT1	输出1
2	IN1(－)	反相输入1
3	IN1(＋)	同相输入1
4	GND	地
5	IN2(＋)	同相输入2
6	IN2(－)	反相输入2
7	OUT2	输出2
8	VCC	电源

　　LM393是高增益,宽频带器件,若输出端到输入端有寄生电容而产生耦合,则很容易产生振荡,这种现象仅仅出现在当比较器改变状态时,输出电压过渡的间隙,电源加旁路滤波并不能解决这个问题,在此考虑将双电压比较器变成了双迟滞电压比较器,通过将两个输出端接反馈电阻的形式,将部分输出信号反馈到同相输入端,一方面可以加快比较器的响应速度,另一方面它可使电路在比较电压的临界点附近不会产生振荡。LM393工作电源电压范围宽,单电源、双电源均可工作,单电源供电,电压范围为2~36 V,双电源供电,电压范围为±1~±18 V;此处选择单电源供电。其电路图如图4-60所示。

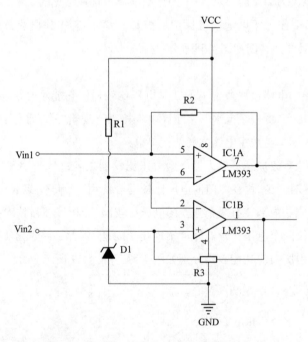

图4-60　LM393构成的双迟滞电压比较电路

　　R1和稳压二极管构成了基准电压模块,与两个电压比较器的反相输入端相连,当同相输入端电压Vin1、Vin2高于反相输入端电压(稳压二极管电压)时,电压比较器输出为高电平;反之,输出为低电平。因光伏控制器系统工作电压为12 V,考虑稳压二极管稳压值范围,此处可选稳压值为6.2 V

的稳压二极管,R1 可参考取值 2 kΩ,1/4 W。电压比较器起到正反馈的两个反馈电阻,为避免输入阻抗过低,电阻 R2 可参考取值为 12 kΩ,1/4 W;电阻 R3 可参考取值为 13 kΩ,1/4 W。

(3)功能控制模块设计

该项目要求的功能控制模块,实际上是电压比较实现的功能控制功能。当过充电时,自动断开太阳能充电电路,即光伏组件和蓄电池连接的通路被断开;当过放电时,自动进行充电操作,即蓄电池停止对负载供电,光伏组件和蓄电池连接的通道连接上。分析该控制功能模块,该模块电路中的核心元件为自动切换开关,S1 元件可以参考选择电磁继电器,通过比较电压输出高低电平控制线圈通电与否,来实现开关的自动切换功能。

该项目比较的电压对象有两组,过充和过放电压,因此选择两个电磁继电器;而项目技术要求提出每次功能切换时均需有状态指示功能,所以选定电磁继电器需具有一个单刀双掷开关;光伏控制器系统工作电压为 12 V,最终选择额定工作电压为 12 V 的电磁继电器,确定其型号为 JQC-3F(T73) 12 VDC 继电器。因继电器在此的作用是实现比较控制,因此需与电压比较器相连,该项目选定的电压比较器的型号为 LM393,LM393 因为是集电极开路输出,承受的电流不够,一般不能直接连接继电器,需外接三极管来驱动电磁继电器工作。此处采用两级三极管连接的方式实现继电器控制。

①过充电压检测比较控制电路设计

R1、RP1、C1、IC1A、R2、VD1、R3、R4、R5、R6、Q1、Q2、J1、D2 构成过充电压检测比较控制电路。其电路图如图 4-61 所示。

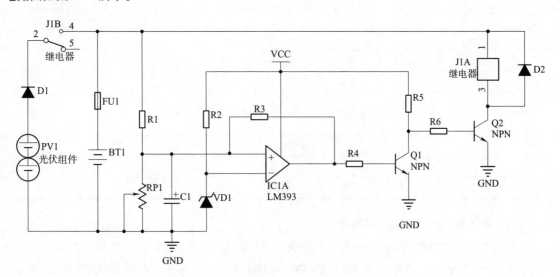

图 4-61　过充电压比较控制电路图

通过调节电位器,使得蓄电池电压为 14.5 V 时,LM393(IC1A)同相输入端电压刚好为稳压二极管电压值 6.2 V。

a. 蓄电池充电电压低于 14.5 V。当光伏组件给蓄电池正常充电时,蓄电池电压低于 14.5 V,通过 R1 和 RP1 分压后,LM393(IC1A)同相输入端电压会小于 6.2 V,LM393(IC1A)同相输入端电压低于反相输入端电压,LM393(IC1A)输出低电平,Q1 三极管的基极电位为低电平,Q1 三极管不导通,相当于 Q1 三极管断开电路;Q2 三极管通过 R5 和 R6 与电源相连,Q2 三极管导通,继电器线圈与 Q2

三极管串联,Q2 三极管导通后,使得 J1 继电器内单刀双掷开关改变工作状态,光伏组件与蓄电池连接的常开开关变成常闭开关,实现断电状态到充电状态的转变。

b. 蓄电池充电电压超过 14.5 V。当蓄电池过充电时,通过 R1 和 RP1 分压后,LM393(IC1A)同相输入端电压会大于 6.2 V,LM393(IC1A)同相输入端电压高于反相输入端电压,LM393(IC1A)输出高电平,使得 Q1 三极管导通,相当于开关闭合,与 Q1 集电极相连的 R6 一端也相当于接地,造成 Q2 三极管的基极电位为零,Q2 管截止,相当于开关断开,J1 继电器线圈断电,则 J1 继电器内单刀双掷开关改变工作状态,由充电状态改为断电状态,从而实现了过充保护的功能。

该控制电路中三极管可以选用小功率三极管 8050,R4、R5、R6 均选择 1/4 W,10 kΩ 电阻;R1 选择 1/4 W,6.2 kΩ 电阻;RP1 选择 10 kΩ 电位器,C1 起到滤波作用,可以选择 10 μF/16 V 的电解电容。

根据以上信息及光伏灯项目设计中光伏组件电压确定方法,确定该项目光伏控制器光伏组件输入工作电压,并将过充电压检测比较控制电路的元件清单及外部电源参数信息表罗列于表 4-20 中。

表 4-20 过充电压检测比较控制电路元件清单表

序号	元件名称	元件标识	型号规格	数量

②过放电压检测比较控制电路设计

过放电压检测比较控制电路和过充电压检测比较控制电路一样,区别在于比较电压不同。通过调节电位器,使蓄电池电压为 11.5 V 时,LM393(IC1B)同相输入端电压刚好为稳压二极管电压值 6.2 V。当蓄电池供电给负载时,单刀双掷开关常闭开关与负载相连。

a. 蓄电池电压正常时($11.5\ V < V_{蓄电池} < 14.5\ V$)。通过分压,LM393(IC1B)同相输入端电压会大于 6.2 V,LM393(IC1B)同相输入端电压高于反相输入端电压,LM393(IC1B)输出高电平,使与之直接相连的三极管导通,与 J2 继电器线圈连接的三极管截止,J2 继电器线圈未通电,蓄电池正常对负载供电,J2 继电器常闭开关保持不动。

b. 蓄电池电压小于 11.5 V。通过分压,LM393(IC1B)同相输入端电压会小于 6.2 V,LM393(IC1B)同相输入端电压低于反相输入端电压,LM393(IC1B)输出低电平,使与之直接相连的三极管截止,与 J2 继电器线圈连接的三极管导通,J2 继电器线圈得电,J2 继电器常闭开关与负载断开,停止过放,保护蓄电池。

当蓄电池电压小于 11.5 V 时,对于 J1 继电器而言,其工作状态始终与"过充电压检测比较控制电路设计——蓄电池充电电压低于 14.5 V"中 J1 继电器的描述相符,J1 继电器线圈有电,光伏组件与蓄电池连通,光伏组件给蓄电池充电,有充电保护功能。

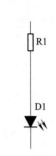

图 4-62　状态指示模块组成图

(4)状态指示模块设计

状态指示模块采用最常用的发光二极管作为状态指示器件,串联一个限流电阻对其进行保护,其基本组成图如图 4-62 所示。

因该项目需要指示的状态有四种,在此采用常见颜色的发光二极管来指示不同的状态。停充指示模块与光伏组件并联;正常指示模块与负载并联;充电指示模块与 J1 线圈并联;过放电指示模块与 J2 线圈并联。因单色发光二极管工作电压不高,其正向电压 V_F 一般在 1.8~3.8 V 范围内,系统电压为 12 V,可以满足要求;串联电阻作为限流电阻,其标称阻值参考范围计算方法见"项目 1—项目设计—功能设计—单元电路设计—电源状态指示模式—元件的选型设计",对应状态阻值范围填写表 4-21。

表 4-21　状态阻值范围信息表

状态类型	发光二极管颜色	模块对应电压	电压范围/V	限流电阻标称阻值范围
停充指示	白	光伏组件电压	3.0~3.4	
正常指示	绿	蓄电池电压	3.0~3.4	
充电指示	红	蓄电池电压	1.8~2.2	
过放指示	黄	蓄电池电压	1.8~2.2	

4. 系统原理图设计

将已经设计好的各单元模块电路组合在一起,即形成了完整的系统电路原理图,最终光伏控制器原理图如图 4-63 所示。

5. 系统电路图验证

此处通过将元器件安装至万能板进行功能调试验证。其用于验证的万能板如图 4-64 所示。

电路板调试步骤:

光伏控制器正式工作前,需调节可调元件完成参数设置。调节完毕,符合规定参数后,将不再对这些可调元件进行调节。此处的可调元件是三个可调电阻,分别对应直流稳压电源稳定电压值;过充电压取样值和过放电压取样值。直流稳压电源稳定值此处可以确定为 8 V,满足电路要求。若手头上没有符合电压要求的蓄电池,可以采用直流稳压电源代替蓄电池。

(1)调试前准备。

调试前需要准备好调试所需的工具和材料,如表 4-22 所示。调试过程中尽量两人配合。

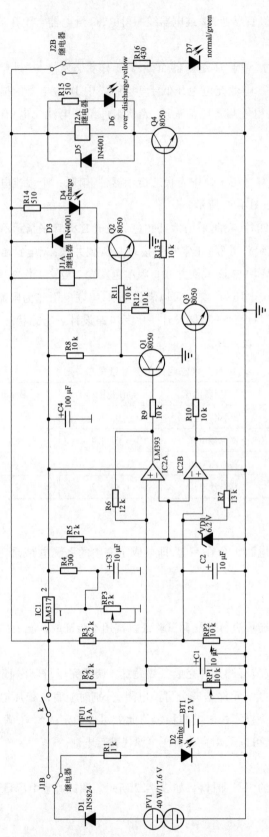

图 4-63　光伏控制器原理图

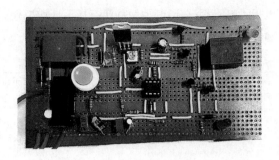

图 4-64　光伏控制器验证电路

表 4-22　验证电路调试前准备工具材料

序号	准备用具	参考型号	数量
1	直流稳压电源	ETM-305 A	1 个
2	螺丝刀	十字螺丝刀	1 把
3	数字万用表	优利德 UT30 A	1 块

（2）参数设定

①直流稳压电源稳定电压值

此项操作时,请注意安全,切勿将正负电源短接。蓄电池端接上直流稳压电源,调节输入直流电压为 12 V,将万用表红表笔接在 LM317 的 2 脚,黑表笔接地端,按下开关 K,调节 RP3 电位器,观察万用表液晶显示屏,使得输出电压为 8 V。

②过充电压取样值

蓄电池端接上直流稳压电源,调节输入直流电压为 14.5 V,将万用表红表笔接在 R2 和 RP1 分压处,即 LM393(IC1A)同相输入端处,黑表笔接地端,按下开关 K,用螺丝刀调节 RP1,使得电压为6.2 V。

③过放电压取样值

蓄电池端接上直流稳压电源,调节输入直流电压为 11.5 V,将万用表红表笔接在 R3 和 RP2 分压处,即 LM393(IC1B)同相输入端处,黑表笔接地端,按下开关 K,用螺丝刀调节 RP2,使得电压为 6.2 V。

（3）调试

①蓄电池电压处于正常电压范围

调节直流稳压电源,使得直流稳压电源的电压处于 12 V,按下开关 K,仔细听是否有清脆的响声(继电器状态转变时会发出声音),同时观察正常指示灯和充电指示灯是否亮起,其他两种状态指示灯均熄灭。

②蓄电池电压处于过充电状态

调节直流稳压电源,使得直流稳压电源的电压 > 14.5 V,按下开关 K,仔细听是否有清脆的响声,同时观察停充指示灯和正常指示灯是否亮起,其他两种状态指示灯均熄灭。

③蓄电池电压处于过放电状态

调节直流稳压电源,使得直流稳压电源的电压 < 11.5 V,按下开关 K,仔细听是否有清脆的响声,

同时观察过放指示灯和充电指示灯是否亮起,其他两种状态指示灯均熄灭。

按照设计的图纸安装和调试万能板,填写表 4-23。

表 4-23 光伏控制器调试状态表

蓄电池电压	声音	四种状态指示灯
正常	□有 □无	停充指示灯 □亮 □灭 正常指示灯 □亮 □灭 充电指示灯 □亮 □灭 过放指示灯 □亮 □灭
过充	□有 □无	停充指示灯 □亮 □灭 正常指示灯 □亮 □灭 充电指示灯 □亮 □灭 过放指示灯 □亮 □灭
过放	□有 □无	停充指示灯 □亮 □灭 正常指示灯 □亮 □灭 充电指示灯 □亮 □灭 过放指示灯 □亮 □灭

二、PCB 图设计

1. 原理图绘制

参考 Altium Designer 软件电路原理图绘制流程绘制光伏控制器电路原理图。Altium Designer 软件中,该电路各类元器件对应库中名称可参考表 4-24。

表 4-24 光伏控制器电路原理图元件信息表

元件类型	元件名称
电阻	RES2
电位器	RPot
电解电容	Cap-Pol2
稳压二极管	D-Zener
三极管	2N3904/NPN/QNPN
LED	LED0
二极管	Diode
保险	Fuse1
开关	SW-SPST
蓄电池	Battery
继电器	自制
LM393 集成电路	自制
LM317 三端稳压器	Volt Reg(需修改引脚名称)
光伏组件	自制

光伏组件电路原理图符号绘制方法前面已经介绍过,在此不再重复。此处原理图绘制中,主要介绍对已有电路原理图符号进行引脚修改的方法及自制子件元件符号的方法。

(1)元件引脚名称修改

Altium Designer 17 元件库中给定的 Volt Reg 元件符号,其引脚标识和 LM317 元件引脚标识未一一对应,因此需对该元件符号的引脚标识进行修改,如图 4-65 所示。因该原理图符号引脚数量少,修改量很小,因此可以采用直接在原理图中对原理图元件进行元件引脚修改的操作,也可以采用在原理图库文件中进行已有原理图元件符号的复制、粘贴、修改操作的方法。后一种方法在自制子件元件符号中会有所介绍。

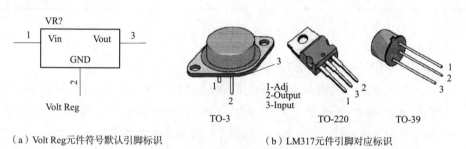

（a）Volt Reg元件符号默认引脚标识　　　　　　　　（b）LM317元件引脚对应标识

图 4-65　库中自带元件符号引脚名称和实际元件引脚标识对比图

根据元件引脚对比,需要将图 4-65(a)中符号更改为图 4-66 所示。

修改引脚具体方法如下:

Step1:放置 Volt Reg 元件符号。

Step2:打开元件管脚编辑器。双击该元件,打开元件属性对话框,单击左下角 Edit Pins…按钮,弹出元件管脚编辑器对话框,如图 4-67 所示。

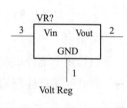

图 4-66　LM317 修改后引脚标识

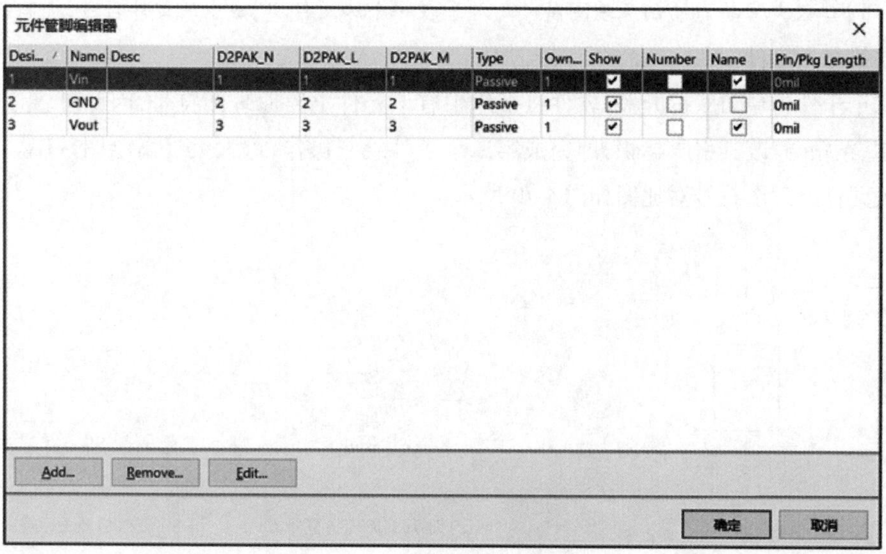

元件管脚编辑器　　　　　　　　　　　　　　　　　　　　　　　　　　　　×

Desi...	Name	Desc	D2PAK_N	D2PAK_L	D2PAK_M	Type	Own...	Show	Number	Name	Pin/Pkg Length
1	Vin		1	1	1	Passive	1	☑	☐	☑	0mil
2	GND		2	2	2	Passive	1	☑	☐	☐	0mil
3	Vout		3	3	3	Passive	1	☑	☐	☑	0mil

Add…　　Remove…　　Edit…　　　　　　　　　　　　　　　　确定　　取消

图 4-67　元件管脚编辑器对话框

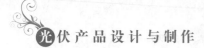

Step3：修改元件引脚标识。双击对应引脚，弹出元件管脚编辑器对话框，在此仅需对该对话框内标识进行修改即可，如图4-68所示，再单击"确定"按钮，回到元件管脚编辑器对话框，对所有引脚进行标识更改完毕后，单击"确定"按钮，则该原理图元件符号的引脚标识已经更改完毕。

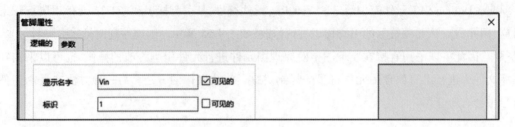

图4-68　管脚属性对话框

（2）含有子件原理图元件符号的制作

从原则上来说，一个集成电路或元件从功能上可以被分为A、B…N部分，原理图调用时可能只需要其中的一个部分，在此将这个最小的部分叫做子件。继电器和LM393都是含有子件的原理图元件符号。继电器由线圈和开关两部分组成；LM393由两个结构完全相同的集成运放组成。以继电器为例说明子件原理图元件符号绘制的方法，继电器内部引脚图如图4-26所示。

具体绘制方法如下：

①绘制第一个子件

项目选用继电器由线圈和一对单刀双掷开关组成，先绘制线圈，如图4-69所示，将其作为第一个子件。打开原来已经新建好的"常见库"原理图库文件，添加新元件，将元件名称进行更改。此处命名新元件名称为"继电器"。可参考"项目1—项目设计一二、电路原理图绘制"完成第一个子件线圈的绘制。线圈一端对应引脚标识是1，另一端是3。

【小技巧】建议大家将自绘制原理图符号均放置在一个库文件中，减少库文件数量，提高绘图效率。

②绘制第二个子件

因第二个子件为单刀双掷开关，软件自带库中有该元件电路原理图符号，因此可将该原理图符号进行复制、粘贴，修改其引脚标识，即完成第二个子件绘制操作，可大大提高绘图效率。需修改单刀双掷开关元件原理图符号对比图如图4-70所示。

（a）原开关原理图符号　　（b）修改后开关原理图符号

图4-69　第一个子件线圈绘制图　　　　图4-70　单刀双掷开关原理图符号对比图

【小技巧】不要直接在原库中编辑修改元件,因其他项目可能需要使用该元件未编辑前原理图符号,建议将原元件复制至新原理图库文件,再进行编辑修改。

Step1:新建新部件。执行菜单命令"工具"→"新部件"。编辑器则对"继电器"元件生成第二个子件,并进入第二个子件编辑窗口,如图4-71所示。

Step2:打开系统自带元件库复制原元件。执行菜单命令"文件"→"打开",找到Altium Designer软件安装后的根目录,打开"Library"文件夹,找到"Miscellaneous Devices"文件。若找不到,也可在打开文件对话框中,在搜索功能区输入"Library"搜索。找到后,单击"打开"按钮,将弹出图4-72所示对话框,单击"摘取源文件"按钮。则此时打开了元件库 Miscellaneous Devices。

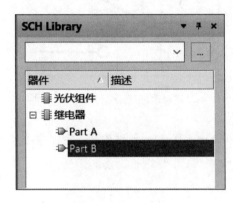

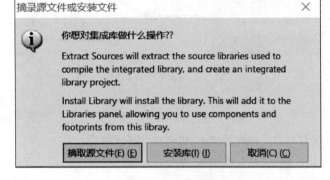

图4-71 新建第二个子件   图4-72 摘录源文件对话框

在该元件库中,输入"SW-SPDT",则可调出该元件电路原理图符号,如图4-73所示。在编辑窗口中,选中该元件,单击鼠标右键,在弹出的快捷菜单中选择"复制"选项。

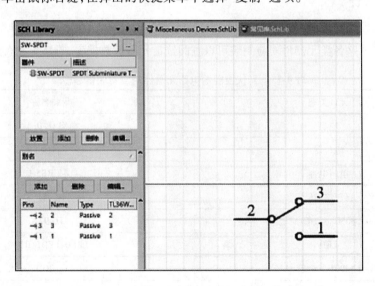

图4-73 调出原元件电路原理图符号

Step3:在自制元件库粘贴原元件。打开原创建的"常见库.SchLib"原理图库文件,在左侧"SCH Library"窗口中选中继电器,单击 Part B 选项,进入继电器第二个子件编辑窗口。在编辑窗口坐标原

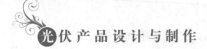

点附近,粘贴元件。最终效果如图 4-74 所示。

Step4:编辑原元件。此处仅对元件引脚标识进行修改。双击需修改元件引脚,公共端 2 引脚不变,将常闭开关另一端引脚改为 5,常开开关另一端改为 4。最终修改完毕第二个子件原理图符号如图 4-75 所示。

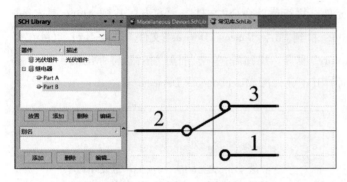

图 4-74　在自制元件库粘贴原元件　　图 4-75　修改完毕第二个子件原理图符号

Step5:不保存对原元件库的修改。关闭原打开的 Miscellaneous Devices 元件库。一定注意不要保存对原元件库的修改,以免破坏原元件库。

③新元件属性编辑

参照"项目 1—项目设计—二、电路原理图绘制"完成新元件的属性编辑工作。

至此,含有子件原理图元件符号的制作方法已经介绍完毕,大家可以试试自制 LM393 电路原理图符号。

2. PCB 图设计

该项目电路设计成单面 PCB 图。参考"项目 2—项目设计—二、PCB 图形设计"进行该项目 PCB 图设计绘制。该电路各类元器件对应封装可以查阅选定元器件数据表,封装参考表见表 4-25。

表 4-25　光伏控制器电路元器件对应封装信息表

元件类型	封装名称
电阻	AXIAL-0.4
电位器	自制
电解电容	自制/RB5-10.5
稳压二极管	DO-41
8050 三极管	TO-92
LED	LED0/LED1/R38
1N4001 二极管	DO-41/DIODE-0.4
大电流二极管	DIODE-0.7
保险丝	自制
开关	自制

续表

元件类型	封装名称
蓄电池	BAT-2
继电器	自制
LM393 集成电路	DIP8
LM317 三端稳压器	TO-220AB
光伏组件	BAT-2

对于自制的元件封装,应该如何进行绘制呢? 接下来的内容就介绍自制 PCB 元件封装的方法。

(1)准备工作

视频

从无到有的PCB
元件封装方法介绍

在正式绘制前,必须获得需绘制元件的具体尺寸信息。这些信息包括元件的外形轮廓尺寸、引脚数量、引脚宽度、引脚间距。对于贴片元件而言,则需要获得引脚外围轮廓和长度信息。

如何获取元件具体的尺寸信息呢? 此处介绍两种方法,分别是游标卡尺法和元件的 Datasheet 查询法。

①游标卡尺法

该方法就是利用游标卡尺实际测量元件引脚及间距的尺寸,并记录下来。市场上销售的元器件都是按照规定尺寸进行大批量自动化生产,因一般情况下,人工测量误差较机器生产工艺误差大,此处不太推荐采用该种方法获取尺寸信息,仅在元件尺寸信息无法查询时使用该方法实际测量。游标卡尺如图 4-76 所示。

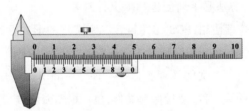

图 4-76 游标卡尺

②Datasheet 查询法

该方法就是利用元件的 Datasheet(数据手册)获取元件的尺寸信息。此处以元件 AT89S52 单片机为例说明,通过网络搜索,可以获得 AT89S52 单片机的 Datasheet(数据手册),查阅该数据手册,搜索该集成电路的封装名称和具体的尺寸信息,如图 4-77 所示。同时将所需要的信息记录下来,参考记录表见表 4-26。这种方法获取信息便捷、准确,是推荐的首选方法。

表 4-26 元件尺寸信息记录表

类 别	参 数
外形轮廓尺寸	2 060 mil×545 mil
引脚数量	40
引脚宽度	15~21 mil
相邻两脚中心引脚间距	100 mil
两列引脚中心间距	650 mil

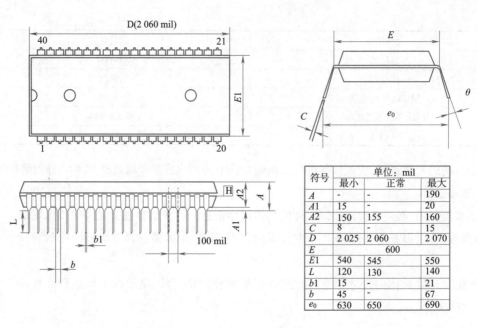

符号	单位：mil		
	最小	正常	最大
A	-	-	190
A1	15	-	20
A2	150	155	160
C	8	-	15
D	2 025	2 060	2 070
E		600	
E1	540	545	550
L	120	130	140
b1	15	-	21
b	45	-	67
e0	630	650	690

图 4-77　AT89S52 元件封装尺寸信息

（2）绘制新的元件封装

在获得元件的尺寸信息后，可以通过两种方法绘制新的元件封装，第一种方法利用 PCB 元件向导创建 PCB 元件封装，第二种方法是手动创建 PCB 元件封装。

为便于文件的管理使用，PCB 元件封装以库文件的形式存在，该库文件可以新建各种需要制作的元件封装。在利用两种方法创建新的元件封装之前，需要新建 PCB 库文件。

方法：执行菜单命令"文件"→"新建"→"库"→"PCB 元件库"，即可创建一个默认名称为"Pcblib1. Pcblib"的库文件，然后保存文件，也可根据需要对文件进行重命名。

①利用 PCB 元件向导创建 PCB 元件封装

该种方法适用于外形和引脚排列比较规范的元器件，如图 4-78 所示的各类元器件。该方法操作比较简单，只需要依照向导，一步步设置好相关参数及选项即可最后生成所需的元件封装。此处以 AT89S52 为例说明操作的方法。

图 4-78　外形和引脚排列比较规范的元器件

具体方法如下：

Step1：打开元件向导工作界面。新建好 PCB 库文件后，在 PCB Library 库工作面板任意位置单击鼠标右键，在弹出的快捷菜单中选择"元件向导"选项，弹出 PCB 器件向导对话框，如图 4-79 所示，单击"下一步"按钮。

Step2：设置器件图案类型。弹出"器件图案"对话框，AT89S52 单片机为双列直插器件，因此选择 Dual In-line Packages（DIP）选项，如图 4-80 所示，尺寸单位选择默认的 mil，单击"下一步"按钮。

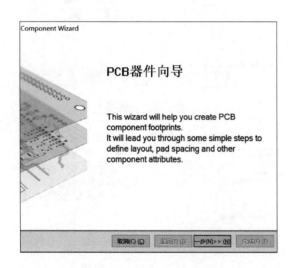

图 4-79　PCB 器件向导对话框

图 4-80　器件图案类型设置对话框

Step3：设置焊盘尺寸。焊盘尺寸的设置包含设置焊盘孔径和外径大小。焊盘的孔径依引脚粗细来确定。对于通孔元件而言，焊盘尺寸设置的原则为：

➤ 焊盘属性中，层为 Multi-Layer（多层）。

➤ 焊盘尺寸：引脚直径 + 0.2 mm 作为焊盘的内孔直径，焊盘外径为焊盘孔径加 1 mm 或者 1.2 mm。

➤ 孔直径小于 0.4 mm 的焊盘，外径/内径 = 0.5 ~ 3。

➤ 孔直径大于 2 mm 的焊盘，外径/内径 = 1.5 ~ 2。

➤ 1 号焊盘一般为方形，其余为圆形。

此处按照设置原则，单位进行换算，将内孔径设置为 25 mil；焊盘外径尺寸采用默认设置，X 轴为 100 mil，Y 轴为 50 mil，即焊盘为椭圆形，如图 4-81 所示，单击"下一步"按钮。

Step4：设置各焊盘间距。根据 Datasheet 数据表中信息，AT89S52 两个相邻引脚中心间距为 100 mil，两列引脚中心间距为 650 mil，直接在对应尺寸信息处进行更改即可，如图 4-82 所示。

Step5：设置封装轮廓线宽度。该处参数不重要，一般不需要修改，选择默认即可，如图 4-83 所示，单击"下一步"按钮。

Step6：设置焊盘数量。该例中，元件的引脚数量是 40，故将焊盘数目设置为 40，如图 4-84 所示。

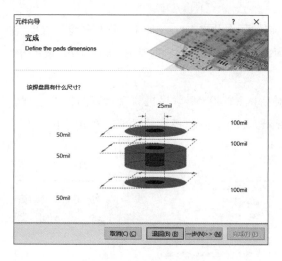

图 4-81　焊盘尺寸设置

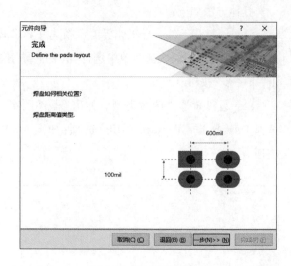

图 4-82　焊盘间距设置

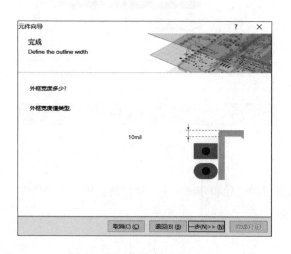

图 4-83　封装轮廓线宽度设置

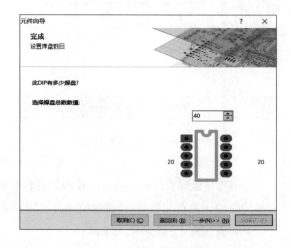

图 4-84　焊盘数量设置

Step7：设置元件名称。设置好该元件封装的名称为 DIP40。单击"下一步"按钮，单击"完成"按钮。至此，该元件的封装就已经绘制完毕了，最终生成的元件封装如图 4-85 所示。

②手动创建 PCB 元件封装

手动创建封装的方法比较灵活，此法可以制作任何引脚排列规则的、不规则的，引脚间距均等的、不均等的元件封装。在放置完全部焊盘后，将第 1 号焊盘设置为参考点，再采用坐标定位的方法来定位其余每一个焊盘的相对位置。此处以 JQC-3F（T73）继电器为例说明绘制方法。该元件的尺寸信息图如图 4-86 所示。该元件尺寸信息经过整理，填写表 4-27。

·视 频

手动绘制PCB
元件封装

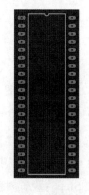

图 4-85　AT89S52
封装最终效果图

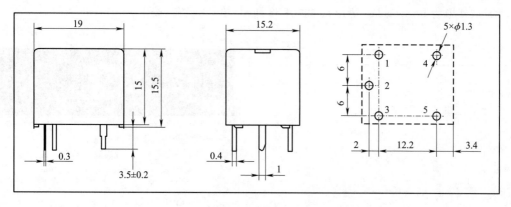

图 4-86　JQC-3F(T73)继电器尺寸信息图(单位:mm)

表 4-27　JQC-3F(T73)继电器尺寸信息表

类　别	参　数
外形轮廓尺寸	19 mm×15.2 mm
引脚数量	5
单个引脚尺寸	直径1.3 mm
1 脚坐标	(0,0)
2 脚坐标	(−2,−6)
3 脚坐标	(0,−12)
4 脚坐标	(12.2,0)
5 脚坐标	(12.2,−12)
左侧宽距离 2 脚中心距离	1.4 mm
右侧宽距离 5 脚中心距离	3.4 mm
上长边距离 1 脚中心距离	1.6 mm
下长边距离 1 脚中心距离	1.6 mm

具体方法如下:

Step1:设置测量单位。因图 4-86 所示继电器的尺寸单位是 mm,而软件系统默认测量单位是英制单位,所以在此需首先设置测量单位。执行菜单命令"工具"→"器件库选项",弹出板选项对话框,如图 4-87 所示,将"度量单位"设置成公制单位:Metric。第二种切换测量单位的方法是直接按键盘上的【Q】键,实现公制单位和英制单位的切换。

Step2:设置并放置焊盘。

➤ 设置并放置第一个焊盘。单击工具条中的"焊盘"图标,放置在任意位置,双击该焊盘,弹出焊盘参数设置对话框,将"标识"设置为"1",并根据尺寸信息参数,正确设置好第 1 号焊盘的参数。

➤ 通孔尺寸设置为 1.5 mm,外径尺寸参照焊盘尺寸设置原则,设置成 X-Size 为 2.5 mm,Y-Size

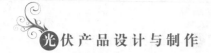

为 2.5 mm,外形为 Rectangular(矩形),如图 4-88 所示,单击"确定"按钮。

图 4-87　板选项对话框

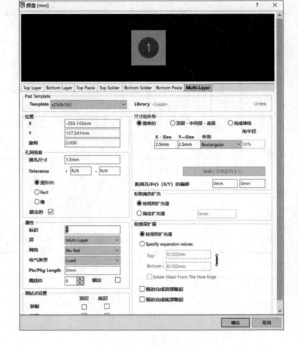

图 4-88　焊盘编辑界面

➤ 将第一个焊盘设置成参考点,即坐标原点,其坐标为(0,0)。

方法:执行菜单"编辑"→"设置参考"→"1 脚"。

放置其他焊盘。根据尺寸信息表 4-27 所示其他引脚坐标,以第一个焊盘为坐标原点,放置其他焊盘。此处以第二个焊盘为例说明,其他焊盘放置方式类似。单击工具条中的"焊盘"图标,在任意位置放置第二个焊盘,双击该焊盘,对其参数进行更改。"标识为 2"、"通孔尺寸"、"X-Size","Y-Size"与第一个焊盘设置一致,外形改为"Round",位置 X 为"-2 mm",Y 为"-6 mm",单击"确定"按钮完成设置。依次放置其他焊盘。

【小技巧】请注意 PCB 库文件编辑器中,焊盘标识必须与原理图引脚标识一一对应。

Step3:绘制外形轮廓。元件封装的外形轮廓不仅使元件看起来和实物更加接近,更形象,还能起到在印制板上占位的作用,具体得根据元件实物的外形情况确定其形状和大小。JQC-3F(T73)继电器的外形形状为矩形,尺寸信息见表 4-27。继电器尺寸为 19 mm × 15.2 mm;左侧宽距离 2 脚中心距离为 1.4 mm,右侧宽距离 5 脚中心距离为 3.4 mm;上下长边距离 1 脚和 3 脚中心距离分别为 1.6 mm。

➤ 设置外形轮廓所在层。单击 PCB 库文件编辑窗口下方 Top overlay 层,将外形轮廓设置在 Top overlay(顶层丝印层)。

➤ 放置线段。单击工具条中的"走线"图标,在焊盘左侧任意位置放置一条长度任意的直线,然后双击该直线,修改其参数设置对话框,如图 4-89 所示。

参考表 4-27 的尺寸信息,则继电器外形轮廓矩形对应四条边的坐标信息见表 4-28,最终效果图如图 4-90 所示。

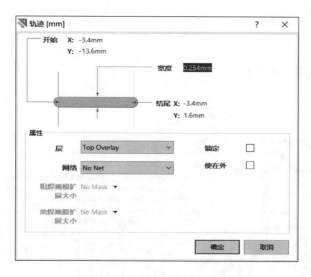

图 4-89　走线参数设置对话框

表 4-28　JQC-3F(T73)继电器外形轮廓坐标信息表

边类型	开始坐标	结尾坐标
左侧宽	(-3.4,1.6)	(-3.4,-13.6)
右侧宽	(15.6,1.6)	(15.6,-13.6)
上端长	(-3.4,1.6)	(15.6,1.6)
下端长	(-3.4,-13.6)	(15.6,-13.6)

【小技巧】当左右侧宽度线段已绘制好之后,可以直接用直线工具连接宽边各端点,直接绘制出长线段。

Step4:编辑元件封装信息。双击左侧 PCB Library 窗口中元件名称"PCBCOMPONENT_1",弹出 PCB 库元件参数设置对话框。更改库元件名称,并对其做一定的描述。此处名称更改为"继电器",描述更改为"JQC-3F(T73)继电器",如图 4-91 所示,单击"确定"按钮完成属性设置。

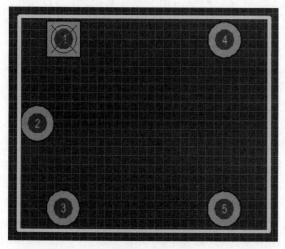

图 4-90　最终继电器封装效果图

图 4-91　PCB 库元件参数设置对话框

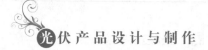

Step5：保存。执行菜单命令"文件"→"保存"，或单击快捷工具栏的保存 ![保存按钮]按钮，即完成新的元件封装的绘制任务。

最终绘制的光伏控制器 PCB 图如图 4-92 所示。

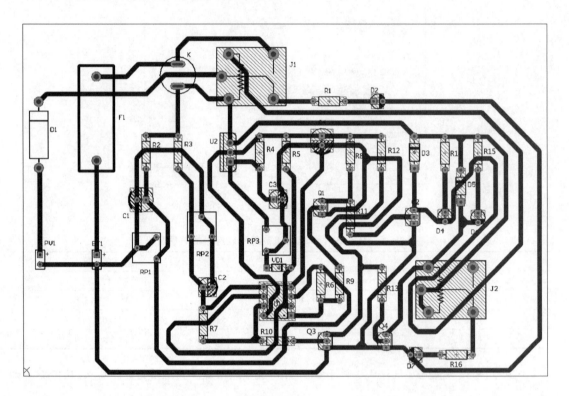

图 4-92　参考光伏控制器 PCB 图

项目制作

该项目产品制作包含光伏控制器单面 PCB 的制作、光伏控制器单面 PCB 元件的安装与调试两部分。在制作的过程中，严格遵守 7S 管理要求，注意项目安全规范。具体为：注意用电安全，规范操作设备，预防触电及避免损坏；小心电烙铁，防止烫伤；操作完毕后，关闭实验仪器设备和仪表，对实验工具和材料进行整理，对实验环境进行清洁、清扫工作。

一、光伏控制器单面 PCB 的制作

按照单面 PCB 制作工艺流程，利用热转印法制作光伏控制器单面 PCB。

二、光伏控制器 PCB 元件的安装与调试

1. 安装与调试前准备

提前准备好光伏控制器产品安装与调试所需的元件和工具，如表 4-29 所示。

表 4-29 光伏控制器所需材料和工具

序号	名　称	型号与规格	单位	数量	备　注
1	电子元件	光伏控制器电路所需元器件	套	1	
2	直流稳压电源	ETM-305 A	个	1	
3	电烙铁	25～35 W	个	1	
4	烙铁架(含海绵)	任意品牌	个	1	
5	焊锡丝	ϕ0.8 mm 低熔点	卷	1	
6	电路板	自制 PCB 电路板	块	1	
7	细导线	红黑双色 0.5 mm^2		若干	
8	剥线钳	任意品牌	把	1	
9	斜口钳	任意品牌	把	1	
10	万用表	优利德 UT30A	块	1	
11	螺丝刀	十字螺丝刀	把	1	

2. 电路安装与调试

(1)电子元件安装

按照电路安装流程,对光伏控制器 PCB 进行元件安装。元件安装的时候注意安装顺序,应该为先轻后重,先里后外,先低后高。该项目中先安装卧式电阻、二极管,再安装立式电容、发光二极管等,最后安装大体积元器件,如保险座、继电器等。色环电阻的色环摆放方向一致。

根据该项目电路图,填写该光伏控制器的元件清单表并对给定的元件进行检测,将检测结果一同记录于表 4-30 中,若给定元器件损坏,应及时更换。

表 4-30 光伏控制器元件清单及质量判断表

序号	元件名称	型号规格	数　量	质量好坏	备　注
1				□好　□坏	
2				□好　□坏	
3				□好　□坏	
4				□好　□坏	
5				□好　□坏	
6				□好　□坏	
7				□好　□坏	
8				□好　□坏	
9				□好　□坏	
10				□好　□坏	
11				□好　□坏	
12				□好　□坏	
13				□好　□坏	
14				□好　□坏	
15				□好　□坏	
16				□好　□坏	
17				□好　□坏	
18				□好　□坏	

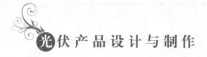

序号	元件名称	型号规格	数 量	质量好坏	备 注
19				□好 □坏	
20				□好 □坏	
21				□好 □坏	
22				□好 □坏	
23				□好 □坏	
24				□好 □坏	
25				□好 □坏	
26				□好 □坏	

（2）电路调试

该项目光伏控制器安装好元器件的 PCB 调试步骤同系统电路图验证调试内容。请回顾该内容进行电路板的调试。根据光伏控制器电路调试步骤填写表 4-31。

表 4-31　光伏控制器 PCBA 电路板调试记录表

序号	调试步骤	内 容	结 果		备 注
1	通电前检查	接线是否正确	□正确 □不正确		
		电源、地线、信号线、元器件接线端之间是否有短路	□有短路 □无短路		
		有极性器件极性有无接错	□极性未接错 □极性接错		
2	设置参数	设定直流稳压电源稳定电压值	设定稳压值为_____ V		
		过充电压取样值设定	□已设定好 □未设定好		
		过放电压取样值设定	□已设定好 □未设定好		
3	通电检查	蓄电池电压正常（$1.5\ V \leqslant V_{蓄电池} \leqslant 14.5\ V$）	声音	□有 □无	
			四种状态指示灯	停充指示灯 □亮 □灭 正常指示灯 □亮 □灭 充电指示灯 □亮 □灭 过放指示灯 □亮 □灭	
		蓄电池电压过充电（$V_{蓄电池} > 14.5\ V$）	声音	□有 □无	
			四种状态指示灯	停充指示灯 □亮 □灭 正常指示灯 □亮 □灭 充电指示灯 □亮 □灭 过放指示灯 □亮 □灭	
		蓄电池电压过放电（$V_{蓄电池} < 11.5\ V$）	声音	□有 □无	
			四种状态指示灯	停充指示灯 □亮 □灭 正常指示灯 □亮 □灭 充电指示灯 □亮 □灭 过放指示灯 □亮 □灭	
	最终结论:光伏控制器功能是否符合要求		□符合要求 □不符合要求		

项目评估

该项目采用全过程评估方式,从技术知识、职业能力、职业素养三方面进行考核评估。参考评估表见表 4-32。

表 4-32　光伏控制器评估表

项目评估	评估类别	评估内容	评估形式	自评	互评	总评	
						档次	备注
项目描述	职业能力	能根据客户需求知道光伏控制器产品需要达到的功能	"说"功能视频	□很准确 □较准确 □不准确	□表达准确 □表达较准确 □表达不准确	□很准确 □较准确 □不准确	总评 = 30% 自评 + 70% 互评
项目准备	技术知识	1. 了解光伏控制器功能、分类和参数 2. 熟悉保险丝、继电器、稳压二极管、电位器、集成电路等基础元器件的识别和检测方法	知识测验	□都知道 □大部分知道 □少部分知道 □都不知道	无	□都知道 □大部分知道 □少部分知道 □都不知道	根据知识测验成绩判定总评成绩档次
	职业能力	能正确识别、读取保险丝、继电器、稳压二极管、电位器、集成电路的类别及技术参数,且能规范操作仪表完成元器件检测工作	现场操作 + 检测表格	□熟练准确 □较熟练准确 □不熟练准确 □不准确	□熟练准确 □较熟练准确 □不熟练准确 □不准确	□熟练准确 □较熟练准确 □不熟练准确 □不准确	总评 = 30% 自评 + 70% 互评
项目设计	技术知识	1. 掌握光伏控制器产品功能电路设计方法 2. 掌握电压比较电路和可调直流稳压电源的组成 3. 掌握光伏控制器产品功能电路调试方法 4. 掌握 Altium Designer 软件绘制含有子件原理图元件符号的方法 5. 掌握 Altium Designer 软件绘制新的 PCB 元件封装的方法	知识测验	□都知道 □大部分知道 □少部分知道 □都不知道	无	□都知道 □大部分知道 □少部分知道 □都不知道	根据测验成绩判定总评成绩档次
	职业能力	能根据技术要求设计出符合要求的光伏控制器功能电路图	"绘"流程图	□很准确 □较准确 □不准确	□很准确 □较准确 □不准确	□很准确 □较准确 □不准确	总评 = 30% 自评 + 70% 互评
		能利用 Altium Designer 软件设计出符合要求的 PCB 图纸	"绘" PCB 图	□很准确 □较准确 □不准确	□很准确 □较准确 □不准确	□很准确 □较准确 □不准确	总评 = 30% 自评 + 70% 互评
		能够正确调试作为验证作用的光伏控制器电路板	"做"实验验证	□很准确规范 □较准确规范 □选择元件错误	□很准确规范 □较准确规范 □选择元件错误	□很准确规范 □较准确规范 □选择元件错误	总评 = 30% 自评 + 70% 互评

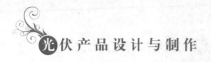

续表

项目评估	评估类别	评估内容	评估形式	自评	互评	总评 档次	总评 备注
项目制作	技术知识	1. 熟悉光伏控制器 PCB 制作工艺流程 2. 熟悉光伏控制器电路所需元器件 3. 熟悉 PCB 元件电路安装工艺规范和调试步骤	知识测验	□都熟悉 □大部分熟悉 □少部分熟悉 □都不熟悉	无	□都熟悉 □大部分熟悉 □少部分熟悉 □都不熟悉	根据测验成绩判定总评成绩档次
	职业能力	能正确识别和检测光伏控制器所需元器件；能根据工艺规范制作出符合要求的光伏控制器 PCB	"做"光伏控制器单面 PCB	□规范准确 □较规范准确 □不规范准确 □不准确	□规范准确 □较规范准确 □不规范准确 □不准确	□规范准确 □较规范准确 □不规范准确 □不准确	总评 = 30% 自评 + 70% 互评
		能按照安装工艺规范将元件安装在光伏控制器 PCB 上，最终调试成功电路	"装调"光伏控制器 PCB 电路	□规范准确 □较规范准确 □不规范准确 □不准确	□规范准确 □较规范准确 □不规范准确 □不准确	□规范准确 □较规范准确 □不规范准确 □不准确	总评 = 30% 自评 + 70% 互评
项目展示	团队能分工介绍该产品设计理念、思路、成功展示需求功能		分组展示	（可多选） □设计理念合理 □表达清晰 □有创新 □功能展示成功 □团队合作好	（可多选） □设计理念合理 □表达清晰 □有创新 □功能展示成功 □团队合作好	（可多选） □设计理念合理 □表达清晰 □有创新 □功能展示成功 □团队合作好	总评 = 30% 自评 + 70% 互评
整体项目	职业素养	树立技能报国理念；培养学生具有自信自立、专业专注、善作善成的优秀品质	问卷调查	□达到目标 □达到部分目标 □未达到目标	无	□达到目标 □达到部分目标 □未达到目标	总评依据为问卷调查结果

创客舞台：你所不知道的光伏控制器

一、风电互补光伏控制器

太阳能和风能均是清洁能源，太阳能与风能在时间上和地域上都有很强的互补性。白天太阳能最强时，风很小，晚上太阳落山后，光线很弱，但由于地表温差变化大而风能加强。夏季，太阳光强度大而风小；冬季，太阳光强度弱而风大，太阳能和风能在时间上的互补性使风光互补发电系统在资源上具有最佳的匹配性，可实现连续、稳定发电。图 4-93 所示为风光互补太阳能路灯。

在此介绍一种基于 51 单片机的风光互补太阳能路灯控制器设计方案。该控制器主要有四点功能，分别是：采用风能和光伏组件给锂电池充电，具有充电保护电路和稳压电路；锂电池升压到 5 V 给单片机和附属电路供电；路灯控制分为手动模式和自动模式。手动模式下可以自由开灯或关灯，自动模式下通过光敏电阻根据光照强度自动控制灯的开和关；路灯用四个高亮 LED 灯模拟。

1. 硬件设计

该电路包含电源模块、开关检测电路、光照检测模块、负载模块和单片机控制模块。

图 4-93　风光互补太阳能路灯

（1）电源模块

该模块包含风机和光伏组件给锂电池充电电路,同时也包含锂电池 3.7 V 升压到 5 V 的升压电路。电源模块电路图如图 4-94 所示。

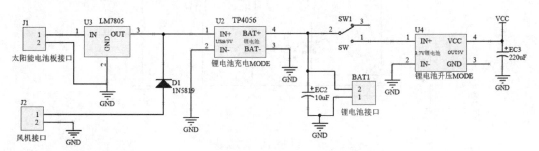

图 4-94　电源模块电路

（2）开关检测电路

开关控制检测电路含两个开关。一个开关代表手动开关功能,另一个开关代表自动开关功能,如图 4-95 所示。

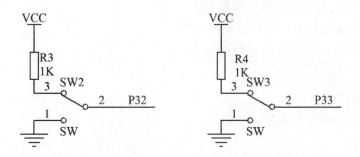

图 4-95　开关检测电路

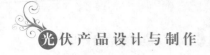

光伏产品设计与制作

（3）光照检测模块

光照检测模块内部电路图如图4-96所示。其中R1电阻为分压电阻,将光敏电阻传感器检测到的光照信息转化为模拟电压信号即AO,模拟量信号接入LM393比较器后,即可与LM393比较器芯片2号引脚所接的电位器分压后的模拟电压进行比较,进而得出DO数字信号(即高低电平信号)。C1、C2为滤波电容,C1电容对电源进行滤波,让电源输出更稳定。C2电容对模拟信号进行滤波,保证模拟信号输出的稳定性。R2、R3均为限流电阻,保护LED灯,防止LED灯烧坏,LED灯均为低电平有效。R4为上拉电阻,上拉就是将不确定的信号通过一个电阻钳位在高电平,同时起限流作用。保证LM393比较器输出的高低电平信号在与单片机引脚连接时电平信号的读取更加稳定。

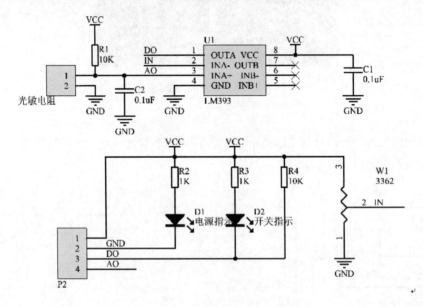

图4-96　光照检测检测模块电路

（4）负载模块

LED灯均为高亮LED灯,超高LED是比一般LED发光二极管的亮度高近百倍的新型LED,通过三极管驱动LED灯的亮灭,电阻为限流电阻,保护三极管。当单片机的控制引脚为低电平时,三极管导通,此时,高亮LED灯亮。否则,高亮LED灯不亮。高亮LED灯照明电路原理图如图4-97所示。

（5）单片机控制模块

单片机控制的整体电路图如图4-98所示。

2. 软件设计

（1）参考程序流程图

该项目参考程序流程图如图4-99所示。

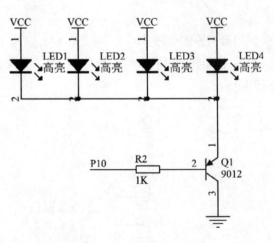

图4-97　负载模块电路

264

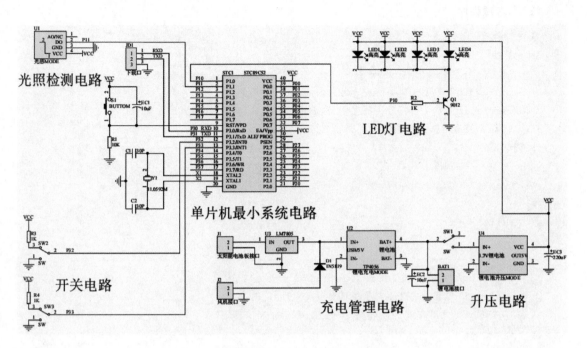

图 4-98　项目整体电路图

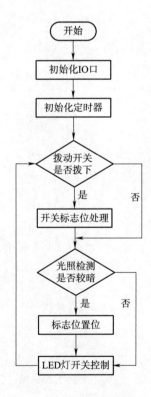

图 4-99　程序流程图

（2）参考源程序

```
①延时函数
#include "delay. h"
/* -------------------------------------------------------------------------
Us2x 延时函数,含有输入参数 unsigned char t,无返回值
unsigned char 是定义无符号字符变量,其值的范围是
0 ~255 这里使用晶振 12M,精确延时请使用汇编,大致延时
长度如下 T = tx2 +5 uS
-----------------------------------------------------------------------* /
void DelayUs2x( unsigned char t)
{
    while( - -t);
}
/* -------------------------------------------------------------------------
    Ms 延时函数,含有输入参数 unsigned char t,无返回值
    unsigned char 是定义无符号字符变量,其值的范围是
    0 ~255 这里使用晶振 12M,精确延时请使用汇编
-----------------------------------------------------------------------* /
void DelayMs( unsigned char t)
{
    while( t - -)
     {
        //大致延时 1 ms
        DelayUs2x( 245);
        DelayUs2x( 245);
     }
}
②主函数
#include < reg52. h >          //包含头文件,一般情况不需要改动,头文件包含特殊功能寄存器
                             //的定义
#include < stdio. h >
#include "delay. h"
sbit swMode = P3^2;          //开关
sbit swOnOff = P3^3;         //开关
sbit led = P1 ^0;            //灯
sbit ligh = P1 ^1;
unsigned long sysslot = 0;    //定时器计数
void Init_Timer0( void);      //函数声明
void main( void)
{
    Init_Timer0(     );       //定时器 0 初始化
    while( 1)                 //主循环
     {
```

```
        if( swMode = =0)   //手动
        {
            if( ligh = =1)   //光线暗
            {
                led = 0;   //开灯
            }
            else
            {
                led = 1;   //关灯
            }
        }
        else //自动
        {
            if( swOnOff = =0) //拨动开关到下面
            {
                led = 0;   //开灯
            }
            else
            {
                led = 1;   //关灯
            }
        }
        DelayMs(100); //防止抖动
    }
}
void Init_Timer0( void)
{
    TMOD |= 0x01;   //使用模式 1,16 位定时器,使用"|"符号可以在使用多个定时器时不受影响
    TH0 = ( 65536 - 20000)/256;   //重新赋值 20 ms
    TL0 = ( 65536 - 20000)% 256;
    EA = 1;             //总中断打开
    ET0 = 1;           //定时器中断打开
    TR0 = 1;           //定时器开关打开
}
void Timer0_isr( void) interrupt 1
{
    TH0 = ( 65536 - 20000)/256;   //重新赋值 20 ms
    TL0 = ( 65536 - 20000)% 256;
}
```

二、太阳能市电互补控制器

太阳能是一种清洁能源,但作为光伏产品的唯一供电源,易受环境天气因素的影响。在此提出一种市电互补的太阳能控制器,主要应用在照明领域,光伏组件作为主供电源,市电作为辅助电源供

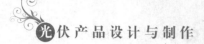

电,使得产品的应用范围大大增加。

图 4-100 所示为一种太阳能市电互补控制器。此处介绍一种太阳能市电互补控制器,用于路灯照明,它的主要功能是实时监测光伏组件、蓄电池电压,实现对蓄电池充放电控制,蓄电池供电和市电供电的自动切换以及对 LED 负载的照明控制。

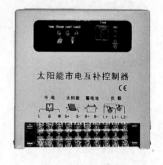

图 4-100　一种太阳能市电
互补控制器

1. 硬件设计

该种太阳能市电互补控制器结构主要由 STC12C5412AD 单片机和外围电路组成。其中外围电路主要包括蓄电池充电控制电路、光伏组件和蓄电池电压实时检测电路、蓄电池-市电供电切换电路、LED 开关控制电路和 LCD 液晶显示电路。STC 单片机完成对各个模块电路的准确控制。

（1）蓄电池充电控制电路

图 4-101 所示为蓄电池充电控制电路。光伏组件给蓄电池充电,单片机通过实时检测蓄电池电压,并通过输出 Control 信号实时控制蓄电池的充电状态。

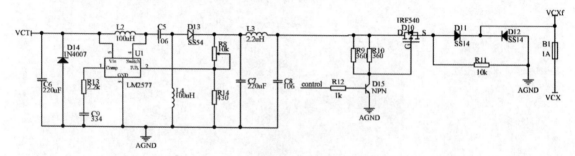

图 4-101　蓄电池充电控制电路

（2）A/D 电压采集模块

图 4-102 所示为光伏组件、蓄电池电压采集模块电路。图中电阻采用 1% 精度的电阻对光伏组件和蓄电池电压进行分压,以满足 ADC 的最高模拟输入电压;OPA2340 是纯模拟 IC 输入的高性能双运算放大器,在此电路中主要功能是电压跟随器,对电阻分压进行隔离以保证分压的精确性;图中 AD0 和 AD1 为 A/D 转化输入。

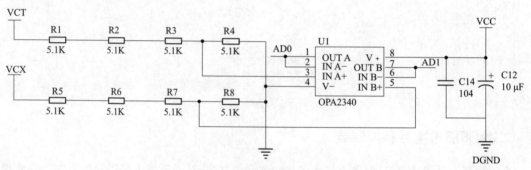

图 4-102　A/D 电压采集模块

（3）供电模式切换控制电路

它通过控制继电器实现蓄电池、市电供电的切换，如图 4-103 所示。R3 和 NPN 三极管 9013 以及限流电阻 R1 组成继电器的驱动电路。当单片机输出信号（Power Select）为低电平时，三极管处于截止状态，则继电器工作在默认状态，此时打开由蓄电池供电模式；当单片机输出信号（Power Select）为高电平时，三极管处于开启状态，弱电流通过继电器，使继电器切换到市电供电模式；图中的低压降肖特基二极管 D1 和 D4 是保证供电安全，防止瞬间高压回流损坏供电模块。图中电容 C1、C2、C3 为滤波电容，在切换继电器时起到电压缓冲的作用，防止瞬间高压损坏后级电路。

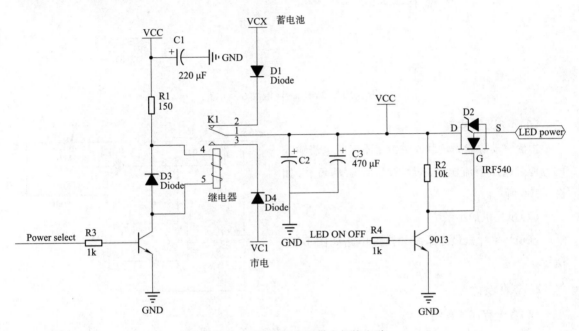

图 4-103　蓄电池、市电供电切换电路

IRF540 的驱动电路由三极管 NPN 三极管 9013、电阻 R2 和电阻 R4 组成，当单片机输出信号（LED_ON_OFF）为低电平时，三极管处于截止状态，此时 $V_{GS} = V_{CC}$（VCC 为供电电压），MOS 管导通，LED 处于开启状态；当单片机输出信号（LED_ON_OFF）为高电平时，三极管处于导通状态，此时 $V_{GS} = 0\ V$，MOS 管截止，即关闭 LED 照明。

（4）光控模块

光控模块电路图如图 4-104 所示。白天或者有光照的环境中，光敏电阻 GL5528 的电阻值为几千欧姆，经过分压满足 NPN 三极管的导通条件，故三极管导通，当系统处于黑夜或者无光照的环境中，光敏电阻的阻值为兆欧级，可以默认为处于开路状态，故不满足三极管导通条件，单片机通过判断此 I/O 口的电平来判断环境情况，并控制打开或关闭 LED 照明。

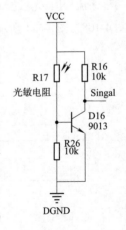

图 4-104　光控电路设计图

（5）状态显示电路

中文字符型 LCD12864 液晶显示模块，用于显示当前时钟、供电模式状

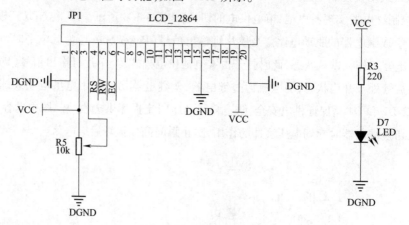

态、太阳能电池和蓄电池的电压值等功能,如图 4-105 所示。

图 4-105　LCD12864 液晶显示电路

（6）恒流驱动电路

恒流驱动源能为负载提供恒定不变的电流输入的电源。选用恒流驱动芯片 PT4115 驱动负载,如图 4-106 所示。

（7）单片机最小系统

该项目单片机最小系统和按键电路如图 4-107 所示。

2. 软件设计

（1）参考程序流程图

该软件设计包含充电程序控制流程图、定时控制程序流程图、光敏控制程序流程图、状态显示及人工设置功能程序设计流程图。具体流程图如图 4-108 ~ 图 4-111 所示。

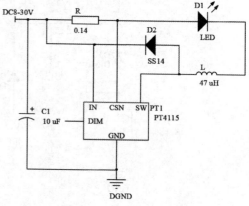

图 4-106　恒流驱动电路

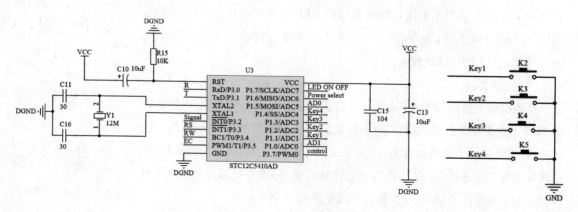

图 4-107　单片机最小系统

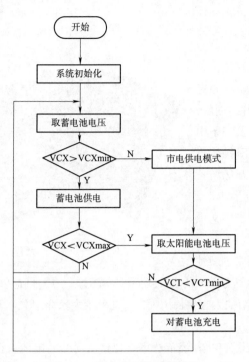

图 4-108 充电程序控制流程图

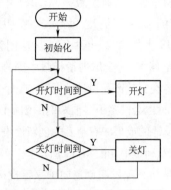

图 4-109 定时控制程序流程图

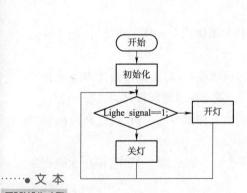

图 4-110 光敏控制程序流程图

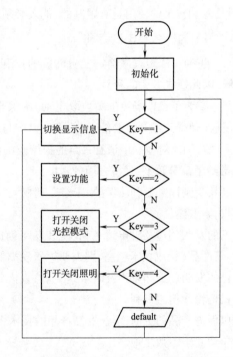

图 4-111 状态显示及人工设置功能程序设计流程图

····· • 文本

市电互补控制
器程序

（2）参考源程序

参考源程序详见二维码。

三、你必须知道的专利

创新是引领发展的第一动力,保护知识产权就是保护创新。知识产权作为科技创新的成果,是现代企业核心竞争力的体现。党的十八大以来,党中央高度重视科技创新,把知识产权保护工作摆在更加突出的位置,走出了一条中国特色知识产权发展之路。新时代的十年来,我国科技投入大幅提高,全社会研发投入从 2012 年的 1.03 万亿增长到 2021 年的 2.79 万亿元,每万人口发明专利拥有量从 3.2件提升至 19.1 件,2022 年中国在全球创新指数报告中 9 项指标排名全球第一,全球创新指数中国排名升至第 11 位。

图 4-112　专利证书

进行各类光伏产品设计的时候,有时会出现很多创新性的设计,有时也会借鉴很多前辈们的创新设计,那么这些前人的设计我们可以拿过来使用,创造价值吗?或者我们设计的成果中有个人的创新性设计,能否给他人直接使用呢? 在此就给大家介绍关于专利的那些事儿,专利证书如图 4-112 所示。

专利是指一项发明创造向国家审批机关提出专利申请,经依法审查合格后向专利申请人授予的在规定时间内对该项发明创造享有的专有权。专利的技术内容是公开的,大家可以通过专利文献自由查阅;但是专利技术的使用是有限制的,他人必须征得专利权人的许可,方可使用。

1. 为什么要申请专利

视频

什么是专利

①通过法定程序确定发明创造的权利归属关系,从而有效保护发明创造成果,独占市场,以此换取最大的利益。

②为了在市场竞争中争取主动,确保自身生产与销售的安全性,防止对手拿专利状告侵权(遭受高额经济赔偿、迫使停止生产与销售)。

③国家对专利申请有一定的扶持政策(如政府颁布的专利奖励政策以及高新技术企业政策等),会给予部分政策、经济方面的帮助。

④专利权受到国家专利法保护,未经专利权人同意许可,任何单位或个人都不能使用(状告他人侵犯专利权,索取赔偿)。

⑤自己的发明创造及时申请专利,使其发明创造得到国家法律保护,防止他人模仿本企业开发的新技术、新产品(构成技术壁垒,别人要想研发类似技术或产品就必须经专利权人同意)。

⑥自己的发明创造如果不及时申请专利,别人将你的劳动成果提出专利申请,反过来向法院或专利管理机构告你侵犯专利权。

⑦可以促进产品的更新换代,提高产品的技术含量及提高产品的质量、降低成本,使企业的产品在市场竞争中立于不败之地。

⑧一个企业若拥有多个专利是企业强大实力的体现,是一种无形资产和无形宣传(拥有自主知识产权的企业既是消费者向往的强力企业,同时也是政府各项政策扶持的主要目标群体),21 世纪是知识经济的时代,世界未来的竞争,就是知识产权的竞争。

⑨专利技术可以作为商品出售(转让),比单纯的技术转让更有法律和经济效益,从而达到其经济价值的实现。

⑩专利宣传效果好。

⑪避免会展上撤下展品的尴尬。

⑫专利除具有以上功能外，拥有一定数量的专利还作为企业上市和其他评审中的一项重要指标，例如，高新技术企业资格评审、科技项目的验收和评审等，专利还具有科研成果市场化的桥梁作用。总之，专利既可用作盾，保护自己的技术和产品；也可用作矛，打击对手的侵权行为。充分利用专利的各项功能，对企业的生产经营具有极大的促进作用。

2. 有些什么专利

①发明专利：针对产品、方法或者产品、方法的改进所提出的新的技术方案，可以申请发明专利。

②实用新型专利：针对产品的形状、构造或者其结合提出的适于实用的新的技术方案，可以申请实用新型专利。

③外观设计专利：针对产品的形状、图案、色彩或者其结合所作出的富有美感并适于工业应用的新设计，可以申请外观设计专利。

视频

专利的分类

3. 如何申请专利

依据《专利法》，发明专利申请的审批程序包括：受理、初步审查阶段、公布、实审以及授权五个阶段，实用新型专利和外观设计专利申请不进行早期公布和实质审查，只有三个阶段，如图 4-113 所示。

视频

如何申请专利

（1）受理阶段

专利局收到专利申请后进行审查，如果符合受理条件，专利局将确定申请日，给予申请号，并且核实过文件清单后，发出受理通知书，通知申请人。如果申请文件未打字、印刷或字迹不清、有涂改的；或者附图及图片未用绘图工具和黑色墨水绘制、照片模糊不清有涂改的；或者申请文件不齐备的；或者请求书中缺申请人姓名或名称及地址不详的；或专利申请类别不明确或无法确定的，以及外国单位和个人未经涉外专利代理机构直接寄来的专利申请不予受理。

（2）初步审查阶段

经受理后的专利申请按照规定缴纳申请费的，自动进入初审阶段。初审前发明专利申请首先要进行保密审查，需要保密的，按保密程序处理。在初审时要对申请是否存在明显缺陷进行审查，主要包括审查内容是否属于《专利法》中不授予专利权的范围，是否明显缺乏技术内容不能构成技术方案，是否缺乏单一性，申请文件是否齐备及格式是否符合要求。若是外国申请人还要进行资格审查及申请手续审查。不合格的，专利局将通知申请人在规定的期限内补正或陈述意见，逾期不答复的，申请将被视为撤回。经答复仍未消除缺陷的，予以驳回。发明专利申请初审合格的，将发给初审合格通知书。对实用新型和外观设计专利申请，除进行上述审查外，还要审查是否明显与已有专利相同，不是一个新的技术方案或者新的设计，经初审未发现驳回理由的，将直接进入授权程序。

（3）公布阶段

专利法第三十四条：国务院专利行政部门收到发明专利申请后，经初步审查认为符合本法要求的，自申请日起满十八个月，即行公布。国务院专利行政部门可以根据申请人的请求早日公布其申请。

（4）实质审查阶段

发明专利申请公布以后，如果申请人已经提出实质审查请求并已生效的，申请人进入实质审查程序。如果发明专利申请自申请日起满三年还未提出实质审查请求，或者实质审查请求未生效的，

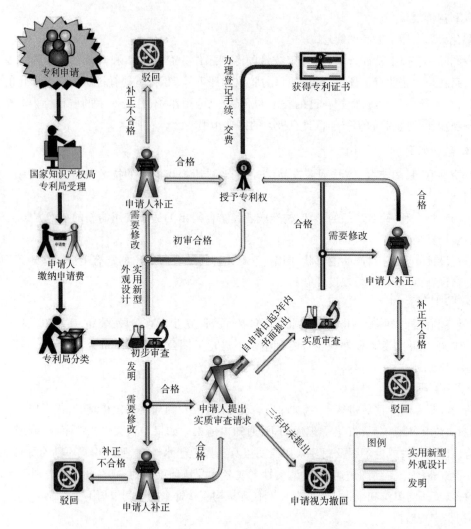

图 4-113　专利申报流程

该申请即被视为撤回。在实审期间将对专利申请是否具有新颖性、创造性、实用性以及专利法规定的其他实质性条件进行全面审查。经审查认为不符合授权条件的或者存在各种缺陷的，将通知申请人在规定的时间内陈述意见或进行修改，逾期不答复的，申请被视为撤回，经多次答复申请仍不符合要求的，予以驳回。实审周期较长，若从申请日起两年内尚未授权，从第三年应当每年缴纳申请维持费，逾期不缴的，申请将被视为撤回。实质审查中未发现驳回理由的，将按规定进入授权程序。

（5）授权阶段

实用新型专利和外观设计专利申请经初步审查以及发明专利申请经实质审查未发现驳回理由的，由审查员作出授权通知，申请进入授权登记准备，经对授权文本的法律效力和完整性进行复核，对专利申请的著录项目进行校对、修改后，专利局发出授权通知书和办理登记手续通知书，申请人接到通知书后应当在两个月之内按照通知的要求办理登记手续并缴纳规定的费用，按期办理登记手续的，专利局将授予专利权，颁发专利证书，在专利登记簿上记录，并在两个月后于专利公报上公告，未按规定办理登记手续的，视为放弃取得专利权的权利。

图形符号对照表 ←

序　号	名　　称	国家标准的画法	软件中的画法
1	发光二极管		
2	二极管		
3	稳压管		
4	三极管		
5	按钮开关		
6	晶振		
7	电阻元件		
8	电感元件		
9	电解电容元件		
10	接地		
11	电位器		

［1］廖东进,黄建华.光伏应用产品电子线路分析与设计［M］.北京:化学工业出版社,2015.

［2］杨欣,诺克斯,王玉凤,等.电子设计从零开始［M］.2版.北京:清华大学出版社,2010.

［3］天工在线.Altium Designer 17 电路设计与仿真从入门到精通实战案例版［M］.北京:中国水利水电出版社,2018.

［4］pvcbot."逐日知了"太阳能追光小车［J］.电子制作.2011,(08):25-31.